GENOME EXPRESS

게놈 익스프레스

유전자의 실체를 벗기는 가장 지적인 탐험

GENOME EXPRESS

게놈 익스프레스
유전자의 실체를 벗기는 가장 지적인 탐험

조진호 글·그림 | 김우재 감수

위즈덤하우스

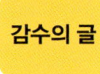

감수의 글

유전자의 역사와 과학철학을 관통하는 놀라운 여정

물리학에는 갈릴레이에서 뉴턴을 거쳐 아인슈타인으로 이어진, 일반인들에게도 친숙한 과학사의 스토리텔링이 있다. 물리학에 중력과 원자의 실체를 찾아가는 이야기가 있듯이, 천문학에는 화성과 외계인처럼 교양인을 잡아끄는 매력적인 소재가 있다. 유전자는 20세기 중반 생물학자들이 그 물리적 실체와 작동방식을 찾아낸, 생물학의 원자이자 외계인이다.

아이를 낳은 부모는 아이 외모와 행동이 아빠를 닮았느니 엄마를 닮았느니 하며 갑론을박하기 마련이다. 사람은 모두 심리학자라는 말이 있다. 인간의 두뇌가 타인의 심리를 이해하기 위해 진화했기 때문이다. 대중문화 속에서 떠도는 그런 심리학을 통속 심리학이라고 부른다. 유전이라는 개념도 가족을 가진 누구나 자신만의 독특한 이론을 개진하곤 하는, 통속생물학의 영역이다. 우리는 바로 그 유전이라는 현상으로 주변을 해석하는 일에 익숙한 동물이다.

《게놈 익스프레스》는 통속생물학의 유전자 개념이 과학으로 탄생해가는 여정을 다룬다. 만화책이 주제를 깊게 다루지 못한다고 생각하면 큰 오산이다. 이 책은 시간여행을 하는 열차를 타고 유전자라는 개념과 물리적 실체를 탐구했던 대부분의 과학자들을 만나는 주인공의 이야기인 동시에, 유전자를 중심으로 펼쳐진 과학사를 폭넓게 아우르고, 그 속의 과학철학적 개념들을 독자들의 눈높이에서 친절하게 설명하는 한 권의 학술서이기 때문이다. 저자는 내게 이 책 한 권을 집필하기 위해 40여 권의 책을 읽었다고 했다. 특히 저자가 읽은 과학사와 과학철학의 고전들이 만화 속에 깊이 배어 있어, 생물학 교양서 좀 읽었다는 이들은 쉽게 눈치 챌 수 있을지 모른다. 한마디로 이 책은 가볍지 않다.

예를 들어 초파리로 염색체에 유전자가 배열되어 있음과 유전자 사이의 재조합 과정을 밝힌 과학자 모건은, "가설을 세운다. 그리고 실험을 해서 그 가설을 검증한다! 이것이 내가 알고 있는 과학"이라고 말한다. 모건은 자신의 실험실에서 실험으로 밝혀지지 않은 사실은 믿지 않았다고 알려져 있다. 그는 철저한 실험가였고, 다윈과 멘델의 이론조차 처음에는 맹렬히 거부했던 사람이다. 다윈의 자연선택 이론을 물리학에서 밝혀내고 싶었던 과학자 볼츠만은 "생명은 엔트로피에 대한 투쟁이다!"라고 말한다. 통계역학의 창시자가 생물학을 바라보는 관점을 그대로 드러내는 말이다. 비운의 여성 과학자 로절린드 프랭클린은 "자연은 우리가 보기 편한 대로 놓여 있지 않아요. DNA도 그렇겠지요"라고 말한다. 내가 만난 뛰어난 과학자들은 이 말의 의미를 너무나도 잘 알고 있다. 자연은 수줍게 숨어 그 진실을 드러내는 데 인색하다. 과학자의 운명은 바로 그 수줍은 자연을 달래 비밀을 알아내는 여정이다.

아직도 유전자가 DNA이며, 아주 확고한 물리적 실체를 의미한다고 믿는 사람들이 많다. 하지만 유전자를 향한 여정은 근래에 이르러 유전자라는 물리적 실체의 존재를 의심하게 만드는 데까지 나아갔다. 마치 엄밀한 확실성의 세계에서 스스로 멀어진 양자역학의 결론처럼, 유전자를 향한 여정의 끝에서 과학자들은 "우리는 '유전자는 DNA 또는 수정란이다'와 같이 유전자가 생물체의 정보를 압축한 정보 덩어리라고 착각하지 말아야 한다"는 교훈을 얻게 되었다. 자크 모노의 말처럼 "생물체가 견고한 이유는 유전자라는 물질 때문이 아니라, 생물 발생 자체가 견고하기 때문"인지도 모른다. 하지만 이 책의 가치는 유전자를 구성하는 물리적 실체와, 그 물리적 실체가 우아한 디지털 코드로 이루어졌음을 밝혀낸 수많은 과학자들의 여정을 환상적인 여행을 통해 보여준다는 점이다. 그 물리적 실체의 존재가 없었다면, 유전자 개념에 대한 현학적 토론도 불가능할 것이기에.

과학자로서의 내 여정이 이 책의 여정과 너무나 닮아 있다. 그것이 이 책의 감수를 기꺼이 맡겠다고 자청했던 이유다. 진화와 동물의 행동에 관심이 많았던 생물학도가 도킨스의 《이기적 유전자》를 읽고 생물학에 흠뻑 빠져들어, 의도하지도 않았던 분자생물학의 길로 들어섰고, 행동에 대한 관심 때문에 초파리 행동유전학이라는 분야로 들어서게 되었다. 유전자라는 개념과 분자생물학이라는 실험방법론, 그리고 과학사와 과학철학이라는 지식이 필자를 여기까지 이끌어온 것이다. 이 책은 내가 과학자로서 걸었던 여정에서 만났던 수많은 과학자들을 다시 한 번 만나게 된 광장이며, 내 여정과 모자란 지식을 충전하게 만들어준 동력이기도 하다.

한국에서 이런 훌륭한 과학도서가 탄생할 수 있게 된 사실에 감사한다. 한국의 과학은 여전히 불안정하며 정착하지 못했기 때문에, 이 책의 가치는 더욱 놀랍다. 기초 과학의 불모지 한국에서 이런 수준의 책이 나올 수 있다는 것은 한국 과학계의 복이다. 유전자로의 여정은 끝나지 않았다. 책의 마지막 페이지를 보면 알 수 있다. 저자가 펼쳐낼 생물학의 다음 여정이 벌써 궁금해진다.

김우재 (초파리 유전학자, 오타와 대학교 세포분자의과학 교수)

차례

감수의 글	유전자의 역사와 과학철학을 관통하는 놀라운 여정	… 004
PROLOGUE	유전자는 무엇인가?	… 009

CHAPTER 01	**유전자를 상상하다** — 유전자의 발명	… 023
CHAPTER 02	**세포로 들어가다** — 세포 안 염색체에 유전자가…?	… 041
CHAPTER 03	**심연 속으로** — 분자의 세계	… 085
CHAPTER 04	**무엇이 유전자인가?** — 유전물질은 단백질? 아니면 DNA?	… 107
CHAPTER 05	**유전자는 마땅히 그래야만 한다** — 슈뢰딩거의 유전자 정의	… 129
CHAPTER 06	**DNA의 정체** — DNA의 구조에 슈뢰딩거의 유전자가 숨어 있다	… 155
CHAPTER 07	**가까이 왔다!** — DNA에서 발견한 디지털 정보	… 179
CHAPTER 08	**위대한 승리** — 생명체를 만드는 유전자의 원리, 유전프로그램을 발견하다	… 225
CHAPTER 09	**길을 잃어버리다** — 유전자는 여기저기에 있다	… 247
CHAPTER 10	**바닥에서 마주한 진실** — 그곳에는 거의 아무것도 없다	… 285
CHAPTER 11	**탈출** — 사라진 유전자	… 305
CHAPTER 12	**돌아가는 길에서…** — 생명체의 정보란 무엇인가	… 359

EPILOGUE	그렇다면 그 많은 유전자는 무엇인가?	… 391
글을 맺으며	그 어떤 소설보다 흥미로운 실패의 여정	… 410
주요 과학자 소개		… 414
참고문헌		… 418
찾아보기		… 419

GENOME EXPRESS

PROLOGUE

유전자는 무엇인가?

어제의 나와 오늘의 나는 같다.

한 달 전과도 같고, 1년 전과도 같다. 약간의 변화는 있을 수 있겠으나 그로 인해 나라는 존재가 달라지는 것은 아니다.

매순간 기억은 생성되기도 하고 소멸되기도 하지만, 사라지지 않는 것은 기억이 계속되기 때문이다.

지금 나는 몸과 머리를 뛰어넘는 훨씬 큰 규모의 기억에 대해 이야기하려 한다.

이것은 나, 부모님, 할머니, 할아버지로 거슬러 올라가는 세대를 초월하는 기억에 관한 이야기다.

자식은 부모에게서 겉모습, 체질, 심지어 성격이나 어떤 방면의 재능까지도 물려받는다.
부모와 자식 사이에는 다른 관계에서 볼 수 없는 두드러지는 교집합이 존재한다.

여기에 토를 다는 사람들은 거의 없으며, 혈통의 연속성은 분명히 존재한다.

이를 두고 우리는 '유전자를 받았다'는 표현을 쓰기도 한다.

'유전자를 받았다'는 말은, 나를 규정하는 많은 특징이 '유전자'에 기인한다는 뜻인데, 그저 부모와 닮았다는 말과는 조금 다르다.

구체적인 '어떤 것'을 제시하고 있기 때문이다.

반면…

유전자의 영향이 아무리 크더라도 부모와 함께 공유하는 환경이나 교육 등 후천적인 요인이 더 큰 영향을 미친다는 주장도 있다.

나의 몸을 훑어본다.

키는 키대로 얼굴형은 얼굴형대로 어딘가는 아버지를 그리고 어딘가는 어머니를 닮았다.

꽃가루 알레르기와 피곤하면 유독 입안이 허는 증상은 영락없이 아버지를 닮았다. 이런 건 물려주시지 않아도 됐는데….

생물 수업에서 배운 대로 유추해보면, 어머니는 A형, 아버지는 O형인 나는 A형이나 O형일 수밖에 없으며, 틀림없이 이론과 부합하는 혈액형을 가지고 있다.

자손이 부모로부터 특정한 형태와 특성을 물려받는 것은 분명하다.

여기에서 말하고 싶은 것은 서로 닮은 세대 사이에 존재하는 '유전자'라는 매개체다.

유전자는 보이지 않는 끈이다.

부모와 자식을 잇고, 까마득히 멀리 있는 조상들까지 이어주는 끈.

선조들은 유전자라는 말을 쓰지 않았어도,

대물림에 관한 많은 지식을 축적했다.

사람은 사람으로부터, 콩은 콩으로부터 나온다는 것을 확실히 인지했다.

부모는 자식에게서 자신들의 특징을 쉽게 찾아냈다. 부모를 닮은 생명체의 탄생은 가장 흔하면서도, 매번 놀라움을 주는 경이로운 일이었다.

*형질이 되물림 될 때 좋고 나쁜 것을 구별하는 것은 없다.

대대로 내려오는 질병이 있었을 수도 있고, 경우에 따라서 치명적인 질병이기도 했을 것이다.
이럴 때 선조들은 나름의 해결 방안을 찾았다.

가족들, 나아가 가까운 친족 사이의 결혼을 금하고, 여자를 멀리 시집 보내는 것이 그 방법 중 하나인데, 전 세계적으로 아주 흔한 관습이다.

대물림되는 질병을 피할 수 있었으며 나아가 예상치 못한 좋은 **어떤 것**을 얻을 수 있는 기회이기도 했다.

외부인과의 접촉이 어려운 사회에는 길가는 낯선 나그네에게 자신의 부인과 동침을 권유하는 요상한 관습도 있다.

근친이 아닌 외부의 사람으로부터 무언가를 얻을 수 있으리라 기대를 했던 것일까?

우리가 당연시하는 관습들 중에는 알게 모르게 축적된 유전지식으로 인한 것들이 많다.

이런 관습들은 대물림을 통한 유전병도 피하고, 불확실하긴 해도 좋은 **어떤 것**을 얻고자 하는 시도에서 출발했다.

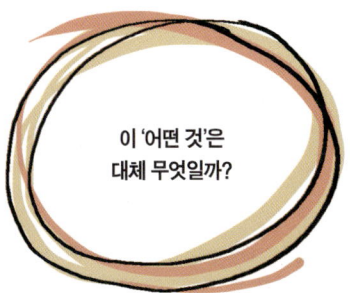

이 '어떤 것'은 대체 무엇일까?

*형질(character) : 어떤 생명체가 갖고 있는 모양이나 속성.

유전 현상은 그렇게 단순하지 않아서 패턴이 잘 보이지 않고, 종잡을 수 없는 구석이 많다. 어떤 세대에서는 나타났다가 다른 세대에서는 사라지고 후대에 다시 느닷없이 나타나는 등 도무지 질서를 찾을 수 없는 유전 현상을 *격세유전이라고 부른다.

조상들은 유전 현상이 사람의 전유물이 아니라는 것을 똑똑히 알고 있었다. 그들은 겸손했다. 사람을 포함한, 자연의 모든 생명체들을 근본적으로 같다고 보았다.

수천, 수만 년 동안 인간은 농업과 목축업에서 눈부신 발전을 이뤘는데, 그 견인력은 생명체에서 그 '어떤 것'을 잘 추려서 보존하려는 노력에서 나왔다.

우연히 요긴한 특징을 지닌 개체를 발견하면, 임의적으로 다른 개체들과 교배를 막고, 혈통이 섞이지 않도록 세심한 주의를 기울였다. 좋은 개체를 발견하고 개체를 격리시키는 이런 방식을 반복하고 또 반복했다.

전략은 단순해 보이지만 결과는 대성공이었다. 인간은 풍성한 식량과 쓸모 있는 가축을 얻을 수 있었으며, 이는 문명의 든든한 초석이 된다.

선조들은 인간을 포함한 모든 동식물이 후대로 전달하는 이 '어떤 것'의 실체를 뚜렷하게 느끼고 있었다.

*격세유전(atavism) : 조부모 또는 수세대 전의 선조의 형질이 유전되는 것.

부모가 자식에게 자신의 일부 즉, 눈이나 코를 뚝 떼어서 전달하지는 않는다.

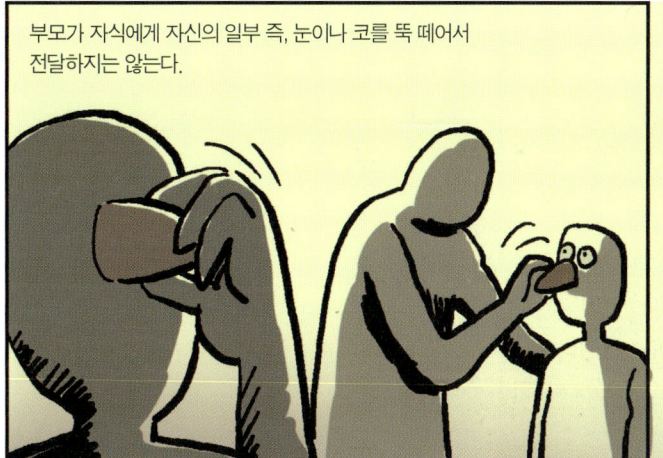

닮은 눈과 코 대신에 다른 무엇을 전달하는 것일 거다. 그것은 정보를 담고 있는 일종의 문서와 같은 것일까?

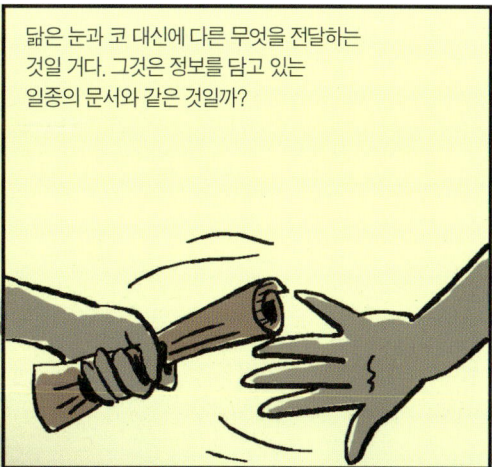

선조들이 느꼈던 이 '어떤 것'을 21세기에 살고 있는 우리는 **유전자**라고 부른다. 우리는 매일 이 단어를 쉽게 접하고 있다. 그렇다고 해서 유전 현상을 더 잘 이해한다고 할 수 있을까?

유전자의 발견은 우리가 유전 현상을 이해하는 데 어떤 도움을 주고 있을까?

유전자는 유전 현상에 구체적인 물질이 있다고 느끼게끔 한다.
이 때문에 이 물질에 생명체의 수많은 의미들이 새겨져 있다고
생각하게 한다.

도대체 어떤 방식으로 의미가 쓰여 있는 것일까?

유전자는 생명체의 많은 것들이 미리부터 결정되어 있음을 암시하기도 한다.
정말로 우리의 겉모습, 성격, 세세한 운명까지 유전자에 의해
결정되어 있는 것일까?

유전자의 결정력은 어디까지 뻗쳐 있으며,
유전자의 관할 밖에 있는 것들은 무엇일까?
그렇다면 둘 사이를 가르는 경계는 무엇일까?

실타래처럼 꼬여 있는 많은 질문들은 하나의 질문으로부터 시작된다.

유전자가 실체라면…

구체적으로
어떤 실체인가?

이제 유전자의 실체를 밝히기 위해 떠나려 한다. 모호함의 안개를 뚫고 끝까지 가볼 것이다.

유전자가 어떻게 생겨 먹은 놈인지 두 눈으로 보려고 한다.

GENOME EXPRESS

GENOME
EXPRESS

CHAPTER
01

유전자를 상상하다
유전자의 발명

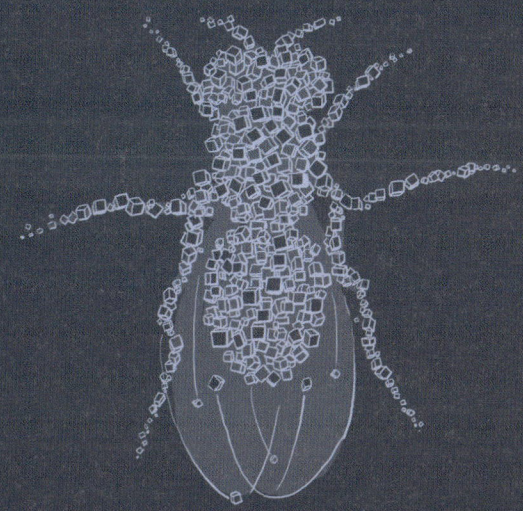

상상력은 종종 우리를 실제로 존재하지 않는 세계로 이끌기도 한다.
그러나 상상력 없이 갈 수 있는 곳이라고는 아무 데도 없다.
— 칼 세이건

새로운 세대를 완벽하게 재현하는 능력은 생명체를 다른 것들과 구별 짓는 특별한 지점이다.
세대와 세대를 잇는 작은 매개체인 정자, 난자, 꽃가루, 종자 등에는
앞 세대를 기억해서 재현하는 잠재력이 있는 것이 분명해 보인다.
그 안에 뭔가가 있다. 도대체 무엇이 있기에 이런 기적 같은 일을 할 수 있을까?

이 새들은 태어날 때부터 가지고 있는 항법 장치를 이용하여
수천 미터 상공에서 머나먼 여행을 한다. 여간해서는 목적지를
놓치지 않는다.

덩치 큰 이놈은 사람 귀로 잘 들을 수 없는
소리로 대화하고 노래한다.

작지만 결코 무시할 수 없는 친구들도 있다.
이 친구들은 상상할 수 없을 정도로 높은 압력과 온도에서
요상한 것들을 먹고 산다.

수많은 생물들이 흡사 마법과도 같은 신비한 방식으로 생존하고 있다.
사람들은 최근에야 이들 생명의 경이로움을 발견하기 시작했고, 스스로 눈부신 업적이라 자부했던 첨단 기술들이 알고 보면
생명체들이 태곳적부터 자연스레 사용했던 기술임을 깨닫고는 미약한 지식을 절감하는 동시에 자연의 능력 앞에 숙연해지곤 한다.

동시에 이들 생명체 자체를 대수롭지 않게
바라보는 시선도 있다.

생명체…
잠시만 방심해도
음식물에는 미생물이 들끓고…
어디서 왔는지 파리들이 꼬인다.

비가 오면 온갖 풀들이 쑥쑥 돋아난다.

사람들은 생명체를 대체로 좋아하지만,

귀찮아하고 성가셔 하는 것도 사실이다.

솔직히 지긋지긋할 만큼 수가 많다… 왜?

번식하기 때문이다. 정말 왕성하게.

생명체는 돌처럼 단단하지 않지만 어떻게 보면 훨씬 단단한 면이 있다.

죽어서 없어지기 전에 꼭 빼닮은 후손을 복제해내는 번식 능력이 있기 때문이다.

암컷과 수컷이 모종의 작업을 해서 수정을 하는, 우리에게 친숙한 번식 방법은 일부에 불과하다. 오히려 유별나 보일 정도로 특수한 방식에 속한다.

많은 식물들은 씨앗 없이도 잘 번식한다. 꺾꽂이는 이러한 속성을 이용한 방식이다.

어떤 벌레들은 수컷 없이도 혼자서 자손을 복제해낸다.

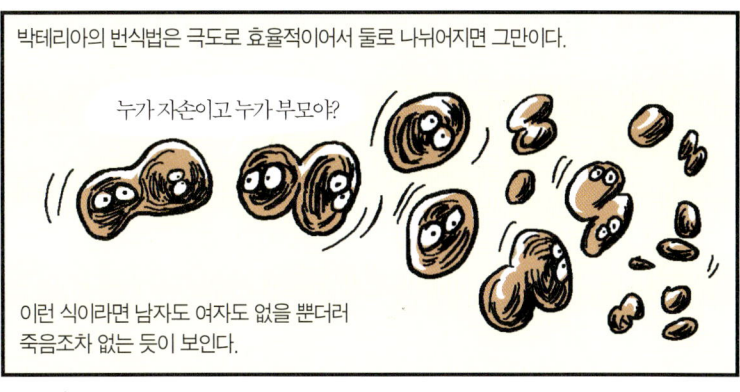
박테리아의 번식법은 극도로 효율적이어서 둘로 나뉘어지면 그만이다.

누가 자손이고 누가 부모야?

이런 식이라면 남자도 여자도 없을 뿐더러 죽음조차 없는 듯이 보인다.

이런 *무성생식 번식법은 지구 생물의 거의 대부분이 사용하는 방식이다.

사람을 포함하여 많은 동식물이 취하고 있는 *유성생식 번식법은 무성생식에 비하면 번거롭기 짝이 없어서,

많은 과학자들이 그 이유에 대해서 알아봐야 할 정도였다.

어쨌거나 무성생식이나 유성생식의 결과물은 자신을 꼭 닮은 자손이다.

많고 많은 생명체의 기막힌 마술 중에서도, 자손을 복제해서 만들어내는 것이야말로 최고의 마술이라고 할 수 있으며,

모든 생명체들이 공유하고 있는 공통의 마술이다.

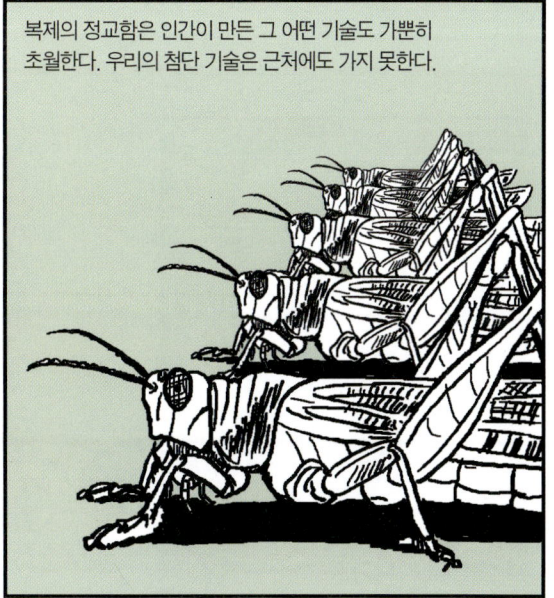
복제의 정교함은 인간이 만든 그 어떤 기술도 가볍히 초월한다. 우리의 첨단 기술은 근처에도 가지 못한다.

***무성생식**(asexual reproduction) : 암수 없이 한 개체 혼자 새로운 자손을 생성하는 방법.
***유성생식**(sexual reproduction) : 암수가 생식세포를 만들고, 생식세포가 서로 결합해서 자손을 만드는 방법.

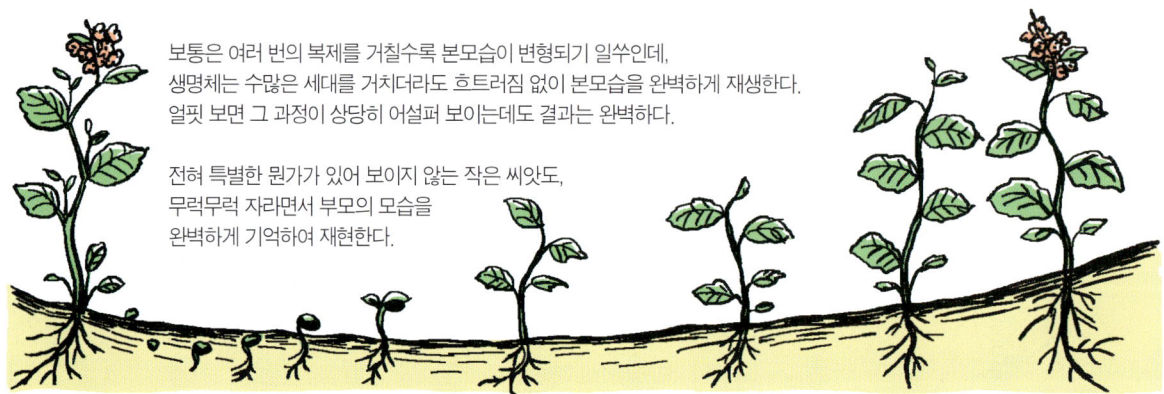

보통은 여러 번의 복제를 거칠수록 본모습이 변형되기 일쑤인데,
생명체는 수많은 세대를 거치더라도 흐트러짐 없이 본모습을 완벽하게 재생한다.
얼핏 보면 그 과정이 상당히 어설퍼 보이는데도 결과는 완벽하다.

전혀 특별한 뭔가가 있어 보이지 않는 작은 씨앗도,
무럭무럭 자라면서 부모의 모습을
완벽하게 기억하여 재현한다.

정말 틀림이 없다.

똑같다!

너무 작아서 보이지도 않는 박테리아도 억겁의 시간 동안
분열해왔지만 역시나 박테리아의 바로 그 모습을 유지한다.
조상들이 하던 일을 동일하게 재현해내고 있다.

정체성은 견고하게 보존된다.

복제의 정교함은 그렇다치더라도, 복제의 과정을 자세히 보고 있노라면 우리는 더욱 크게 놀라게 되는데
눈앞에서 마술사의 손놀림을 뚫어지게 따라가며 바라봐도 결국 깜짝 놀라게 되고야 마는 마술쇼, 그 이상의 놀라움이다.
씨앗에서 나무로, 수정란에서 아기로 변모하면서 외부의 도움 없이 **스스로 조직화**하고 있다!

설계도, 공장도,
기술자도 필요없다.

생명체 복제 과정은 사람들이 보통 무언가를 복제할 때 쓰는
방식과는 근본적으로 다른 것처럼 보인다.

꿀러덕..

수십억 광년 떨어진 곳에서 거대한
천체가 행하는 기적 같은 광경도 있고,

미시 세계에서 펼쳐지는
미스터리한 장면들도 있지만,

이 같은 기적은 아득히 멀고 깊은 심연에서만
일어나는 일이 아니다. 생명체의 복제라는 기적은
매일 코앞에서 펼쳐진다.

두 눈을 더욱 부릅떠보자.
우리 여행의 목적은 이런 미스터리를 알고자 함이 아닌가!

현미경을 통해 처음 본 작은 세상은 경이 그 자체였다. 그곳은 질서가 있었고 활기로 넘쳐났다.
현미경은 정말이지 다른 차원으로 인도하는 우주선과 같았다.

놀래라.
이게 뭐냐.

별천지였다.

현미경을 통해 남자의 정액을 봤을 때도
놀라움을 금치 못했다.

희끄무리한 액체 정도로 여겼던
정액 안에는 올챙이처럼 움직이는
뭔가가 바글거리고 있었다.

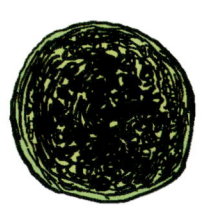

여성의 난자는
움직임이 없었으며
훨씬 컸고, 수도 적었다.

그래, 바로 이거야!

또렷하게 보이지 않아서 확실치는 않지만, 이들은 혹시 크기만 작은 완전한 사람이 아닐까?

정자와 난자는 사람들의 상상력을 자극했다.

오, 환상적인 이야기가 떠오른다.

작디작은 미니 인간들은 치열하게 경쟁하면서 난자로 향한다.

가장 먼저 난자에 다다른 승리자 정자는

처음에는 난자로부터,

나중에는 어머니로부터 양분을 받아 점점 커져간다. 원래부터 형태는 완전했고, 그저 커져간다는 뜻이다.

약속의 시간이 지나면 미니 인간은 어머니 배에서 나와 세상을 만난다.

미니 인간들은 그 안에 더 작은 미니 인간을 가지고 있고, 그 미니 인간 안에도 역시나 더 작은 미니 인간이 들어 있다. 이 관계는 끝없이 이어진다.

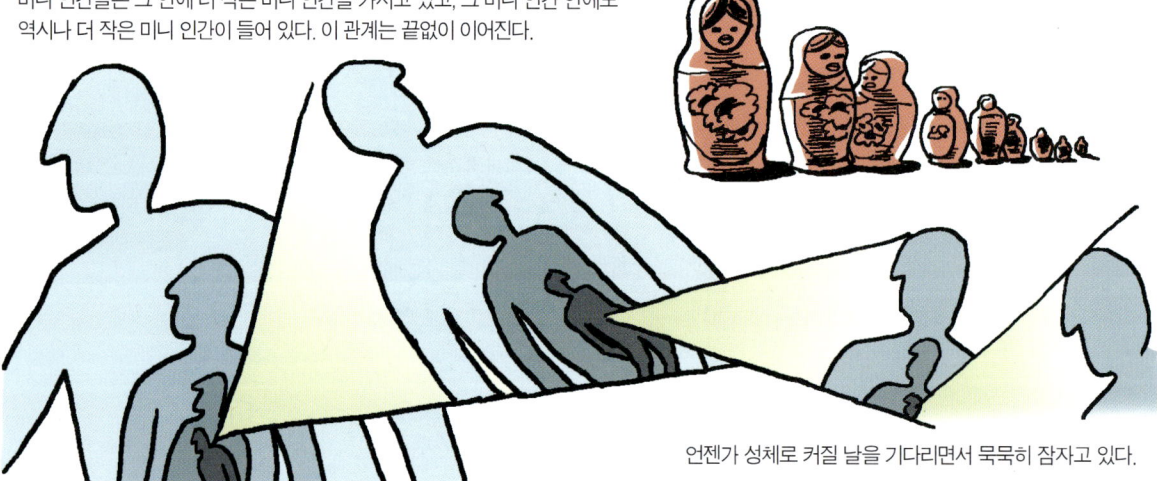

언젠가 성체로 커질 날을 기다리면서 묵묵히 잠자고 있다.

열어도 열어도 끝없이 나오는 미니 인간 이야기. 이것을 생물의 *전성설이라고 부른다.
지금 살고 있는 우리는 태초부터 있었고, 우리 몸 안에는 앞으로 태어날 미니 인간들이
가득 들어 있다. 전성설은 과거에 살았던, 미래에 태어나게 될 모든 생명체들이
태초부터 이미 다 존재했다고 말한다.

모든 생명체들은 다 만들어져 있다.

이것이 사실이라면 생명체의 번식이나 복제에 대한
궁금증은 허무하게도 일순간에 해결된다.
미스터리랄 것이 없다.

환상적인 이야기이지만, 이것은…

* **전성설**(preformation theory) : 생물의 개체 발생에 관한 학설. 개체의 형태와 구조가 발생이 시작될 때부터 이미 형성되어 있었다는 학설. 이와 달리 후성설
  (epigenesis)이 있는데, 후성설은 발생이 진전되면서 조직화가 이루어지고 완성된다는 내용.

전성설을 믿기에는 우리에게 너무 많은 지식이 있다.

생명체가 미리 다 완성되어 있다면,
자손이 부모를 닮을 이유가 그다지 없다.

오랫동안 우수한 종자를 따로 보관하여 잘 관리하고, 가축들을
선택적으로 교배시켜서 원하는 생명체로 개량한 일들은 무엇이란 말인가?

생명체가 원래부터 완성되어 고정되어 있다면, 이런 생명체 개량
작업은 애초부터 불가능했겠지만 실제로 생명체 개량은 성공적으로
수행되어왔다. 여러 가지로 전성설은 뭔가 사실과 부합하지 않는다.

전성설이 틀린지 맞는지를 고민한 시간은 사실 매우 짧았다.

현미경에 의해 촉발된 전성설은
고성능 현미경에 의해 폐기된다.

정자를 크게 확대하여 아무리 들여다봐도
사람 비슷한 모습은 아니었다.

기다려봐.
보여주겠어!

허헛. 빌어먹을…

칙 칙 칙 칙

비록 잘못된 이론으로 판명되었지만, 전성설은
생명체가 스스로 조직화하는 현상에 관한 문제 의식을 증폭시켰다.

본래 질서는 자발적으로 생성되기 어렵다.
무질서로 가는 것이 자연스럽다.
왜 생명체에는 유독 이러한 질서가 생겨나는가?

후두둑..

단순함에서 복잡함으로 가는 원리가 있는 거요.

자연이 그걸 허락하는 것이겠지요.

***데카르트**는 수정란에서 성체로 조직화하는 과정도 우주의 물리법칙을 따른다고 말한다.

데카르트에 따르면, 부모로부터 받은 작은 입자들이
열이 일으키는 교란에 의해 이리저리 충돌하면서 상호작용하고,

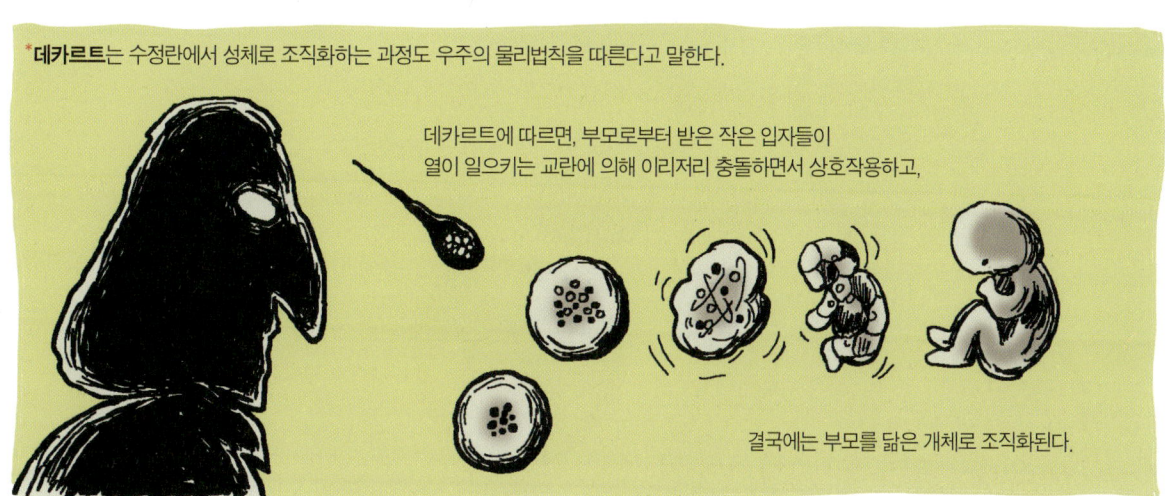

결국에는 부모를 닮은 개체로 조직화된다.

* **르네 데카르트**(René Descartes, 1596~1650) : 프랑스의 수학자, 물리학자, 생리학자이자 철학자. 지독한 합리주의자이며 근대철학의 아버지라고 불린다.

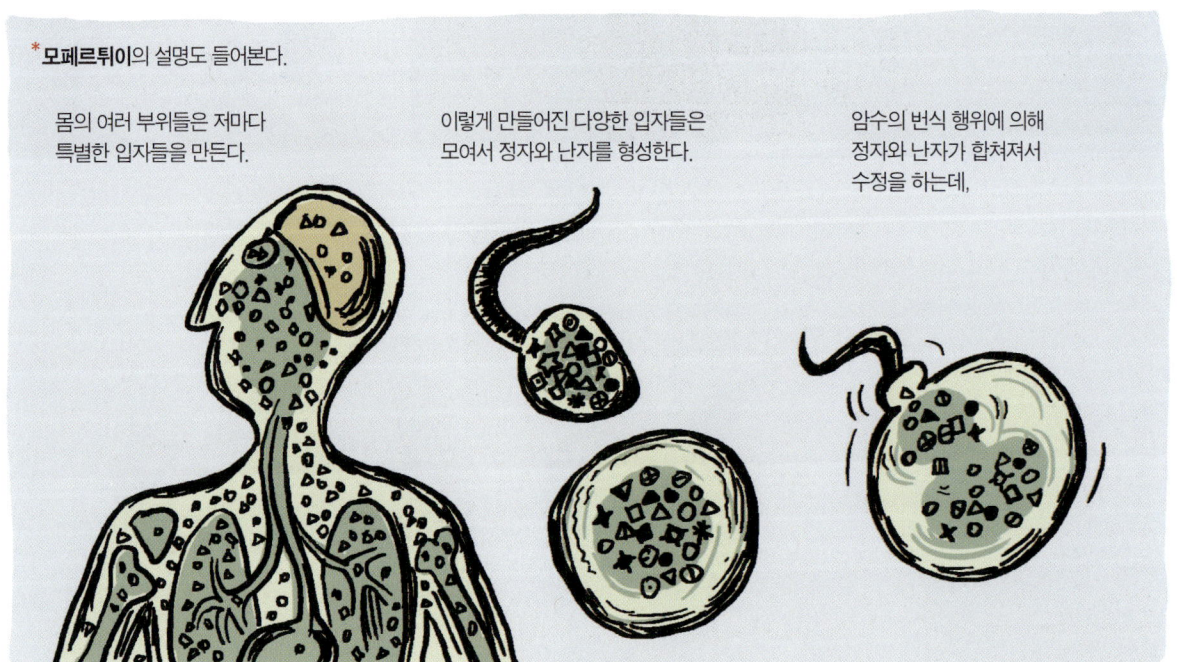

*모페르튀이의 설명도 들어본다.

* **피에르 모페르튀이**(Pierre Louis Moreau de Maupertuis, 1698~1759) : 프랑스의 물리학자로, 영국에서 뉴턴역학을 공부하고, 프랑스로 귀국하여 영국의 학문을 옹호하는 활동을 펼침. 최소작용의 원리를 고안했고, 생물학에서도 다윈의 진화론과 흡사한 주장을 하였음.

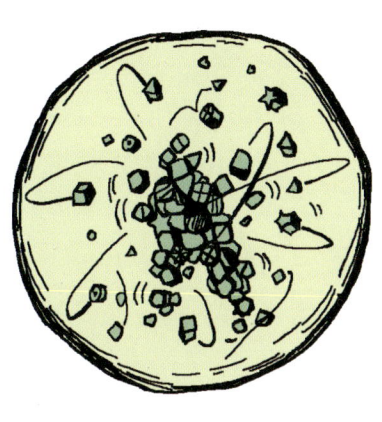

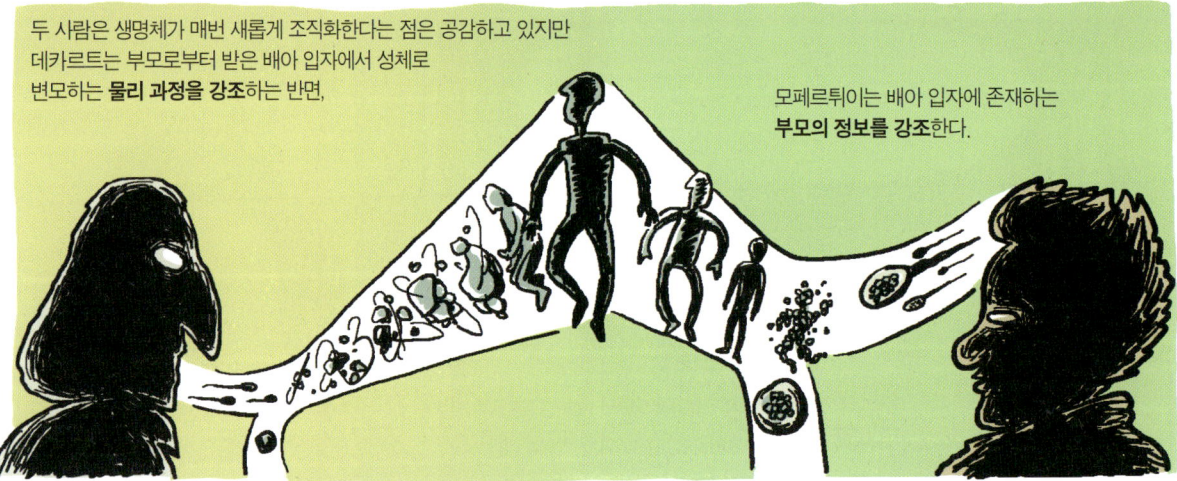

***찰스 다윈**(Charles Robert Darwin, 1809~1882) : 영국의 생물학자. 진화라는 현상이 일어나는 메커니즘으로 '자연선택'을 주장해 진화생물학이 엄밀한 과학의 분야로 진입할 수 있는 초석을 마련했다.

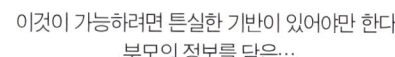
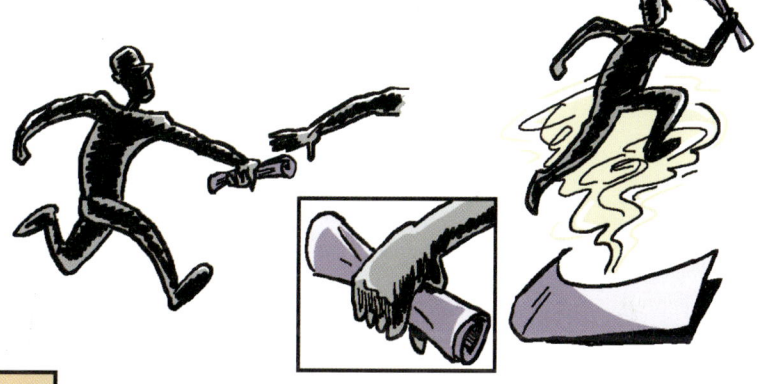

GENOME EXPRESS

CHAPTER 02

세포로 들어가다

세포 안 염색체에 유전자가…?

> 모든 동식물이 무구한 세대가 흐르는 동안
> 절대 변치 않고 이어진다는 것을 발견한다면,
> 이런 놀라운 현상의 원인이
> 무엇인지 묻는 것은 지극히 당연하다.
> 도대체 어떻게 하나의 세포가
> 부모의 전체 모습을 충실하게 재생산할 수 있을까?
> – 아우구스트 바이스만

세포를 알게 된 것은 생명체를 이해하는 데 굉장히 중요한 사건이었다.
우리같이 덩치가 큰 생명체는 정자와 난자가 융합한 하나의 세포가
분열을 거듭하면서 만들어진 수많은 세포의 집단이다.
세포 안에 존재하면서 분열을 가능하게 하는 염색체, 이것이 우리가 찾는 유전자일까?

*로버트 훅은 어느날 현미경으로 코르크 조각을 유심히 살펴보다가, 작은 격자들이 촘촘히 있다는 것을 발견하고

이것을 *세포라고 불렀다.

그 후 모든 생명체는 예외없이 세포로 되어 있다는 것을 알게 된다. 단 하나의 세포로 이루어진 단세포생물은 비록 우리 눈에 보이지 않더라도 지구 생물권의 구석구석을 채울 만큼 많다.

단세포생물은 우리 몸 안에서도 다수 공생한다.

무려 1~2킬로그램

식물이나 동물 같은 다세포생물들은 수많은 세포들이 집단을 이루고 있다.

세포들은 벽돌집의 벽돌로 치부할 수 없는, 훨씬 심오한 존재다.

자체적으로 독립적이면서 주변의 환경과도 상호작용하며 생존한다.

나 말고 누구 있수?

에이, 모르겠다. 그냥 열심히 살자.

세포는 분열하며 숫자를 늘리고, 쇠약해지거나 다치면 생을 마감한다.

다세포생물을 구성하는 세포들은 어딘가로부터 죽음을 명령받기도 한다.

* 로버트 훅(Robert Hooke, 1635~1703) : 영국의 대표적인 과학자. 물리학, 천문학, 화학, 생물학 등 많은 분야에서 활약함. 뉴턴과 만유인력의 선취권으로 대립함.
* 세포(cell) : 모든 생물의 구조적·기능적 기본 단위. 로버트 훅이 최초로 발견하고 세포라고 이름 붙인 것은 진정한 세포가 아니라 세포벽이었다.

사람의 경우 대략 100조 개의 세포로 이루어져 있는데,
사람을 에펠탑 크기 정도로 늘이면, 세포 하나는 대략 손톱 크기로 보일 것이다.

그런데 다세포생물을 단지 똑같이 생긴 무수한 세포 집단으로 여기면 안 된다.

어떤 세포는 근육을 이루기도 하고 다른 세포는 눈의 수정체를 형성하기도 한다.

한 사회의 구성원들이 모두 비슷하면서 동시에 제각기 다른 것처럼
세포 역시 각양각색으로 존재한다.

다세포생물은 그저 다양한 세포들이 모여 있는 것 이상의 의미를 가진다.
세포들은 서로 의존하고, 돕고, 거대한 상호작용 네트워크를 이루고 있다. 그러면서 개체를 이룬다.

다세포생물이 완성되기까지 세포들에게 어떤 일이 일어났을까?

시간을 거슬러 올라가면,
세포의 개수는 점점 줄어들고, 단 하나의 세포와 만난다.

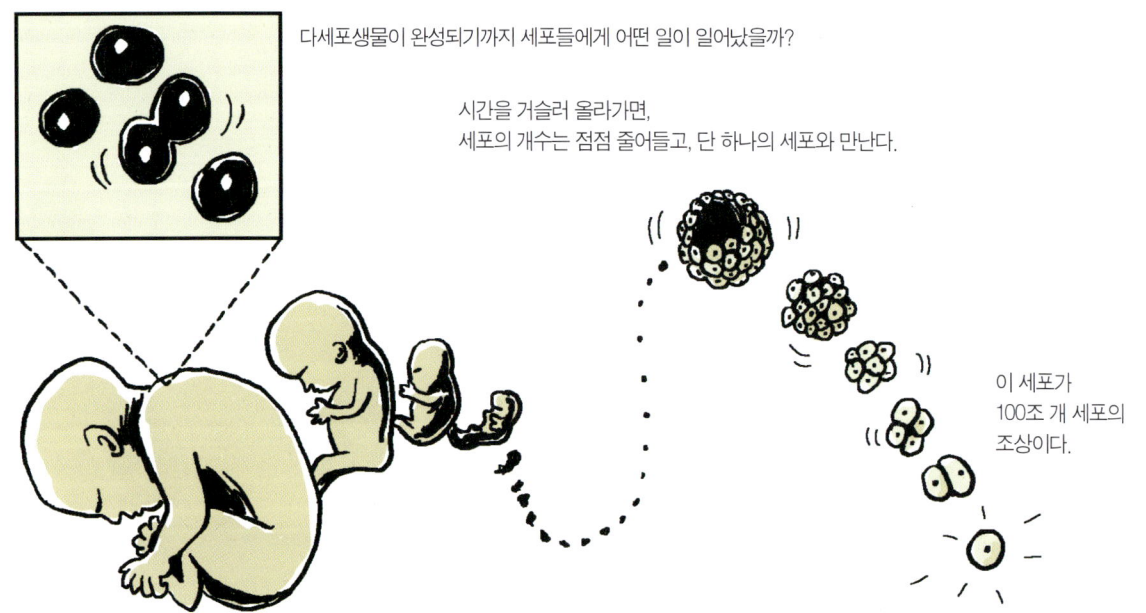

이 세포가
100조 개 세포의
조상이다.

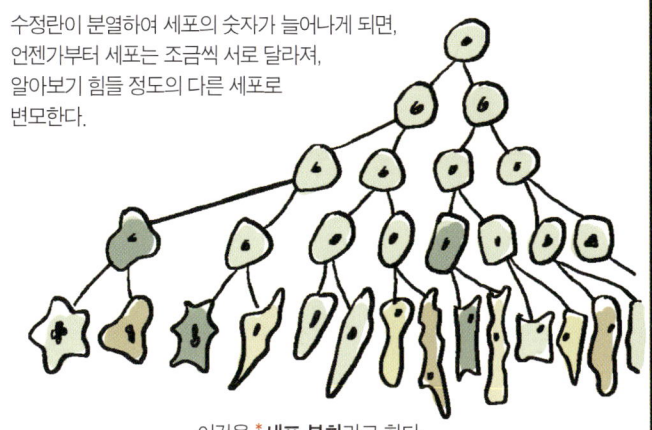

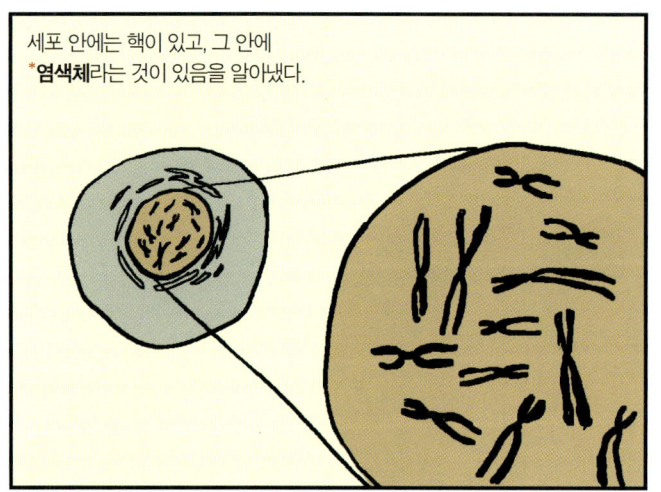

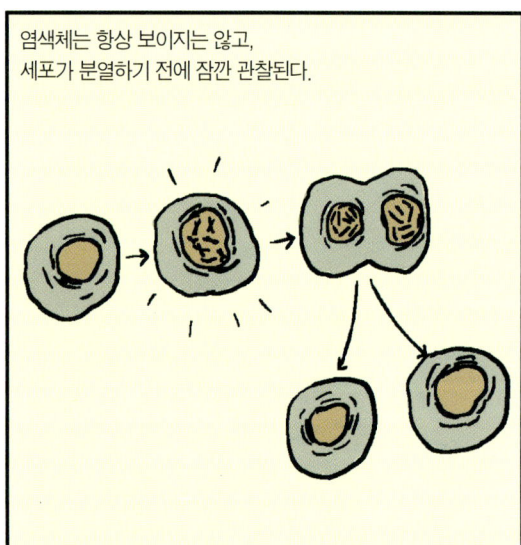

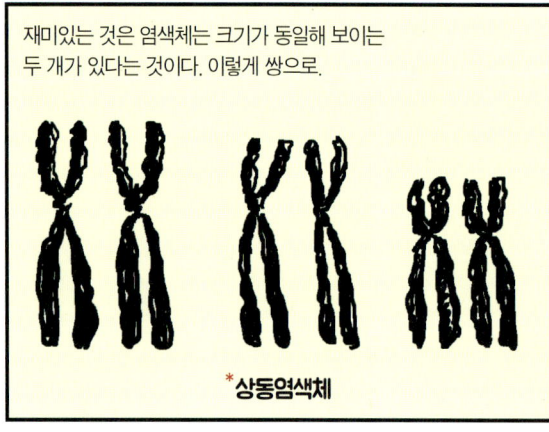
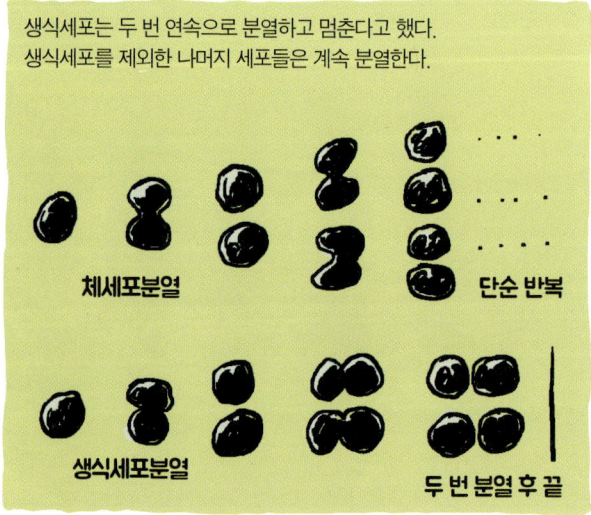

* **염색체**(chromosome) : 염색사 형태로 흩어져 있다가 세포분열 직전에 응축하여 염색체가 된다. 아세트산카민과 같은 염기성 색소에 잘 염색된다.
* **상동염색체**(homologous chromosome) : 크기와 모양이 같은 한 쌍의 염색체. 부모로부터 한 개씩 받아 쌍을 이룬다. 사람은 23쌍(46개)의 상동염색체를 가진다.

여기에서 바이스만이 흥분하여 말했던, 세포가 분열할 때 염색체에 주목하라는 대목에 집중해보자(* **체세포분열**).

체세포는 분열하기 전에 염색체가
먼저 갈라지는 듯한 모습을 보인다.
나중에 확인해 보니,
염색체가 복제되고 나서 양쪽으로
갈라지는 것이었다.

뒤이어 세포의 나머지 부분들도 나뉘고, 둘로 분열한 세포에 염색체가 정확하고 공평하게
나뉘어 들어간다. 이런 식으로 체세포는 완벽하게 복제된다.
사실 이것은 박테리아가 번식하는 방식과 정확히 똑같다.

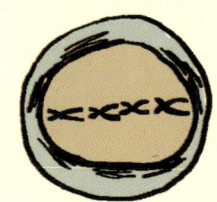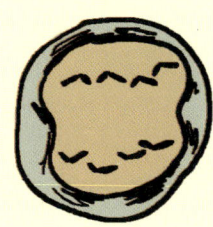

이번에는 바이스만이 좀 다르다고 말했던 생식세포의 분열 과정을 본다(* **생식세포분열**).

체세포와 마찬가지로 분열 전에 염색체는 복제한다.

첫 번째 분열이다.
가운데에 염색체들이 가지런히 정렬하고,

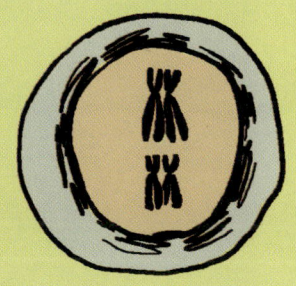

쌍으로 존재하는 염색체가 정확히 하나씩 양쪽으로 이동한다.
이 장면은 체세포분열에서는 보이지 않는 과정이다.

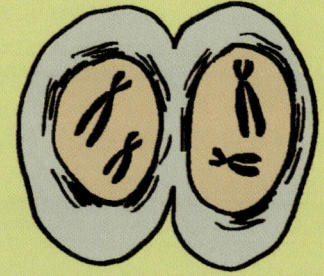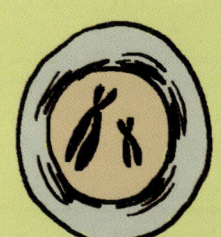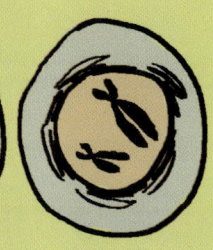

두 개의 세포로 분열된 후 이어서
두 번째 분열이 시작된다.

* **체세포분열**(somatic cell division) : 세포가 갈라져서 두 개의 세포로 불어나는 현상. 단세포생물에게 세포분열은 번식을, 다세포생물에게는 성장을 의미한다.
* **생식세포분열**(meiosis) : 정자나 난자와 같은 생식세포를 만드는 세포분열로서, 2회의 분열을 통해 한 개의 세포가 네 개로 불어난다. 이 과정에서 염색체 수는 반으로 줄어든다. 감수분열이라고도 한다.

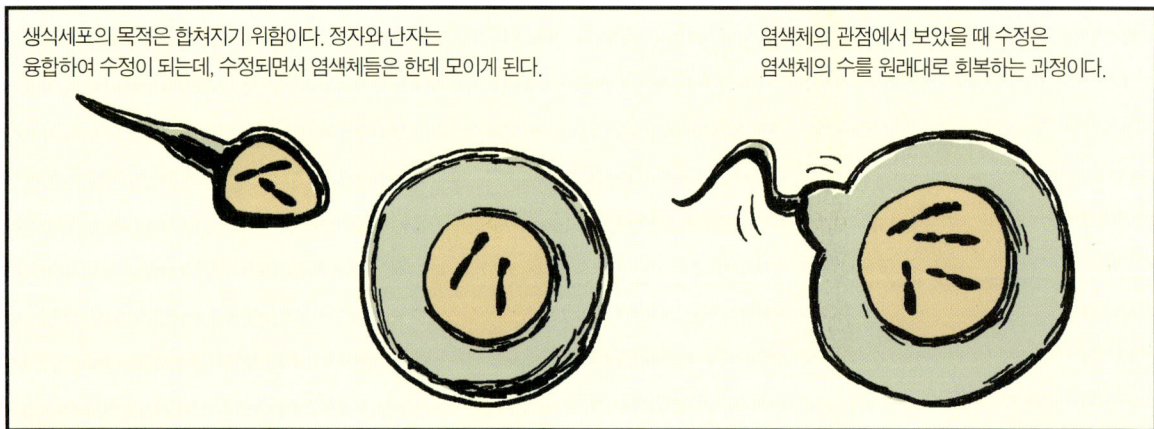

사람과 같은 생물의 체세포에 염색체 쌍들이 존재하는 이유는 유성생식의 결과라는 것을 짐작할 수 있다.
하나의 염색체는 아버지로부터, 다른 하나는 어머니로부터 왔다.
자, 지금부터 염색체 관점에서 생물의 유전 과정을 다시 한번 재생해보자.

생식세포를 만드는 과정이다.
세포가 분열하기 전에 염색체는 이처럼 복제한다.

첫 번째 분열에서 쌍을 이루는 염색체가 서로 분리된다.

감수분열

두 번째 분열에서는 미리 복제된 염색체들끼리 서로 분리된다.
이로써 생식세포가 만들어졌고, 정자가 만들어졌고,
정자의 염색체 수는 체세포의 절반이다.

비슷한 과정으로 만들어진 난자와 만나서 수정을 한다.

수정

정자와 난자의 염색체가 합쳐져서 수정란의 염색체 수는
체세포 염색체 수와 동일하게 회복한다.

수정란이 분열한다. 이때부터는 일반적인 체세포분열의 반복이다.

염색체가 복제된다.

복제된 염색체가 서로 갈라져서
두 개의 세포에 정확히 나눠지면서 들어간다.

염색체 숫자는 항상 동일하게 유지된다.

체세포분열

똑같은 체세포분열 과정이 반복된다.
세포는 충분히 많아질 것이고,
생물체를 완성할 만큼의 집단을 형성한다.

성체가 되어서는 부모가 했던 것과 동일하게
염색체 수가 절반인 생식세포를 만들 것이고,
생식세포끼리의 수정 또한 반복할 것이다.
이러한 큰 사이클은 세대를 거쳐서 반복된다.

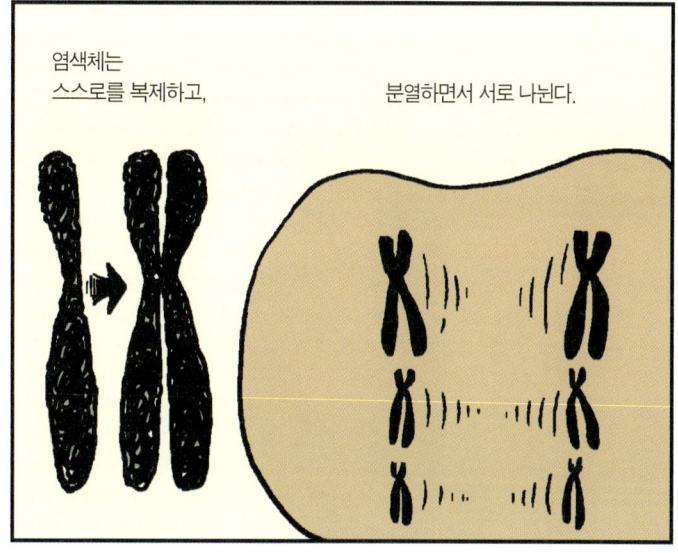

* **수정란**(fertilized egg) : 동물에서 정자와 난자가 합쳐져서 수정된 것. 모든 생물로 확장한다면 접합자라는 표현을 쓰기도 함.

***디터미넌트**(determinant) : 바이스만이 제창한 것으로, 세포핵의 염색체 안에 있다. 생식세포에서는 디터미넌트가 변함없이 유지되기 때문에 세대를 거듭하더라도 동일한 상태로 전달되며, 체세포분열 과정에서는 불균등하게 분배된다고 주장하였다.

***토머스 헌트 모건**(Thomas Hunt Morgan, 1866~1945): 미국의 유전학자이자 20세기 최고의 생물학자 중 한 명. 염색체에 유전자가 쌍을 이루어 선형으로 배열되어 있다는 염색체 지도를 완성함. 1933년 노벨생리의학상 수상.

*그레고어 멘델(Gregor Mendel, 1822~1884) : 오스트리아의 식물학자이자 아우구스티노회의 사제. 멘델의 법칙을 발견하여 유전학을 학문의 반열에 올려놓았으며, 유전학의 아버지로 불림.

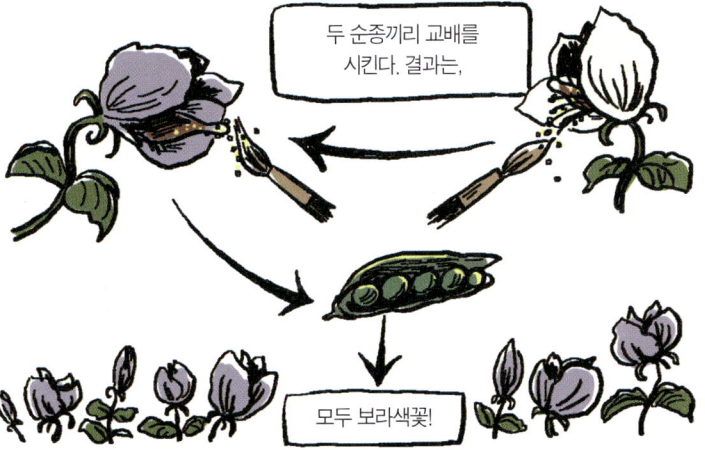

자손 보라색꽃끼리 *자가교배를 시키자, 보라색이 많긴 해도 흰색이 듬성듬성 나왔다.

멘델이 숫자를 접목한 이유가 있었는데…

멘델은 보라색꽃과 흰색꽃의 개수를 정확히 세었고 그 비율을 보니 대략 3:1이었다. 멘델은 애초에 이 비율을 예견하고 있었다.

잡종 자손

실험 전부터 미리 설정한 가설 때문이었다. 가설에 따르면 잡종을 자가교배하여 나온 두 번째 세대에 나올 수 있는 비율이 3:1이었다. 왜? 다음 그림을 보면 알 수 있다.

멘델은 형질에 대응하는 가상의 유전자 를 염두에 두었는데, 그는 하나의 형질에 두 개의 유전자가 관여한다고 생각했다.

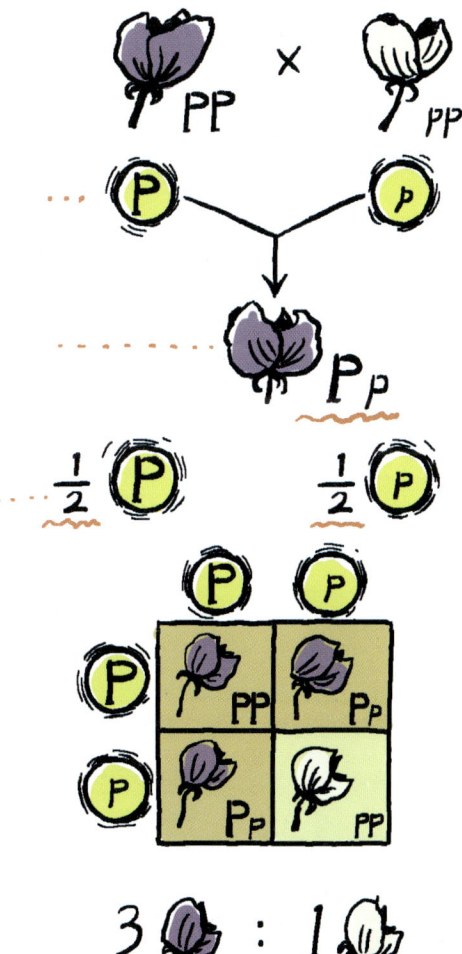

보라색꽃 순종에서 나올 수 있는 배우자는 동일한 것일 것이다. 흰색꽃 순종도 마찬가지다. 보라색꽃의 유전자를 P, 순종 흰색꽃의 유전자를 p라고 하자.

첫 번째 세대에서 부모로부터 받은 두 유전자 중에 하나는 P유전자, 다른 하나는 p유전자. 잡종이 보라색을 띄는 이유는 P가 p를 압도하기 때문이고, P를 우성으로 간주했다.

이번에는 잡종을 자가교배시킨다. 잡종에서 만들어지는 배우자는 P와 p가 각각 50%의 확률일 것이다.

예상되는 세 번째 세대의 자손은 오른쪽과 같은 조합이다.

겉으로 드러나는 형질의 보라색과 흰색이 3:1의 비율이 될 것으로 예상할 수 있다. 실제 결과도 이러했다.

*자가교배(자가수분, self-pollination) : 자가수분 또는 근친교배라고도 부른다. 많은 꽃은 암술과 수술을 하나의 꽃에 모두 지니는 양성화인데, 수술의 꽃가루를 인위적으로 암술머리에 수분함으로써 자가교배시킬 수 있다.

멘델은 생명체의 한 형질이 부모로부터 받은 유전자 한 개씩, 합이 두 개의 유전자가 합쳐져서 결정되고,

나중에 그 자손이 만들게 될 생식세포도 두 개의 유전자 중 하나가 무작위로 선택되어서 다음 자손에게 전해진다는 가설을 세웠던 것이다.

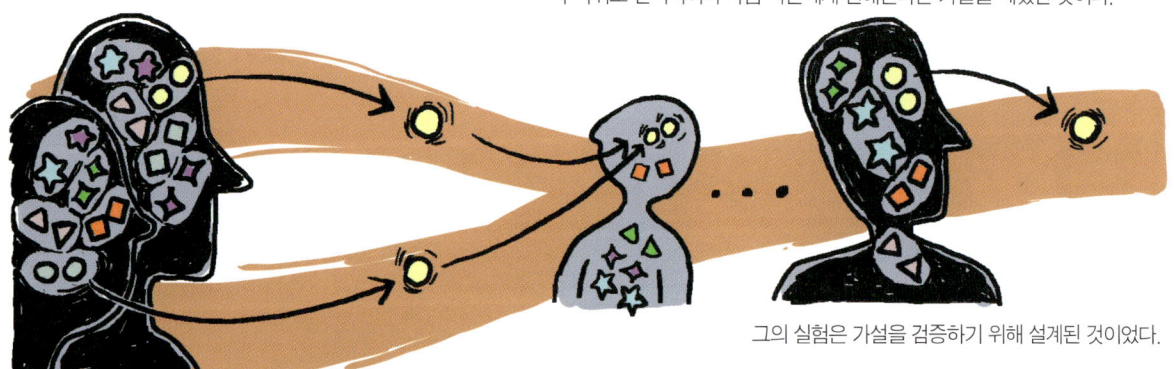

그의 실험은 가설을 검증하기 위해 설계된 것이었다.

무슨 말이 필요해, 응? 끝내주지.

커피향이 죽이네요, 세뇨리따~

유후~

멘델은 당시에 몰랐지만, 그가 말하는 유전자가 바로 염색체가 아니고 뭐겠소.

염색체가 유전자!

아직 섣부른 결론은 금물! 그런데 멘델은 이 실험만 한 것이 아니라오. 다른 실험은 더 흥미진진하지.

들어보시오. 아, 그런데 지금부터 말할 이 실험은 좀 억지가 있고, 뭔가 미심쩍지. 그렇지만 난 이것이 멘델 실험의 결정판이라고 생각한다네.

멘델은 실험을 위해 두 가지 형질에 대해서 동시에 순종인
완두콩을 미리 만들어두었다. 두 형질은 콩의 모양과 색깔인데,
모양에서는 둥근 것('R'ound),
색깔에서는 노란색('Y'ellow)이 우성인 것을 확인하였다.

우성 순종과 열성 순종을 교배시켰고,
당연히 두 형질에 대해서 동시에 잡종인 완두콩 자손이 나왔다(YyRr).

그 다음으로 이 자손을 자가교배시켰다.

멘델이 은근히 나왔으면 바랐던 두 번째 자손 세대의 비율은
9:3:3:1이라는 숫자였는데…

결과는 역시나 적중했다!

오른쪽의 16칸으로 되어 있는 표에서 이론적으로
나올 수 있는 모든 조합의 경우가 있는데,
바로 이 결과는 9:3:3:1이라는 비율을 예견하고 있었다.

이 실험에서 확인한 것은 분명했다. 콩의 색깔,
콩의 모양에 대한 유전자는 서로에게 얽매이지
않고 독립적으로 다음 세대로 전해진다는 것이다.
다른 형질들도 마찬가지일 거고…

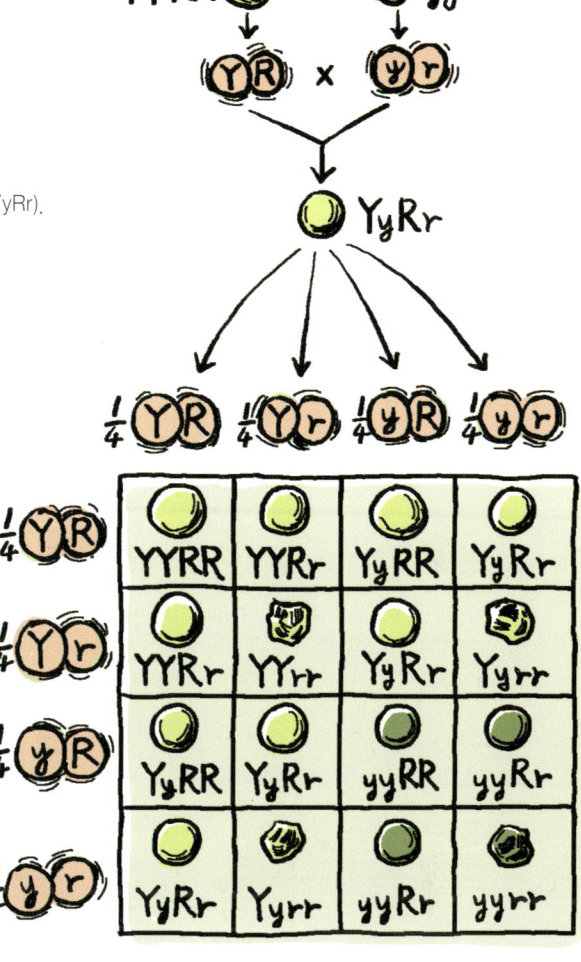

봐도 봐도
놀라운
실험이야.

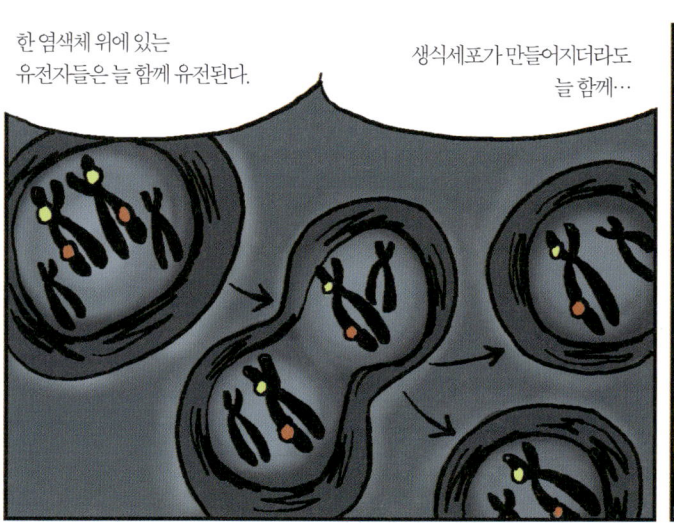

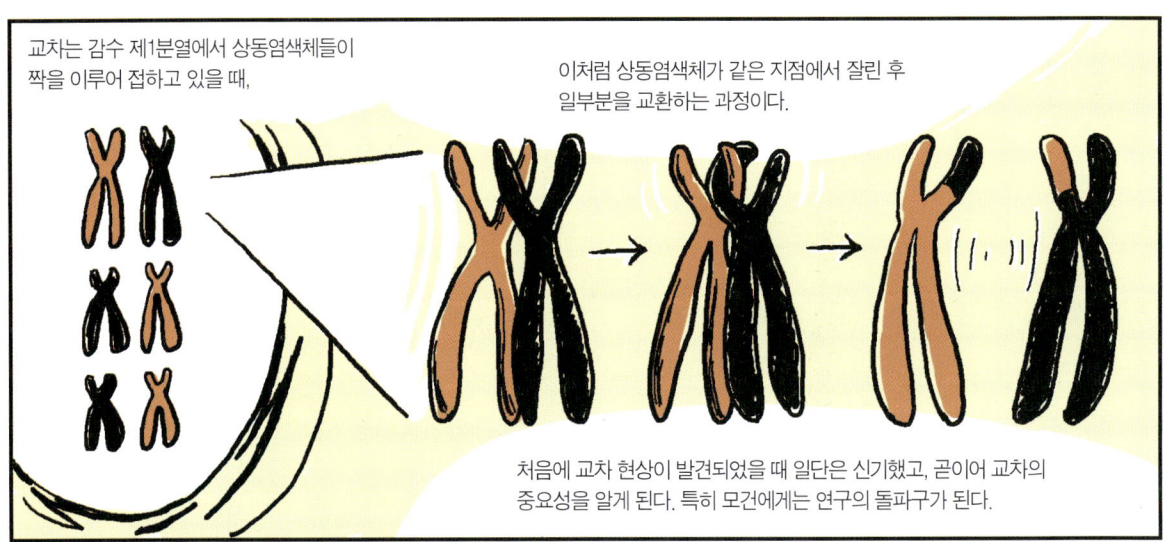

* **교차**(crossing over) : 상동염색체의 같은 지점(대립유전자)끼리 겹치고 꼬이면서 재조합이 일어나는 현상.

모건은 회색 몸과 정상적인 날개를 가진 야생형 순종 초파리와, 검은색 몸과 비정상 날개(흔적 날개)를 가진 순종 초파리를 교배했다. 여기까지는 멘델의 실험과 똑같다.

자손은 회색 몸, 정상 날개를 가진 초파리가 나왔다.

이 자손 초파리를 검은색 몸, 흔적 날개를 가진 비정상 초파리와 교배시킨다
(이 부분은 멘델의 실험과 다른데, 이것을 *검정교배라고 한다).

검정교배 결과 나오는 두 번째 자손은 오른쪽과 같은 조합의 가능성이 있다.

잠깐! 여기서 생각할 것이 있다.

만일 몸 색깔 유전자와 날개 모양 유전자가 다른 염색체 위에 있다면(멘델의 생각대로) 자손들은 1:1:1:1의 비율이 될 것이다.

그런데 만일 두 유전자가 동일한 염색체 위에 있어서 두 유전자가 항상 같이 유전된다면? (멘델이 예상하지 못한 경우)
모건은 이때 부모의 모양과 동일한 두 종류의 초파리만 나올 것이라고 생각했다.

그런데 황당하게도 실제 결과는 애매한 수치가 나왔다.

이도 저도 아닌 결과는 무엇을 의미하는가?
두 유전자가 한 염색체 위에 있다는 것인지? 아니면 다른 염색체에 있다는 것인지?
모건은 그 이유를 눈치챘다.

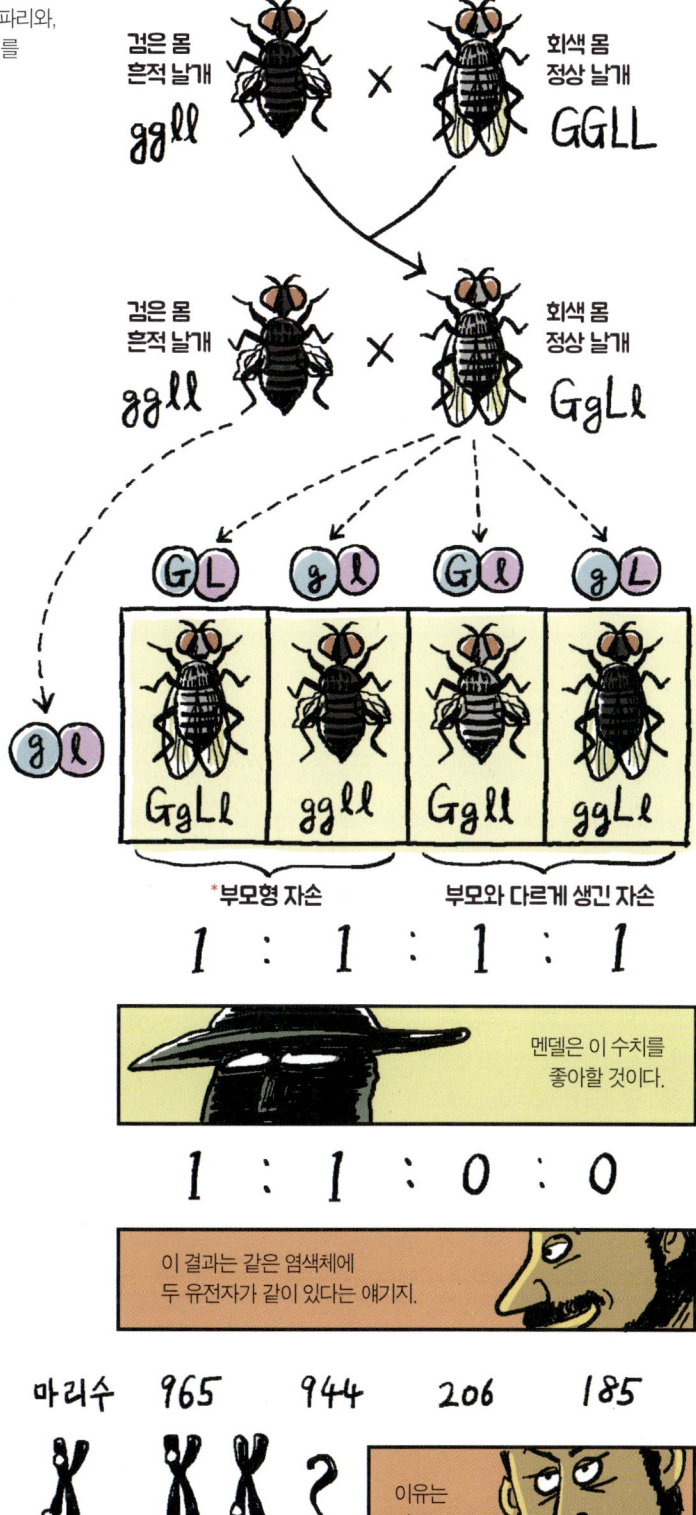

*검정교배(test cross) : 우성의 겉모습(표현형)을 나타내지만 유전자형은 알려지지 않은 개체를 열성 개체와 교배시킴으로써, 우성 개체의 유전자형을 알기 위해 사용하는 방법.

*부모형(parental type) : 부모 세대의 표현형과 일치하는 표현형을 물려받은 자손.

모건은 이 비율을 그의 실험을 진전시키는 도구로 삼는다.

검정교배 결과 나온 두 번째 자손에서 부모의 모양과 동일한 놈들의 비율이 높다는 것은 몸 색깔과 날개 모양에 대응하는 유전자가 동일한 염색체에 있다는 것을 강하게 암시하지만,

무슨 이유인지 두 유전자 사이의 물리적 결합이 종종 깨지는 되는데,

물리적 결합이 깨지는 현상, 이것이 교차라고 생각했다.

두 유전자 사이에서 교차가 발생하면 두 유전자들은 갈라지게 되고

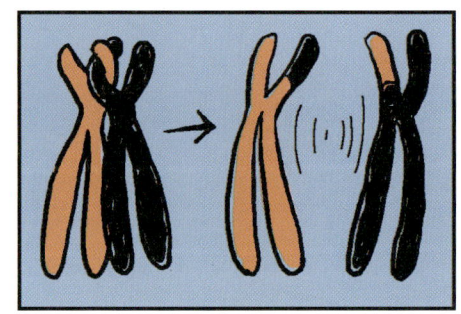

그때부터는 마치 다른 염색체 위에 있는 유전자들처럼 독립적으로 유전된다.

모건은 계속 전진한다.

교차는 무작위로 일어나는 사건이라고 가정했다. 이렇게 되면 교차가 일어나는 확률은 염색체의 모든 지점에서 동일하다.

그리고 한 염색체 위의 두 유전자 사이의 거리가 멀수록, 교차가 일어날 확률은 높아진다. 거리가 멀수록 교차가 일어날 지점이 그만큼 늘어나기 때문이다.

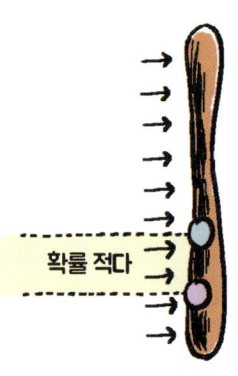
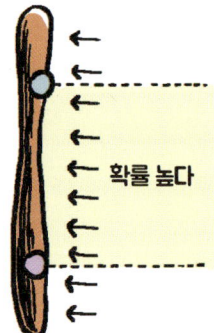

확률 적다

확률 높다

두 유전자 사이의 거리는 두 유전자가 '**얼마만큼 같이 유전하느냐.**' 즉 *'**연관의 강도**'를 결정한다.

연관의 강도는 한 염색체에서 두 유전자 사이의 거리가 가까울수록 강하고, 멀수록 약하다.

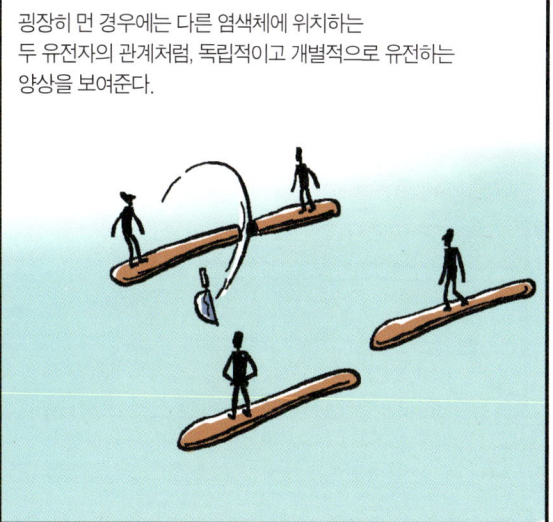

굉장히 먼 경우에는 다른 염색체에 위치하는 두 유전자의 관계처럼, 독립적이고 개별적으로 유전하는 양상을 보여준다.

다시 모건의 실험으로 돌아온다.

실험 결과 부모와 다른 모습을 가진 초파리의 비율이 크게 나온 경우는 무엇을 뜻하는가?

연관의 강도가 약하다는 것을 뜻하고, 두 유전자 사이의 거리가 멀다는 것을 말해준다.

이 비율이 작으면?

연관 강도가 강하다는 것이고, 두 유전자 사이의 거리는 가깝다는 말이다.

***연관**(linkage) : 둘 이상의 유전자가 동일한 염색체에 있기 때문에 함께 유전되는 현상으로써, 멘델의 법칙을 따르지 않는 현상. 교차(crossing)로 인해 연관이 깨지는 경우가 있는데, 연관의 강도는 유전자 사이의 거리에 반비례한다.

모건은 초파리에서 식별 가능한 모든 형질들을 찾아내 똑같은 순서로 실험을 반복한다. 첫 번째 잡종 세대를 만들고, 두 번째 검정교배를 하면서 수많은 초파리의 모양을 식별해서, 분류하고 또 분류한다. 그리고 수를 센다.

모든 형질들을 서로 짝지어서 실험 결과값을 도출해낸다. 알고자 하는 것은 전체 자손들에서 *재조합형 자손이 차지하는 비율이다. 이것을 *재조합 빈도라고 한다.

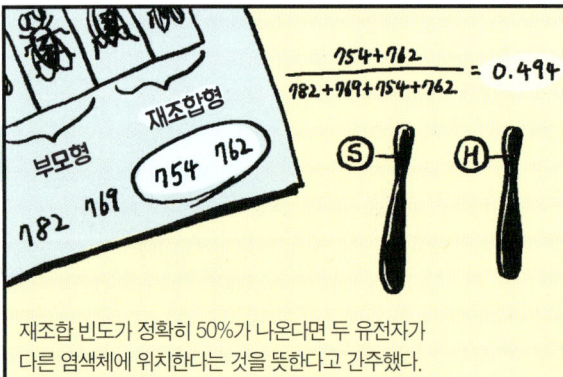

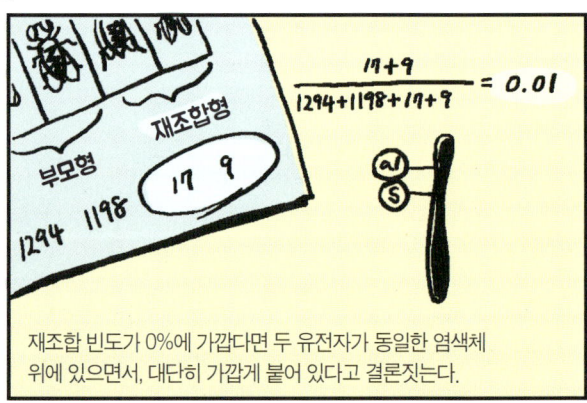

재조합 빈도가 정확히 50%가 나온다면 두 유전자가 다른 염색체에 위치한다는 것을 뜻한다고 간주했다.

재조합 빈도가 0%에 가깝다면 두 유전자가 동일한 염색체 위에 있으면서, 대단히 가깝게 붙어 있다고 결론짓는다.

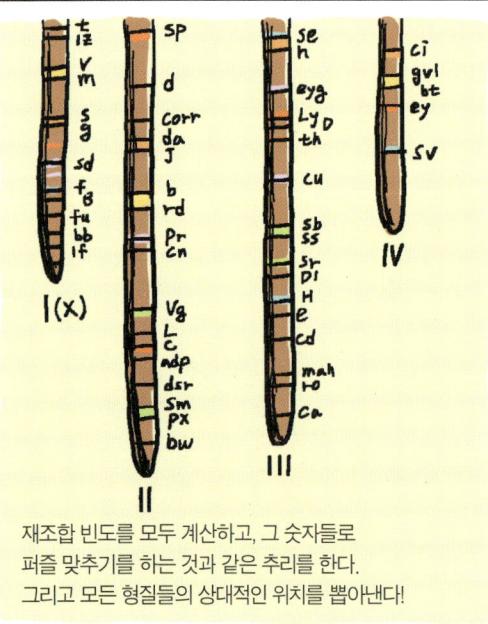

재조합 빈도를 모두 계산하고, 그 숫자들로 퍼즐 맞추기를 하는 것과 같은 추리를 한다. 그리고 모든 형질들의 상대적인 위치를 뽑아낸다!

간단한 것처럼 말했지만, 이루 말할 수 없을 정도로 지루하고 인내력을 요하는 작업이었다. 그러나 모건은 해낸다!

* **재조합형**(recombinant type) : 부모 세대의 표현형과 다른 표현형을 지닌 자손
* **재조합 빈도**(recombinant rate) : 전체 자손에서 재조합형이 차지하는 비율

생식세포가 만들어지고, 이들이 수정하여 새로운 개체가 탄생하는 과정을 모건의 관점에서 바라본다.

모건에게 **유전자는 염색체의 특정 지점**이다.

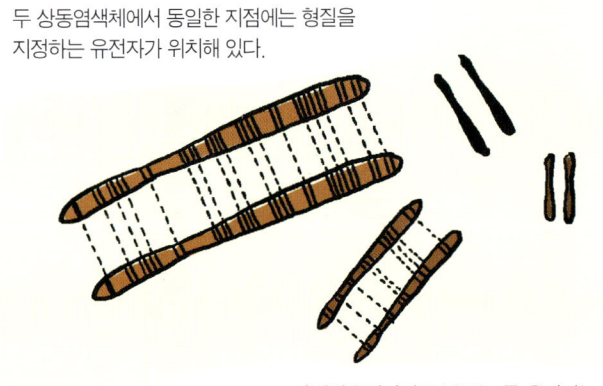

두 상동염색체에서 동일한 지점에는 형질을 지정하는 유전자가 위치해 있다.

*__대립유전자__라고 부르는 두 유전자는 서로 똑같은 경우도 있고(AA), 다른 경우도 있다.(Aa) 그리고 이런 대립유전자의 조합은 형질을 결정한다.

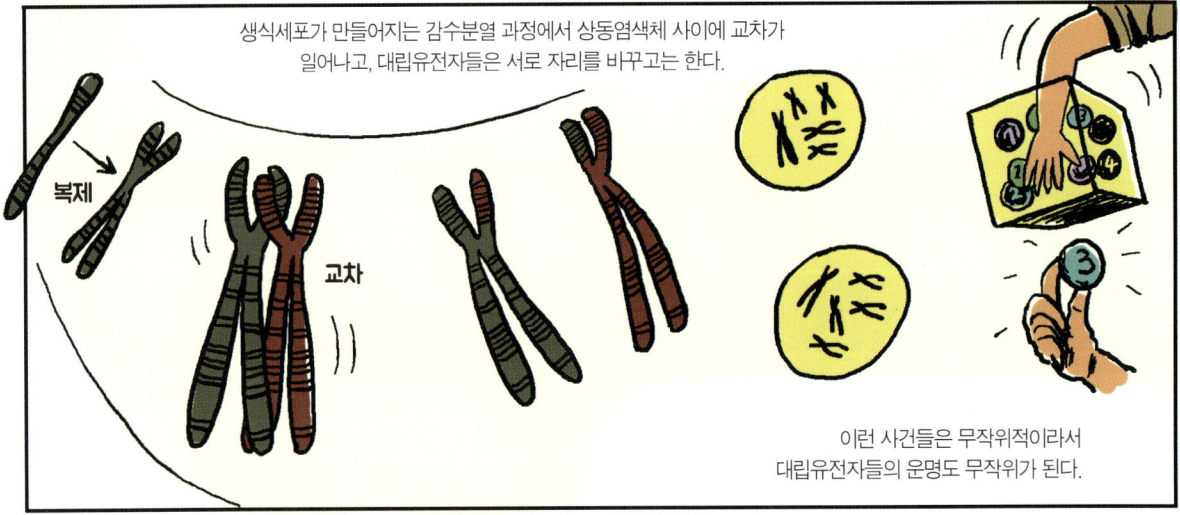

생식세포가 만들어지는 감수분열 과정에서 상동염색체 사이에 교차가 일어나고, 대립유전자들은 서로 자리를 바꾸고는 한다.

이런 사건들은 무작위적이라서 대립유전자들의 운명도 무작위가 된다.

한 예를 살펴보자. 단 두 쌍의 염색체를 가진 생명체는 생식세포를 만들 때, 아래와 같이 네 가지 조합의 염색체 배열을 가질 수 있다.

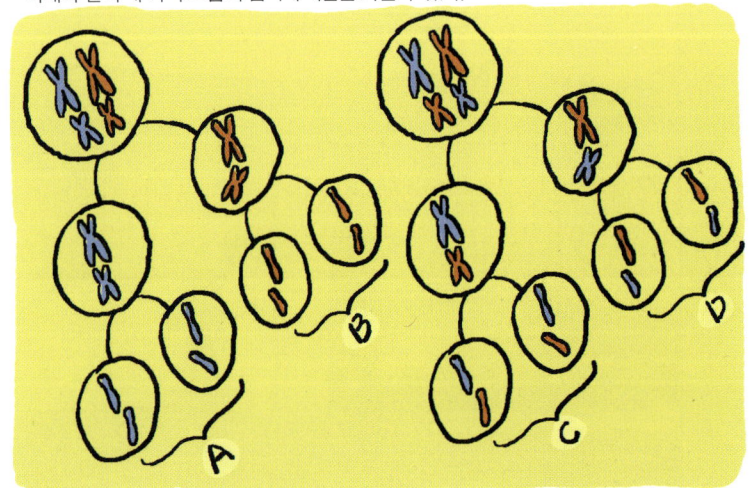

경우의 수 = 4 (A, B, C, D) = 2^2

염색체가 n쌍일 때의 경우의 수 = 2^n

염색체가 두쌍만 있는 경우에도 여러 조합이 나오는데, 보통 많은 생물종들은 수십 개의 염색체를 가지고 있고, 따라서 생식세포의 염색체 조합의 경우의 수는 엄청나게 커진다. 염색체 위의 유전자는 무작위 뽑기에 운명을 맡기게 되고, 무궁무진한 조합의 가짓수를 낳는다.

*__대립유전자__(allele) : 한 쌍의 상동염색체에서 같은 위치(locus)에 존재하면서 서로 다른 특정 형질을 나타내는 유전자.

'왜 이렇게 복잡한 거야…'라는 생각이 들 만큼 유성생식은 복잡하다. 하지만 이런 방식이 무지막지하게 다양한 염색체 조합을 가능하게 한다.

두 생식세포가 만나서 수정을 하면, 조합의 경우는 또 배가 된다. 그야말로 천문학적인 숫자가 된다. 교차는 아예 고려하지 않은 상황에서의 이야기다.

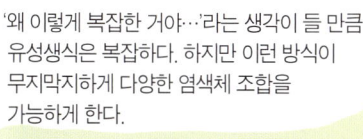
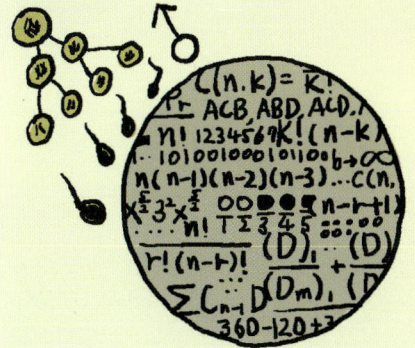
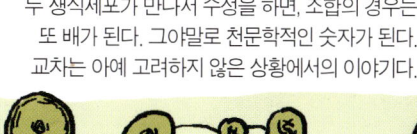
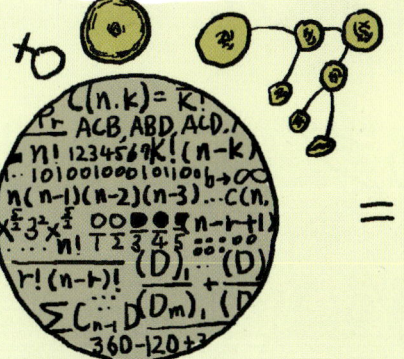
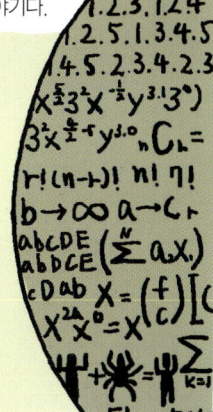

교차까지 고려한다면, 정말… 어쨌든 유성생식으로 생기는 하나의 자손은 우주에서 유일하다고 해도 무방하다.

온리 원!

부모와 똑같은 자식도 있을 수 없고, 똑같은 자식이 연거푸 생길 수도 없다.

이제 드디어 유전자에 도달한 건가?

073

*돌연변이(mutation) : 같은 종에 속하는 개체들 사이에서 나타나는 형질의 차이

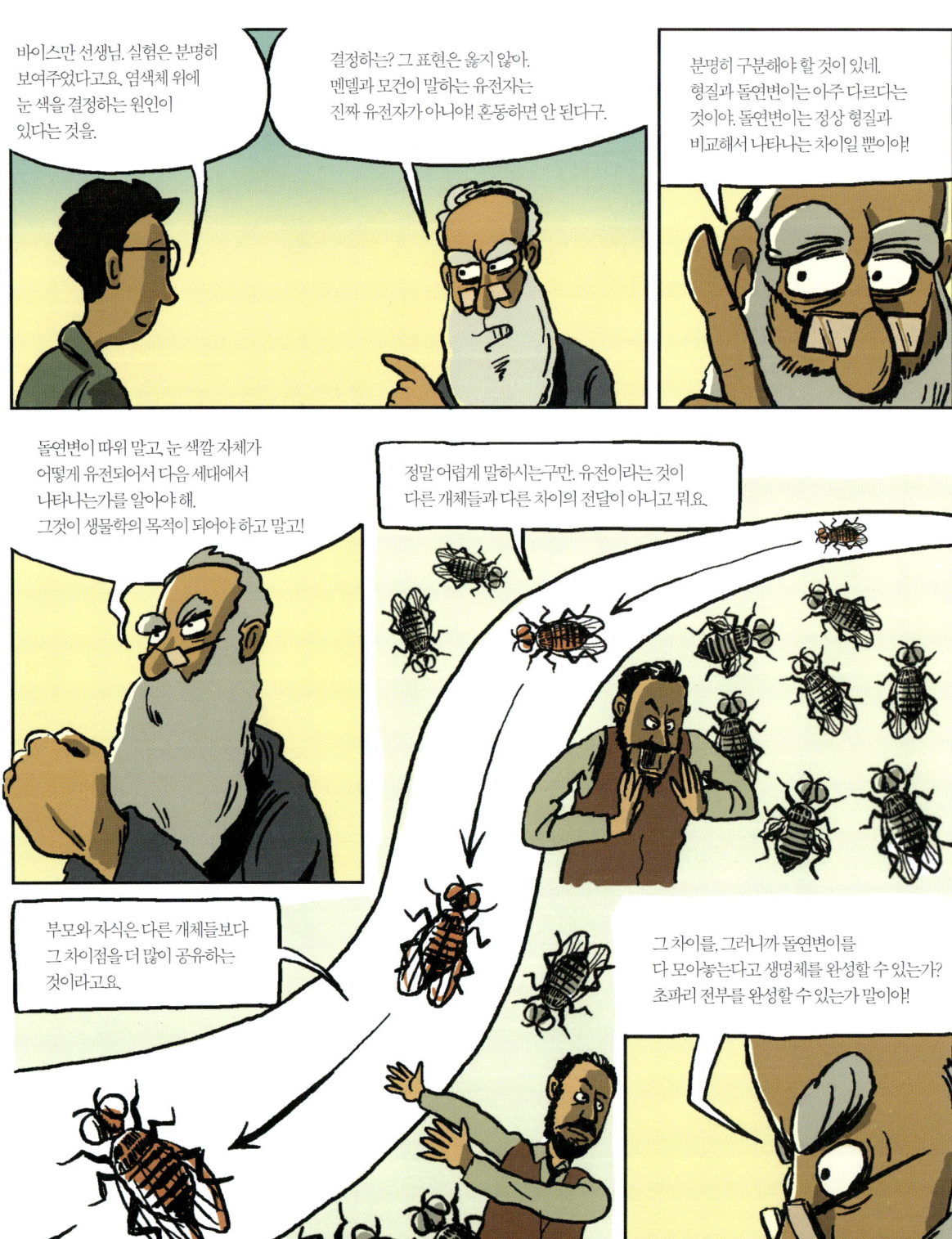

바이스만의 말은 옳다. 모건의 유전자는 염색체 위의 특정 위치인데, 그 위치를 형질과 대응하기에는 무리가 있다.

왜냐하면 모건은 형질 자체를 알아보려고 한 것이 아니고, 정상과 비교되는 돌연변이 형질이 어떻게 유전되는지, 여기에서부터 출발했기 때문이다.

눈 색깔이 붉은색이 아니고 흰색인 경우처럼 겉으로 드러나는 차이점. 이것을 돌연변이라고 하는데,

돌연변이는 염색체 위의 특정 위치에서의 차이를 반영한다는 것이 모건의 생각이다.

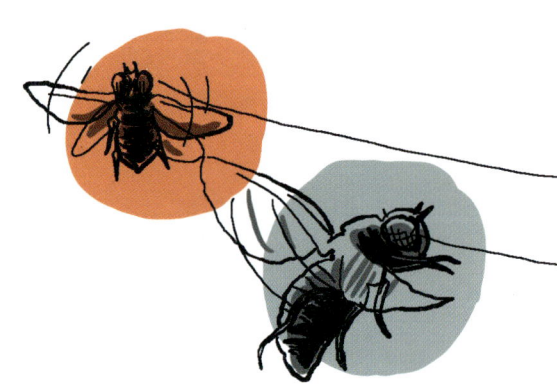

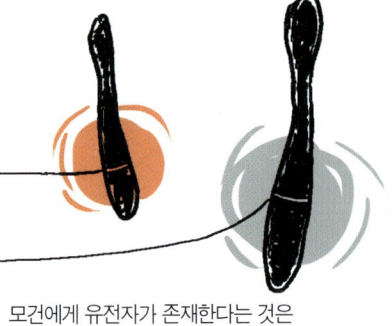

모건에게 유전자가 존재한다는 것은 정상인 것과 비교되는 돌연변이로써 감지되는 것이다.

염색체 위의 특정한 위치에서의 차이가 있다는 것일 뿐, 그 위치가 눈 색깔을 뜻하는 것이 아니다! 눈 색깔 유전자라고 주장하는 것은 옳지 않다.

유전자는 아직 모호하다.

무엇인지 모른다.

모건은 왜 이것을 유전자라고 했을까?

GENOME
EXPRESS

CHAPTER
03

심연 속으로
분자의 세계

생명은 자연의 가장 아름다운 발명이며,
죽음은 더 많은 생명을 얻기 위한 자연의 기교이다.
– 요한 볼프강 폰 괴테

모건의 천재적인 실험으로 염색체가 생명체의 정보를 담고 있는 물질,
즉 유전자일 거라는 강한 믿음이 생긴다. 세포를 발견하고, 그 안의 염색체를 발견한 것처럼
더 작은 단위로 유전자를 추적하는 경주가 이어진다. 염색체를 구성하는 물질 중
무엇이 유전자인지 알려면 더 많은 지식이 필요하다. 지금부터 화학의 세계로 들어가본다.

우주에 대한 근원적인 궁금증 하나는 이 세상의 다양한 모든 것들이 무엇으로 이루어졌느냐는 것이다. 가장 직관적인 문제풀이는 부수고, 쪼개고, 갈아서 미세한 단위가 무엇인지 직접적으로 관찰하는 것이다.

한계에 봉착한다면 현미경을 이용하기도 하고, 더 많은 간접적 관측이 동원된다.

최근 100년간의 현대 과학은 정말 기막힌 기술과 방법론으로 무장하여 미시 세계로 계속 파고들었고, 분자를 넘어, 원자에까지 닿았다.

원자에서 멈추지 않고 지금도 환원적 탐구는 계속되고 있다.

미시 세계로 더욱 깊이 들어갈수록, 수학을 사용해야 하는 관념적인 영역으로 들어갔다.
그 세상은 정말 인간의 상식으로 이해하기조차 어렵지만,
지금도 이 작업은 뜨겁게 진행중이다.

*환원적 접근은 생명체를 연구하는 데도 예외는커녕 가장 환영받는 방법이 된다.

생명체에 대한 연구는 우리 자신에 대한 가장 직접적인 탐구다.

생명체를 이루는 구성 물질을 연구하면서, 가장 먼저 눈에 띈 점은, 무생물에서 관찰되지 않는 특별한 분자들이 존재한다는 것.

유독 생명체에만 존재하는 이 분자들은 꽤 복잡하기도 하고
인위적으로 합성하기도 매우 어려웠다.

*환원적 접근 : 환원주의(reductionism). 복잡한 개념을 더 기본적인 요소로 설명하려는 입장. 특히 생물학에서는 생명 현상을 물리학이나 화학으로 풀 수 있다는 주의다.

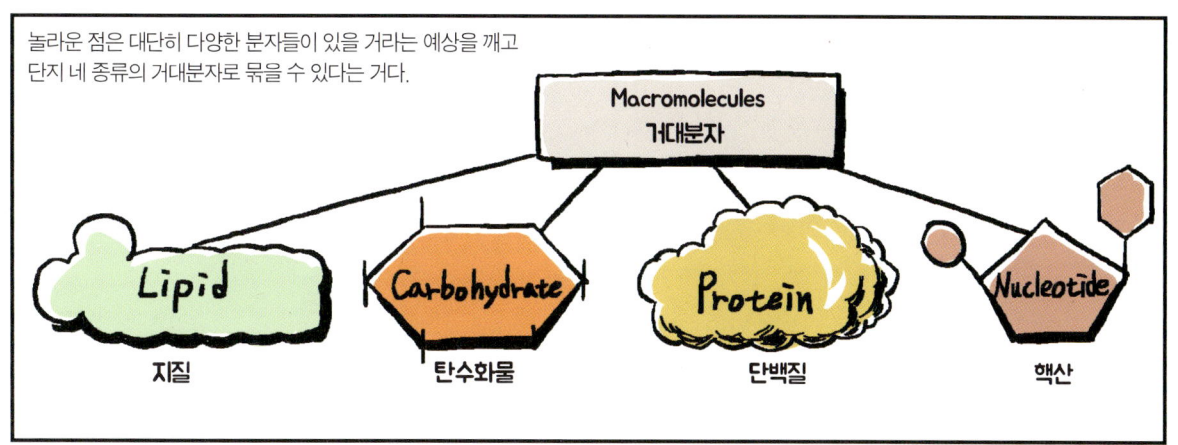

*라이너스 폴링(Linus Pauling, 1901~1994) : 미국의 물리화학자. 두 개의 노벨상(노벨화학상, 노벨평화상)을 수상함.

분자를 시각적으로 표현하기란 불가능하다.
원자는 공처럼 생기지 않았으며, 원자들을
연결하는 파이프 모양의 구조물도 없다.

원자는 양성자, 중성자, 전자로 이루어져 있는데,
주로 전자 사이의 상호작용으로 여러 원자들이 서로 붙들리는 상황이 벌어진다.
그렇게 붙들어야만 원자들 사이의 배열이 안정되기 때문이다.

분자 상태는 영속적이지 않다는 걸 알아야 한다. 특정한 조건에서만 일시적으로 유지되는 과정을 분자로 봐야 한다.
사막의 모래 언덕은 긴 시간을 두고 보면 만들어지고 소멸되는 과정에 불과하지만, 우리는 모래 언덕을 영속하는 실체로 본다.

단백질, 탄수화물, 지질, 핵산은 대단히 정교하고 복잡한 분자인데,
이러한 분자가 가능한 주된 이유는 이들의 주요 구성 원자가 탄소이기 때문이다.

식물이 광합성을 하면서 대기 중의
이산화탄소를 이용할 수 있는 형태의
탄소화합물로 전환하면 탄소가 얻어진다.

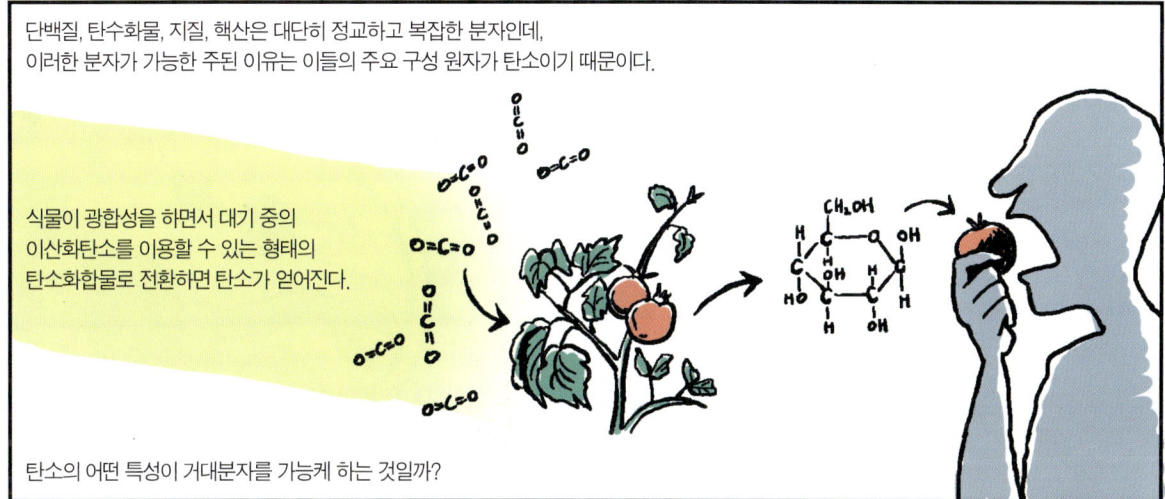

탄소의 어떤 특성이 거대분자를 가능케 하는 것일까?

탄소의 구조에 비밀이 있다. 탄소 원자는
가장 바깥의 *전자껍질에 네 개의 *원자가전자를 가지고 있는데,
네 개의 전자를 다른 원자와 공유함으로써 여덟 개의 전자를….

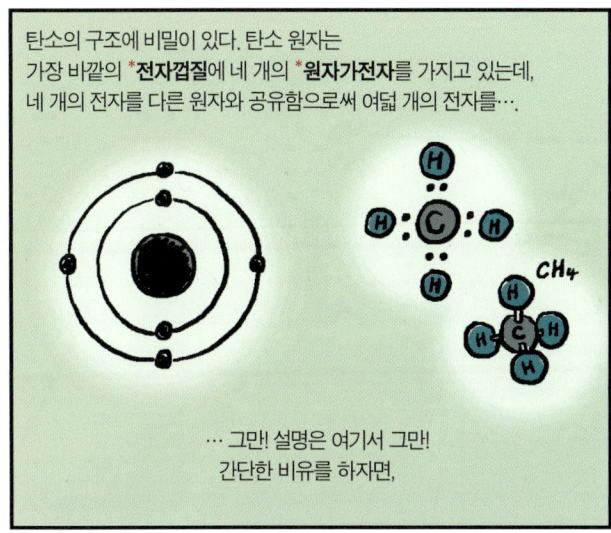

… 그만! 설명은 여기서 그만!
간단한 비유를 하자면,

탄소가 팔이 많다고 이해하자.

*전자껍질(electron shell) : 전자들의 에너지 상태를 간단하게 구별하기 위해 원자핵을 중심으로 한 전자들이 이루는 여러 층의 껍질을 말한다.
*원자가전자(valence electron) : 다른 원자와의 결합에 관여할 수 있는 전자를 말함.

네 개의 팔을 가진 탄소. 유별날 것 없어 보이지만 이 특성으로부터 놀라운 현상들이 이어진다.

"넌 특별한 아이란다."

많은 팔로 이웃의 탄소 원자나 다른 원자와 결합함으로써 다양한 형태의 분자를 무수히 만들어낼 수 있다.
탄소끼리 줄지어 사슬 구조를 형성하면 큰 분자의 골격으로 기능할 수 있으며

고리 형태를 만들 수도 있다.

이러고도 팔이 남아서 여러 가지 다른 원자나 작은 화학 그룹들을 붙여서 새로운 분자 특성을 나타낼 수도 있다.

탄소는 친화적인 네 개의 팔로 인해 대단히 다양하면서도 거대한 분자가 만들어지는 것을 가능하게 한다.

이렇게 만들어진 거대분자, 즉 단백질, 탄수화물, 지질, 핵산을 하나씩 살펴보자.

먼저 지질. 지질은 비교적 작은 축에 속하고 물과 잘 안 섞인다.
지질은 다시 지방, 인지질, 스테로이드로 분류된다.

"우린 물 싫어함."

지방 인지질 스테로이드

기름기 있는 음식에 풍부하게 들어 있는 **지방**은 주요한 에너지원으로 쓰인다.

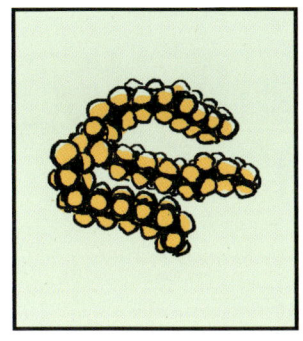

에너지 저장 측면에서도 중요하고

몸과 장기를 보호해주기도 하고

단열에도 톡톡한 역할을 한다.

요긴한 물질이지만 고칼로리의 삼시 세끼를 꼬박 챙겨먹는 현대인에게는 나쁜 물질로 자리잡았다.

규칙적으로 먹지 못했던 조상들에게는 상당히 소중한 에너지원이었다.

그리고 **인지질**, 이것은 세포막의 주요 성분이다.

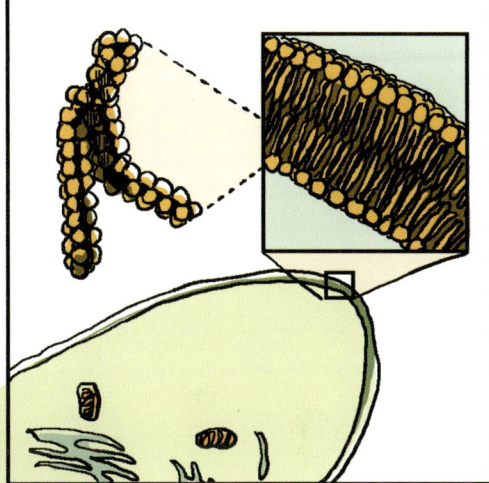

마지막으로 **스테로이드**가 있다. 성호르몬의 역할도 맡고 있고, 콜레스테롤도 이것에 포함된다.

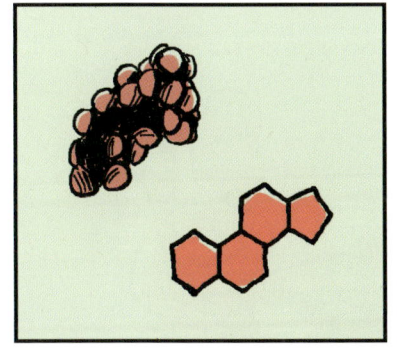

콜레스테롤이 없다면 세포들은 온도 변화에 따라 녹아내리든지, 딱딱하게 굳을 것이다.

콜레스테롤은 종종 혈관을 막는 골칫거리가 되기도 하지만, 인지질과 더불어 세포막의 주요 구성 요소로서, 온도에 민감한 세포막을 견고하게 지탱해준다.

거대분자 중에 이번에는 **탄수화물**을 살펴보자. 에너지원으로써 가장 큰 비중을 차지하고 있는데,
작은 놈은 지방보다 작지만, 큰 놈들은 대단히 크기도 하다.

탄수화물은 가장 작은 단당류가 기본이다.

단당류는 구성요소들의 종류와 수, 결합하는 모양에 따라
다양할 수 있지만 얼핏 보면 다 비슷하게 보인다.

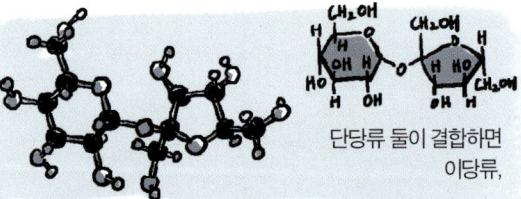

단당류 둘이 결합하면
이당류,

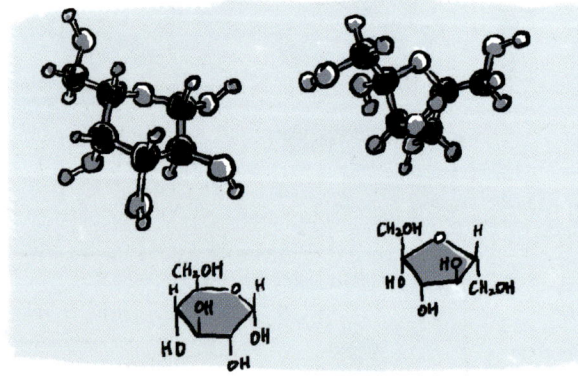

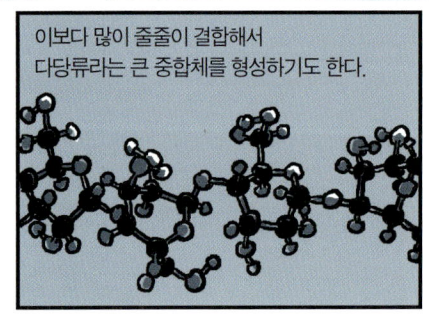

이보다 많이 줄줄이 결합해서
다당류라는 큰 중합체를 형성하기도 한다.

분자의 핵심은 구성 요소들 사이의 결합에 있다. 중합체라 함은 작은 요소들이 길게 연결된 형태를 말한다.
다당류는 단당류가 수백, 수천 개 연결된 중합체다.
이때 어떻게 연결되느냐에 따라 다당류의 속성은 완전히 달라지고, 당연히 역할도 달라진다.

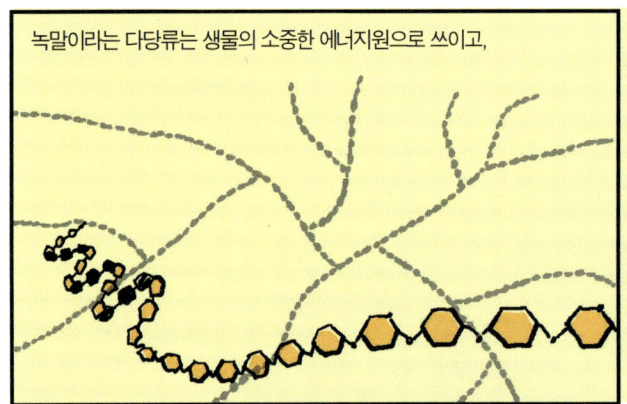

녹말이라는 다당류는 생물의 소중한 에너지원으로 쓰이고,

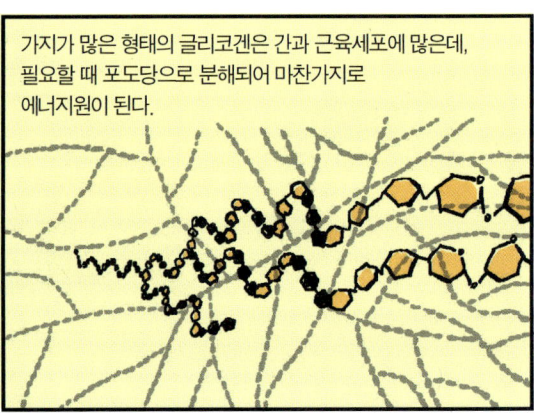

가지가 많은 형태의 글리코겐은 간과 근육세포에 많은데,
필요할 때 포도당으로 분해되어 마찬가지로
에너지원이 된다.

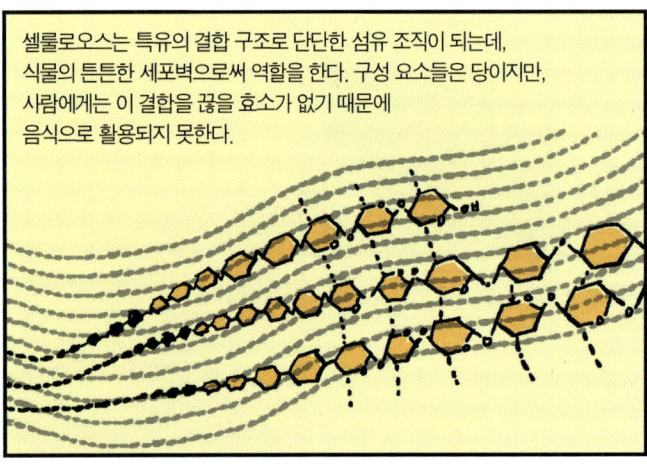

셀룰로오스는 특유의 결합 구조로 단단한 섬유 조직이 되는데,
식물의 튼튼한 세포벽으로써 역할을 한다. 구성 요소들은 당이지만,
사람에게는 이 결합을 끊을 효소가 없기 때문에
음식으로 활용되지 못한다.

소화효소가 있다면 셀룰로오스가 주성분인
책상 같은 것도
먹을 수 있게 된다!

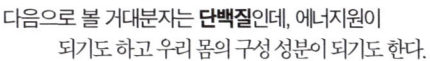

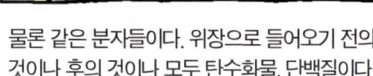

단백질로 다시 돌아온다.

생물의 몸에서 차지하는 양도 양이거니와 단백질의 역할은 생물 활동의 거의 모든 영역에 뻗어 있다.

체내의 화학 반응 속도를 조절하는 역할

끼릭..

방어 수송 구조물 등등

신호 전달

저장

이것을 수행하는 단백질을 생체 촉매 또는 **효소**라고 한다.

단백질은 정말 만능이다.

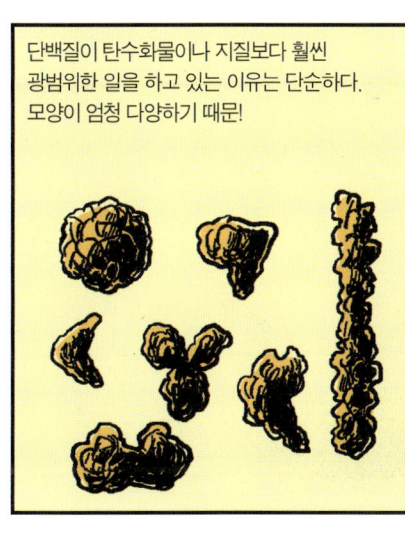

단백질이 탄수화물이나 지질보다 훨씬 광범위한 일을 하고 있는 이유는 단순하다. 모양이 엄청 다양하기 때문!

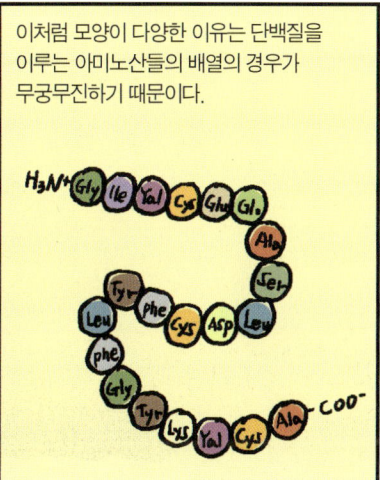

이처럼 모양이 다양한 이유는 단백질을 이루는 아미노산들의 배열의 경우가 무궁무진하기 때문이다.

네?

이 말은 좀 이해하기 힘들었을 거야. 계속 들어보게나.

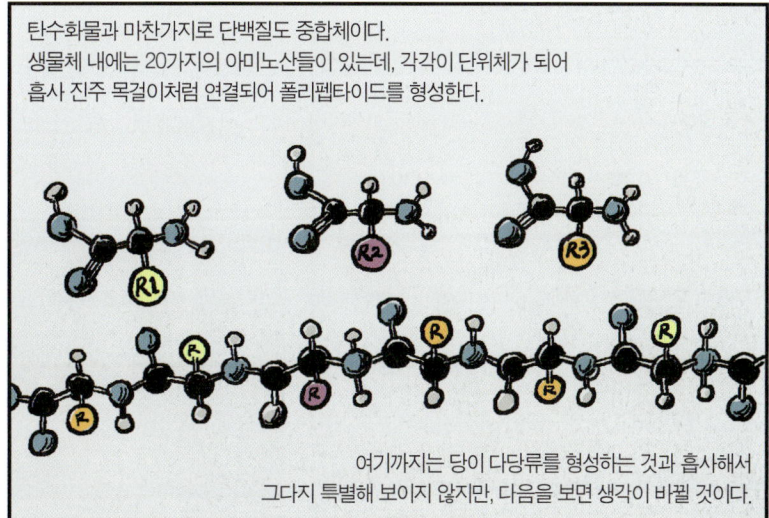

탄수화물과 마찬가지로 단백질도 중합체이다.
생물체 내에는 20가지의 아미노산들이 있는데, 각각이 단위체가 되어 흡사 진주 목걸이처럼 연결되어 폴리펩타이드를 형성한다.

여기까지는 당이 다당류를 형성하는 것과 흡사해서 그다지 특별해 보이지 않지만, 다음을 보면 생각이 바뀔 것이다.

단백질은 단순히 아미노산들이 연결된 폴리펩타이드, 그 이상의 의미를 가지고 있다.

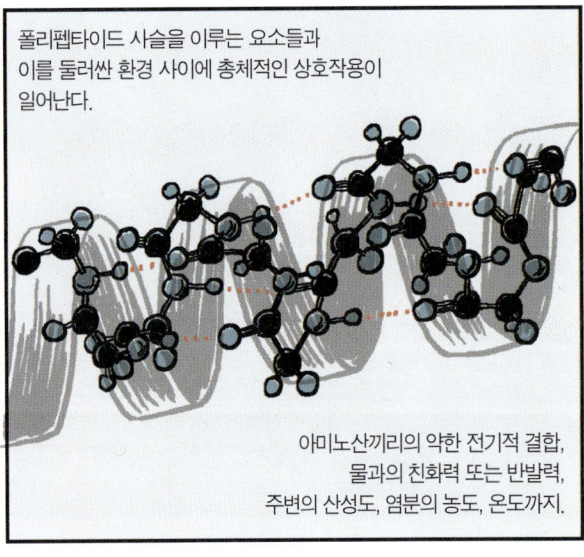

폴리펩타이드 사슬을 이루는 요소들과 이를 둘러싼 환경 사이에 총체적인 상호작용이 일어난다.

아미노산끼리의 약한 전기적 결합, 물과의 친화력 또는 반발력, 주변의 산성도, 염분의 농도, 온도까지.

그외 여러가지 힘들이 복잡하게 얽히면서 폴리펩타이드는 꼬이고 감기고 접힌다.

여러 중첩된 단계를 거치고, 별도로 존재하는 여러 폴리펩타이드들이 결합하기도 하면서 특유의 형태를 가진 단백질이 탄생한다.

무수한 원인들이 단백질을 반죽하고, 자르고, 연결한다.

단백질의 모양을 결정하는 것은, 사실 너무나 많아서 우주 전체라고 해도 될 정도다.

그리고 만들어진 형태, 이것이 단백질의 기능을 결정한다!

우리는 물건들의 모양을 보면 기능을 짐작할 수 있다.

모양 자체가 곧 기능이지!

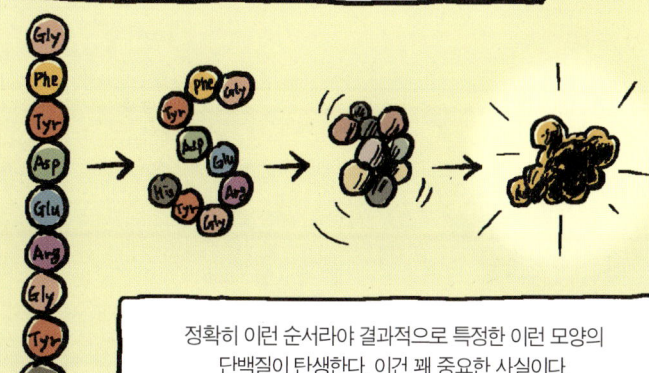

100개의 아미노산을 무작위로 이어서 폴리펩타이드를 만든다고 했을 때, 그 경우의 수는 실로 엄청나다.

이 많고 많은 경우의 수 중에 특정한 단백질 모양을 만드는 아미노산의 순서는 딱 한 가지다. 그래서 어떤 하나의 단백질을 만드는 아미노산의 순서는 진짜 진짜 '특이적'이라고 할 수 있다.

그렇기에 특이적인 아미노산 배열 순서는 특별한 의미를 가지고 있고, 정보가 있다는 말로도 해석할 수 있다.

단백질들이 서로 다른 기능을 하는 중요한 이유는, 단백질을 이루는 요소들(아미노산)이 다르기 때문이 아니다.

아미노산들이 결합하는 순서가 특별하기 때문!

이런 속성은 단백질에서만 나타나는 특징이 아니니 오해하면 안 된다. 사실 생물체 내의 모든 분자들은 원자 단위로 분해한다면 C, H, O, N, S, P와 같은 원자들이고, 이들의 특이적인 결합이 특이적인 작은 분자를 만들고,

분자는 요소들의 단순한 합이 아니다.

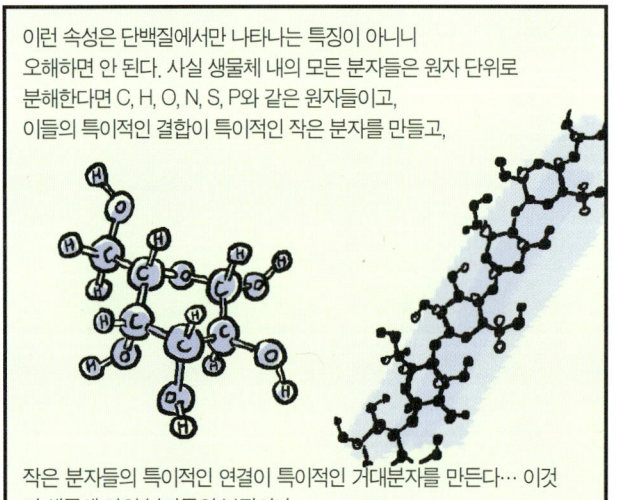

작은 분자들의 특이적인 연결이 특이적인 거대분자를 만든다… 이것이 생물체 안의 분자들의 본질이다.

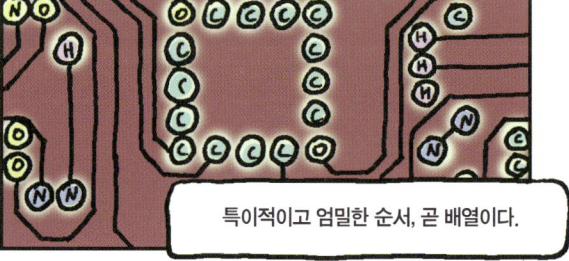

특이적이고 엄밀한 순서, 곧 배열이다.

단백질이 거대분자들 중에서도 주인공 자리에 서 있는 이유는 아미노산들의 배열 수가 엄청나게 많을 수 있으며, 이에 따라 각양각색의 모양이 만들어질 수 있기 때문이다.

이로써 바이스만이 그토록 염원했던, 작은 세계로의 탐험은 정말 많은 진척을 이루었다. 생화학자들 덕분이다.

현미경은 눈으로 식별할 수 없는 작은 곳으로 우릴 데려갔고, 그 후 수많은 화학적 도구와 방법들은 더 깊은 곳으로 안내했다. 이로써 생명체를 이루는 작은 분자들의 세상에 다다랐고, 보물같은 지식을 얻게 되었다.

환원적인 접근의 대성공이었다.

바이스만 선생님이 이걸 봤어야 해요.

그런데 말이오. 탄소, 산소, 수소 같은 원자를 안다는 것, 그리고 아미노산, 포도당 같은 작은 분자들을 안다는 것, 또 단백질과 탄수화물 같은 더 큰 분자들을 개별적으로 잘 안다고 해서,

생명체를 획기적으로 이해할 수는 없어요.

어떤 면에서는 아직까지도 생물에 대해서 전혀 모르겠소.

환원적 접근에는 빈틈이 많습니다.

핵산도 다당류나 단백질처럼 중합체인데, 이것을 구성하는 단위체는 **뉴클레오타이드**다. 뉴클레오타이드를 이루는 구성 요소는,

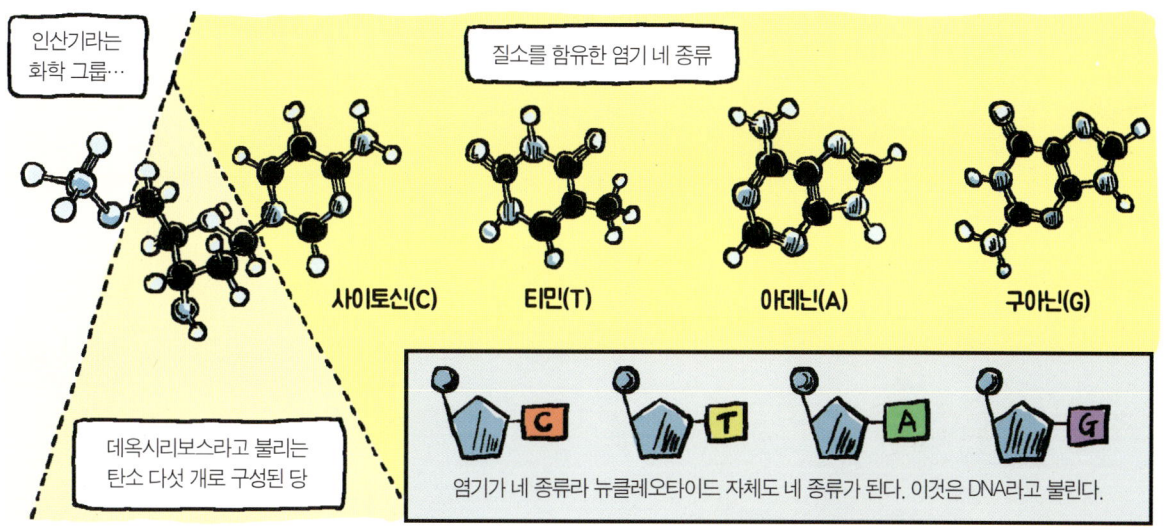

DNA와 거의 비슷한 RNA라는 것도 있다.

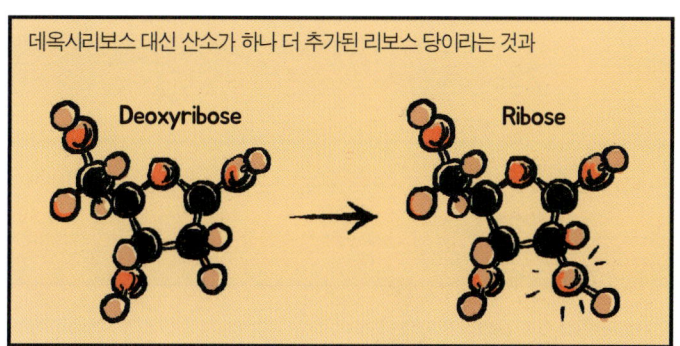

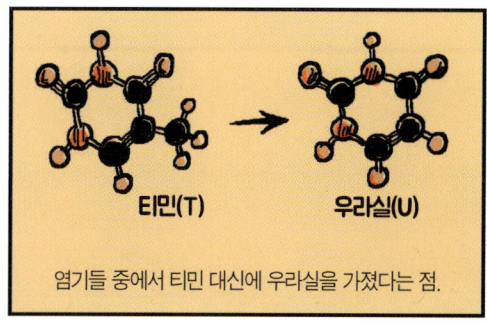

이것이 RNA가 DNA와 다른 점이다.

이런 뉴클레오타이드가 모종의 방식으로 결합해서 중합체를 이루어 폴리뉴클레오타이드가 된다. 이것을 핵산이라고 하는 것이다.

GENOME EXPRESS
CHAPTER 04

무엇이 유전자인가?
유전물질은 단백질? 아니면 DNA?

넘어졌다면 무언가를 주워라.
— 오즈월드 에이버리

생화학자들이 노력한 결과, 염색체는 단백질과 핵산으로 이루어져 있다는 것이 드러난다. 다음에 알아야 할 것은 단백질과 핵산 두 물질 중에서 어떤 것이 유전 과정에서 핵심 역할을 맡고 있는지에 관한 것이다. 끈질긴 추적 끝에 결국 답을 알아내지만, 더 큰 문제가 유전자의 정체를 가로막고 있다는 것을 문득 깨닫는다.

***아치볼드 개로드**(Archibald Edward Garrod, 1857~1936) : 영국의 의학자. 알캅톤뇨증이 유전된다는 것을 밝혔으며, 효소와 유전자 사이의 관련을 주장했다.

111

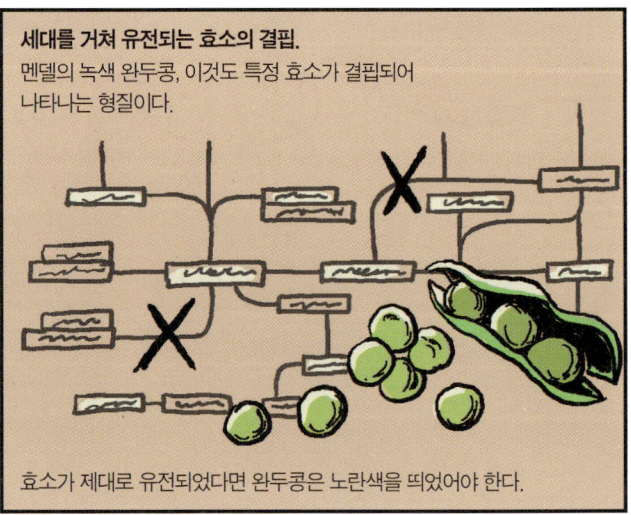

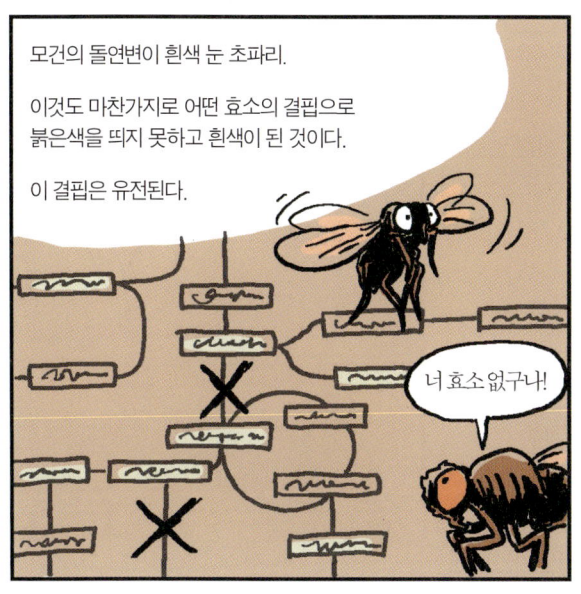

*오즈월드 에이버리(Oswald Theodore Avery, 1877~1955) : 캐나다 출신의 미국 세균학자. 폐렴쌍구균의 병원성과 관련한 연구를 통해서 균의 형질전환 물질이 DNA임을 밝혀냄.

*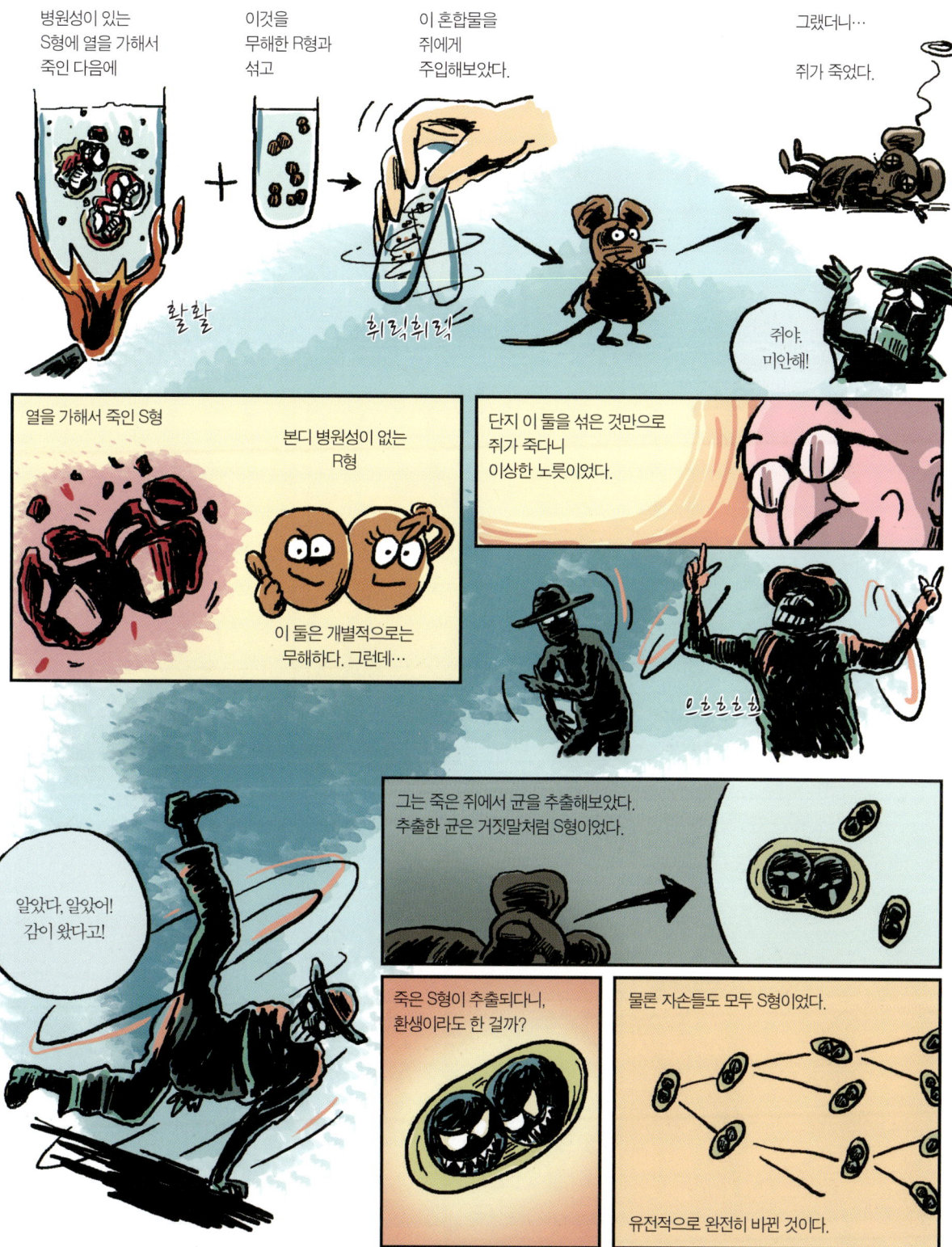

*프레더릭 그리피스(Frederick Griffith, 1877~1941) : 영국의 미생물학자. 폐렴쌍구균의 형질전환 현상을 발견함.

그리피스는 과감한 결론을 내렸다.
죽은 S형에서 무엇인가가 R형으로 건너갔고, R형을 S형으로 바꿨다는 것,
그리고 이런 변화는 후손에게도 유전되는 영구한 변화라는 결론이다.

에이버리는 그리피스의 실험을 더욱 세밀하게
변모시켰다. 기본적인 방법은
탄수화물, 지질, 단백질, 핵산 등의 분자들을
하나씩 제거하면서 그리피스의 실험을
반복하는 것이다.

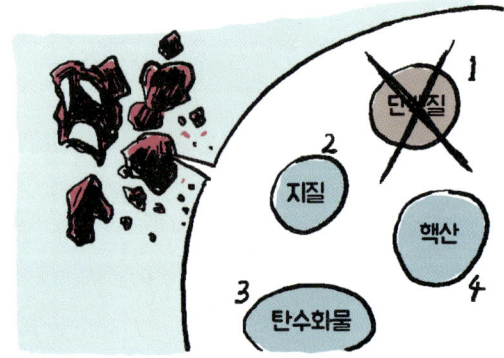

***형질전환**(transformation) : 형질이 유전적으로 변화하는 현상

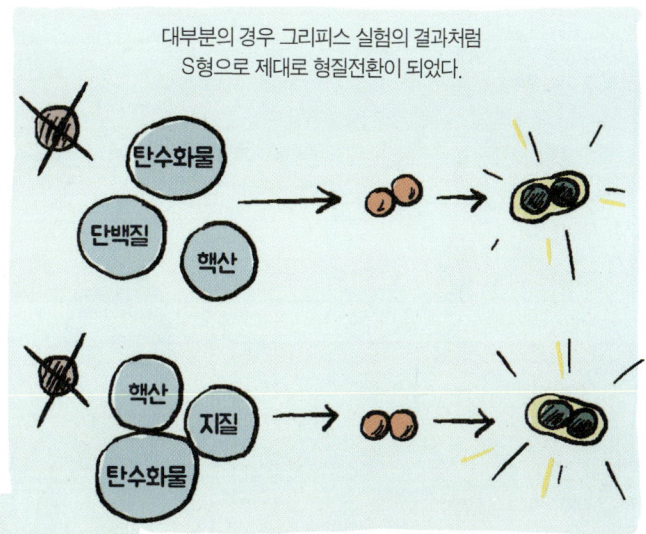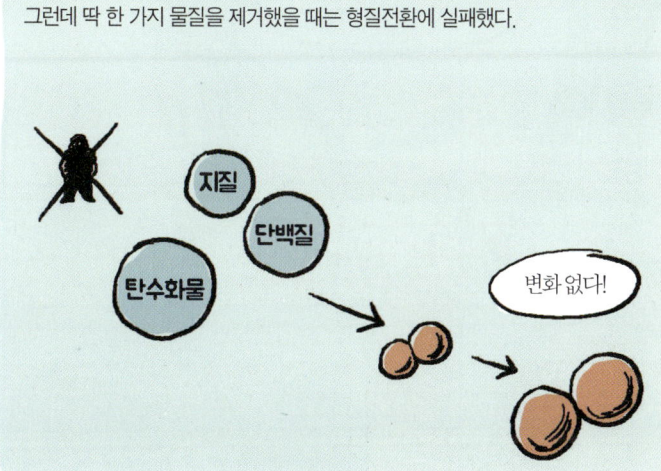

설마 DNA가 유전물질? 물론 DNA가 유전물질이 아니어야 할 분명한 이유가 있는 건 아니었다.
오히려 유전물질일 수도 있는 이유들이 꽤 보였다.

염색체 안에는 단백질도 있지만 DNA가 있다는 것을 알았다.

더군다나 DNA는 염색체를 제외한 세포의 다른 영역에서는 발견되지 않는다.

생화학자들은 세포 안의 분자들의 양을 정교하게 측정하기 시작했는데, 이로써 DNA를 유전물질로 볼 수 있는 증거들이 포착됐다.

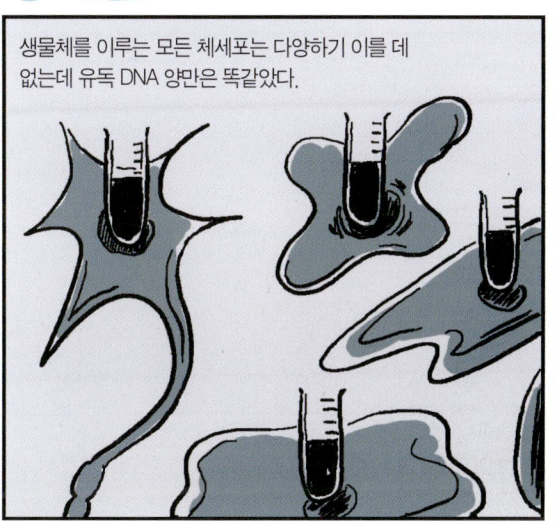

생물체를 이루는 모든 체세포는 다양하기 이를 데 없는데 유독 DNA 양만은 똑같았다.

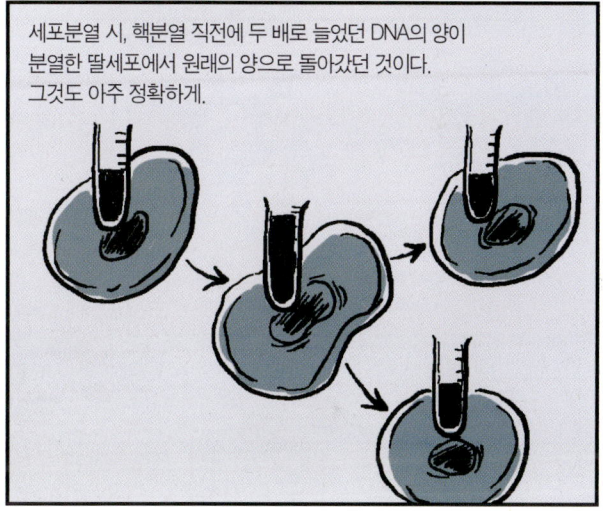

세포분열 시, 핵분열 직전에 두 배로 늘었던 DNA의 양이 분열한 딸세포에서 원래의 양으로 돌아갔던 것이다. 그것도 아주 정확하게.

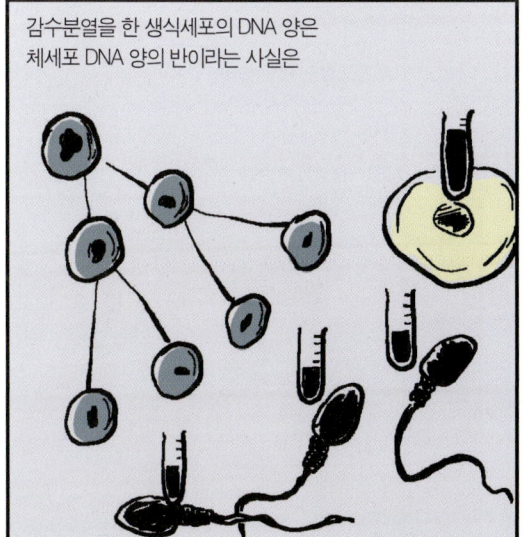

감수분열을 한 생식세포의 DNA 양은 체세포 DNA 양의 반이라는 사실은

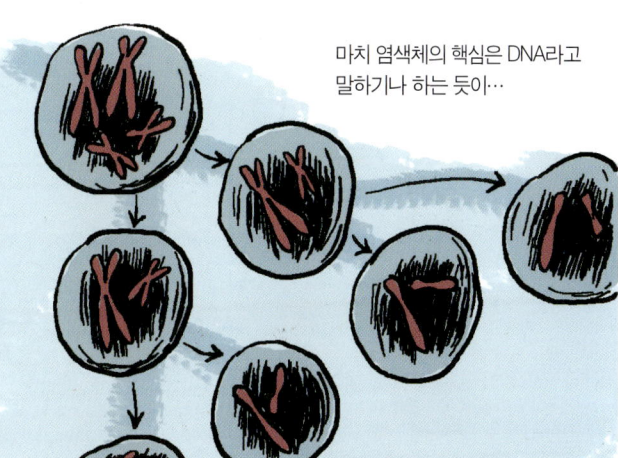

DNA의 양적 변화가 염색체의 변화와 함께한다는 것을 짐작하게 한다.

마치 염색체의 핵심은 DNA라고 말하기나 하는 듯이…

하지만 DNA는 유전물질의 후보로는 너무 초라해 보였다. 단백질에 비하면 말이다.

단백질은 아미노산 20가지가 이어진 분자 사슬 구조로, 아미노산 서열의 가짓수는 이론상 거의 무한대의 이른다

생명의 엄청난 질서와 다양성을 고려할 때, 유전물질의 왕관은 당연히 단백질에게 씌워주어야 마땅하다.

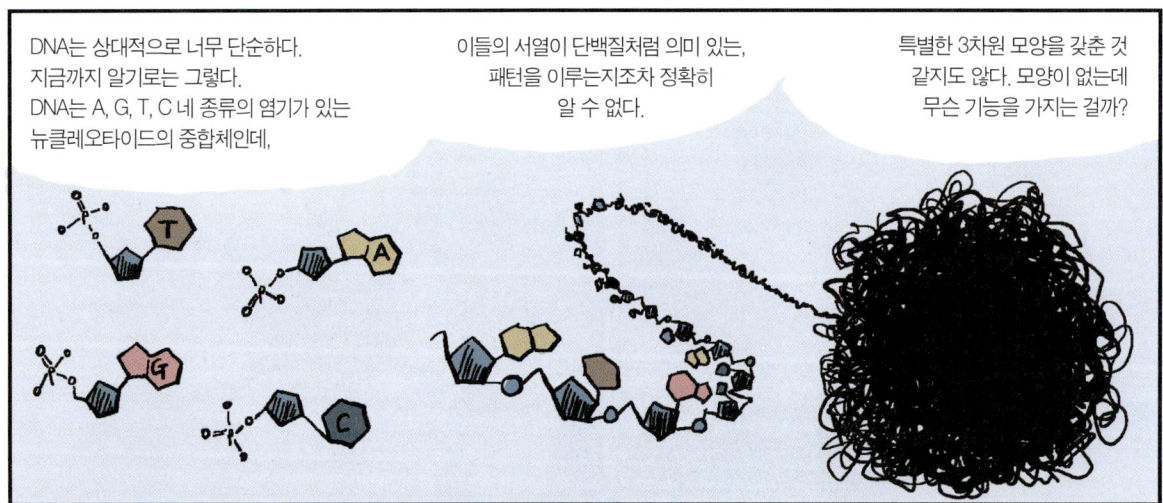
DNA는 상대적으로 너무 단순하다. 지금까지 알기로는 그렇다. DNA는 A, G, T, C 네 종류의 염기가 있는 뉴클레오타이드의 중합체인데,

이들의 서열이 단백질처럼 의미 있는, 패턴을 이루는지조차 정확히 알 수 없다.

특별한 3차원 모양을 갖춘 것 같지도 않다. 모양이 없는데 무슨 기능을 가지는 걸까?

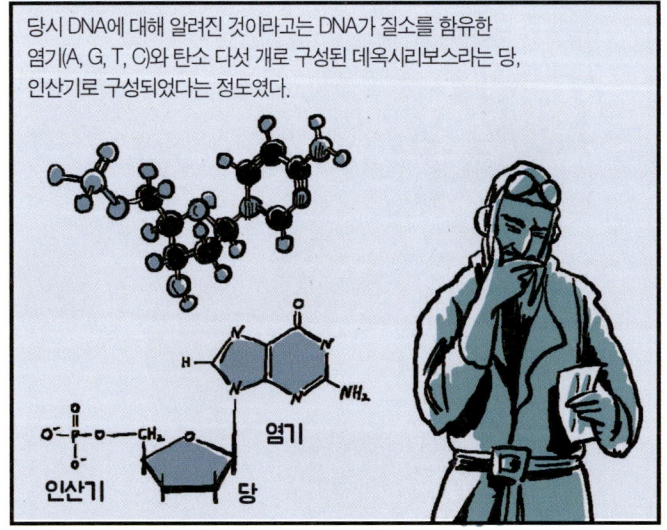
당시 DNA에 대해 알려진 것이라고는 DNA가 질소를 함유한 염기(A, G, T, C)와 탄소 다섯 개로 구성된 데옥시리보스라는 당, 인산기로 구성되었다는 정도였다.

*샤가프라는 생화학자는 DNA에 대해서 좀 더 면밀한 조사가 필요하다고 느꼈다. 먼저 염기 네 가지에 어떤 패턴이 존재하는지 알아보려고 했다.

*어윈 샤가프(Erwin Chargaff, 1905~2002) : 미국의 생화학자. DNA의 염기를 정량적으로 분석하여 아데닌(A)과 티민(T), 구아닌(G)과 사이토신(C)의 비율이 1:1이라는 것을 밝혔고, 후에 왓슨과 크릭이 DNA의 구조를 밝히는 데 중요한 단서를 제공한다.

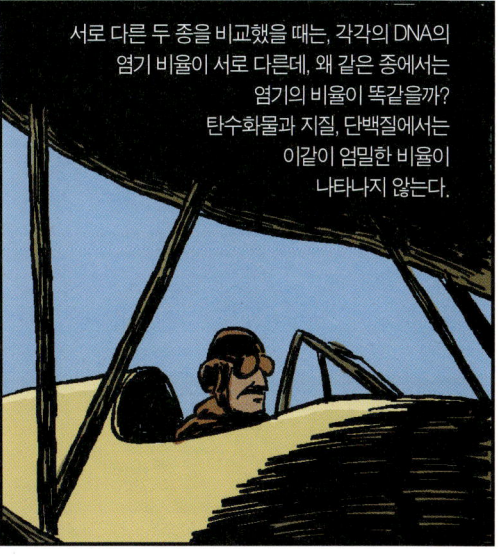

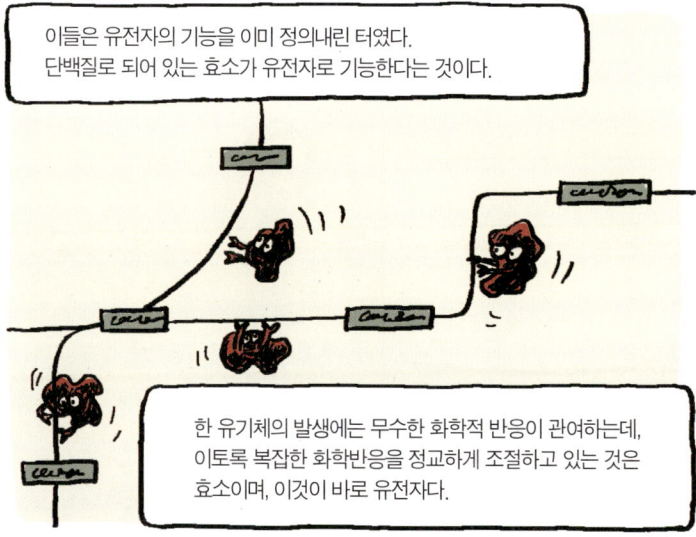

생명체가 복잡하고 정보가 넘쳐나니, 유전자 또한 복잡하고 정보가 많아야 하고, 그래서 가장 복잡해 보이는 단백질이 유전자일 거라는 결론.

이런 논리가 타당한 걸까요?

복잡하다는 것이 무엇일까요?

정보가 많다는 것이 의미하는 건 뭐죠?

헤헤헤, 개로드 선생이 핵심을 찌르시는군.

우리가 너무 분자 깊숙히 들어와서 시야가 좁아졌는지도 몰라요. 지나치게 천착하면 큰 의미에서 답을 얻기 힘듭니다.

유전자가 DNA면 어떻고, 단백질이면 어떻습니까. 둘 중 하나가 확실하다고 한들, 도대체 어떻게 유전자로써 작용한다는 말입니까?

유전자는 화학 분자 자체가 아니라 전혀 다른 차원의 것일지도 모릅니다.

다시 바이스만 선생의 이야기로 돌아가야 할 것 같아요.

유전이란 질서를 전달하는 것이오.

GENOME EXPRESS
CHAPTER 05

유전자는 마땅히 그래야만 한다
슈뢰딩거의 유전자 정의

유전자는 비주기적 고체이다.
– 에르빈 슈뢰딩거

생명의 투쟁은 물질에 대한 투쟁도 아니며
에너지에 대한 투쟁도 아니다.
뜨거운 태양에서 차가운 지구로 전달되면서
이용이 가능하게 되는 엔트로피에 대한 투쟁이다.
– 볼츠만

유전자의 정체에 관해 더 깊이, 더 작게 추적하는 데 성공했지만,
유전자가 어떻게 기능하는지에 대해서는 이상하리만큼 막막하기만 하다.
효소로써 기능한다는 것은 유전자의 기능 중 일부에 지나지 않을 것이다.
도대체 이토록 작은 유전자라는 물질이 어떻게 그 크고 복잡한 생명체의 정보를
모두 담고 있으며, 생명체로 완성시킬 수 있는 것일까?

* **루트비히 볼츠만**(Ludwig Eduard Boltzmann 1844~1906): 오스트리아의 물리학자. 엔트로피 개념을 통계역학적으로 정립하는 등 통계역학의 기초를 확립함.
* **엔트로피**(entropy): '무질서도'가 엔트로피를 표현하는 다른 말이다. 물질의 변화는 확률이 높아지는 상태로, 즉, 엔트로피가 커지는 방향으로 간다. 엔트로피는 확률에 대한 개념으로써, 확률이 높은 상태가 확률이 낮은 상태보다 엔트로피가 크다.

생명이 무생명과 구별되는 한 가지는 혼돈으로 가는 것을 회피하고 질서를 유지하는 능력이다.

생명체가 번식을 하여 새로 발생을 하는 과정을 보면 오히려 질서가 증가하는 것을 볼 수 있다.

무질서로 향한다는 열역학 제2법칙과 반대로 가고 있다. 생명체는 어떻게 열역학 제2법칙에 대항하는 것일까?

결론적으로 생명체는 열역학법칙과 대립하지 않으니 걱정은 붙들어매자. 생명체가 *고립계가 아니라 *열린계라는 것이 핵심이다.

*열역학 제2법칙 즉, '총 엔트로피는 시간에 따라 증가한다' 라는 정의는 고립계에서 적용되는 룰이다.

생명체가 살아가기 위해서 환경으로부터 질서를 지닌 에너지를 취하는데,

질서를 지닌 에너지는 대사 과정을 통해서 열 에너지로 방출된다. 열은 유용한 측면도 있지만 대부분 쓸모없이 방출된다.

이처럼 생명체가 엔트로피를 마구마구 만들어내는 과정에서

네 놈이 만든 엔트로피를 좀 봐라. 어이구~

스스로 줄이는 엔트로피보다 만들어내는 양이 많아진다.

* **고립계**(isolated system) : 외부와 에너지(열과 일)도 물질도 교환하지 않는 계를 말함.
* **열린계**(open system) : 외부와 에너지(열과 일)뿐만 아니라 물질의 교환도 이루어지는 계. 생명체가 한 예이다.

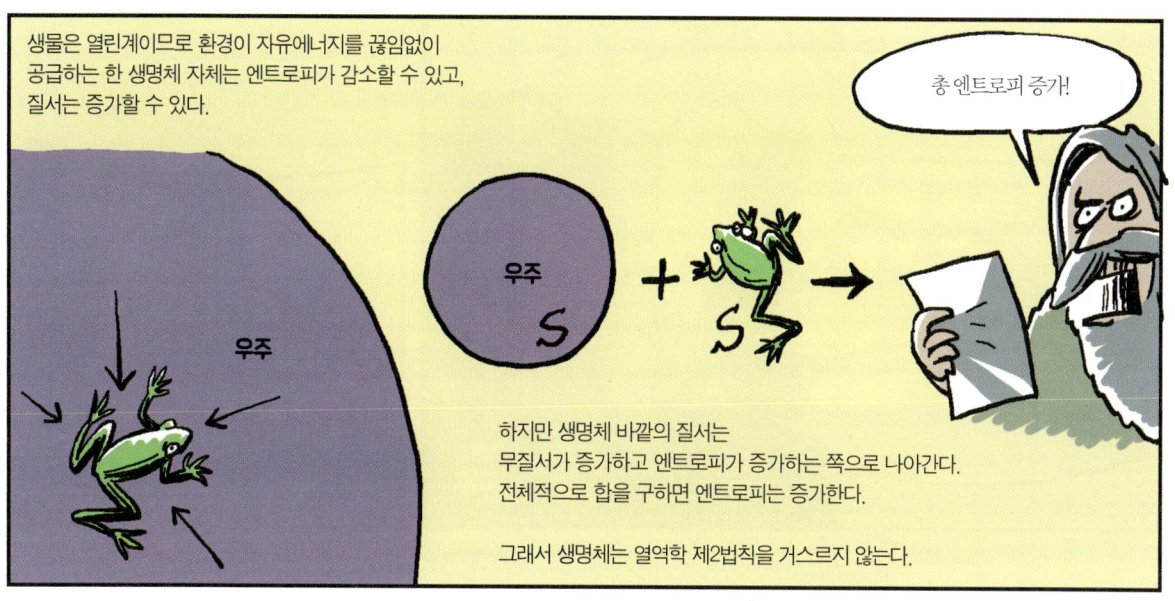

***열역학 제2법칙**(the second law of thermodynamics) : 고립계에서 총 엔트로피는 일정하거나 항상 증가한다. 자연계에서 일어나는 모든 과정은 가역적이지 않다는 뜻이다.

슈뢰딩거의 의문은 물리학적 관점에서 보았을 때, 염색체 안의 작은 미시 세계를 지배하는 논리와 거시 세계의 논리는 완전히 다르다는 사실에서 출발한다. 미시 세계 안의 원자 하나, 분자 하나를 추적할 때에는 완전히 무작위적이고 우연적인 사건이 발생할 수밖에 없다.

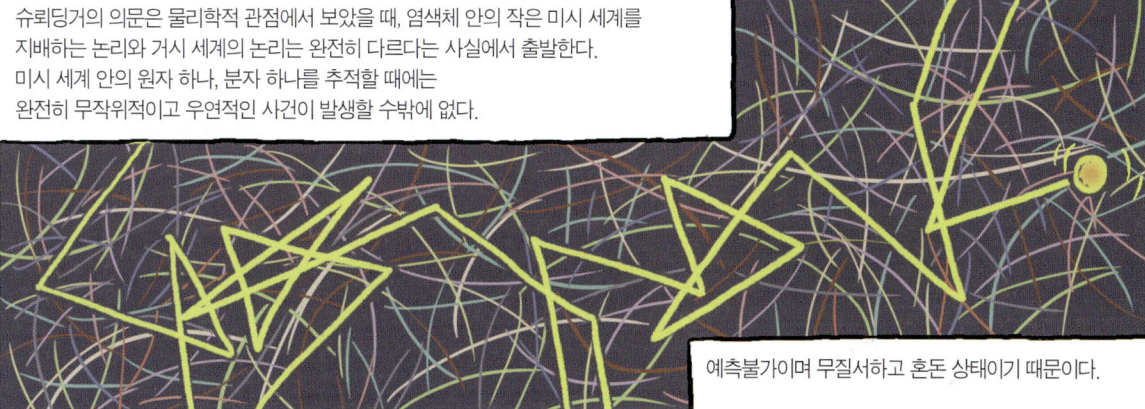

예측불가이며 무질서하고 혼돈 상태이기 때문이다.

우리가 만지고 보는 물질들이 이처럼 무질서한 상태의 원자와 분자들로 이루어졌더라도 우리의 눈이 혼란을 느끼지 않는 이유는

우리가 거시 세계에 살고 있기 때문이다.

우리는 원자를 개별적으로 인식하지 않으며 이들이 무수히 모여 있는 상태의 통계적인 평균치를 우리의 감각기관으로 인식하고 우리의 뇌로 해석하고 단순화한다.

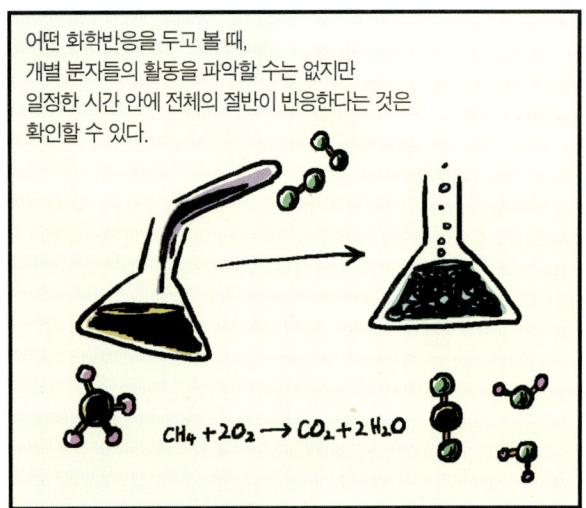
어떤 화학반응을 두고 볼 때, 개별 분자들의 활동을 파악할 수는 없지만 일정한 시간 안에 전체의 절반이 반응한다는 것은 확인할 수 있다.

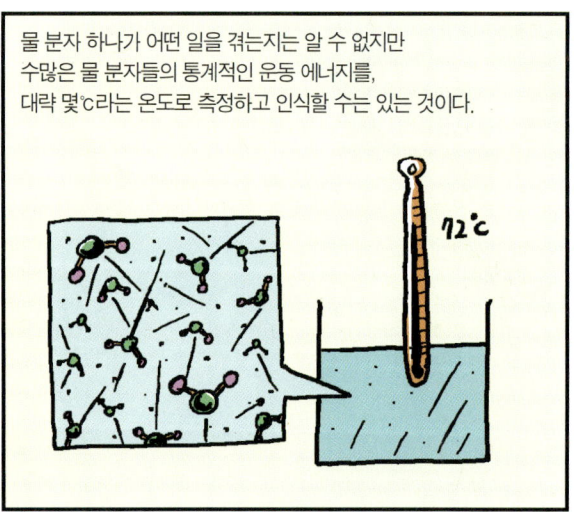
물 분자 하나가 어떤 일을 겪는지는 알 수 없지만 수많은 물 분자들의 통계적인 운동 에너지를, 대략 몇 ℃라는 온도로 측정하고 인식할 수는 있는 것이다.

이처럼 우리는 미시 세계를 구성하는 원자들의 무질서를 바탕으로 거시 세계의 질서 위에서 그럭저럭 살고 있다.

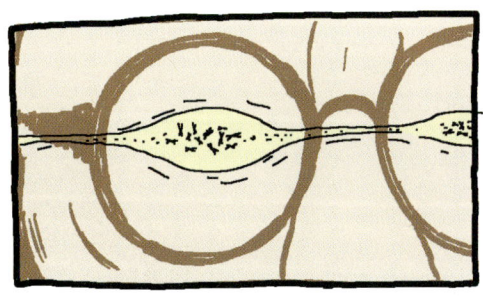
슈뢰딩거가 의문을 품은 부분은 새로운 세대에게 전달되는 염색체 안의 유전자가 **지나치게 미량의 원자**들로 구성되어 있다는 점이었다.

이 정도 양의 원자들이나 분자들은 미시적 혼돈을 피할 방법이 딱히 없을 것이다. 유전자는 이런 혼돈 속에서 정확한 정보는 고사하고 오류와 잡음 투성이가 될 것이고, 유전자의 본질과는 거리가 멀어질 것이다.

하지만 생명체의 수많은 정보는 오류 없이 매번 완벽하게 복제되고 있고 부모로부터 반씩 전달되는 작은 원자들이 불가능할 것 같은 일을 너무나 잘 해내고 있다.

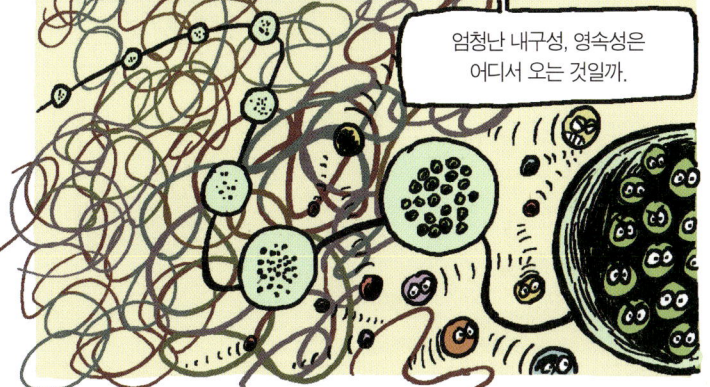

*닫힌계(closed system) : 외부과 에너지(열과 일)는 교환하나 물질은 교환하지 않는 계.

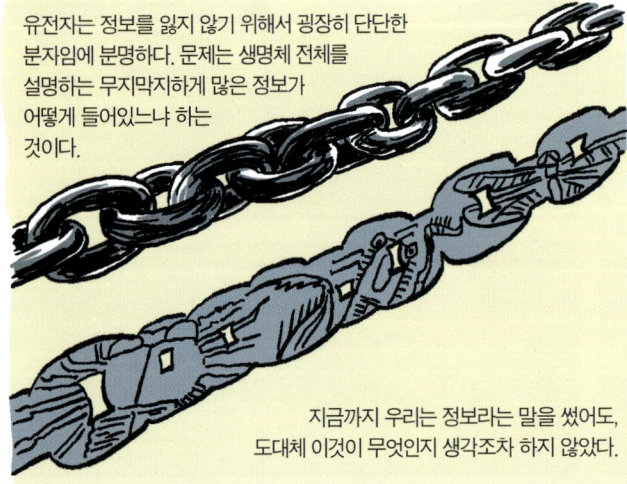

슈뢰딩거는 바이스만과 비슷한 생각을 하고 있다.

수정란에서 생명체가 발생하는 과정은 치밀하게 계획된 방향으로 진행되는 완벽하게 조직적이고 결정적인 과정이다.

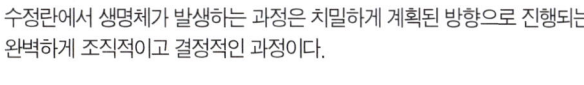

슈뢰딩거와 바이스만은 생명체 형성의 원인을 염색체를 이루는 구성 요소들의 질서에서 찾아야 한다고 생각한다.

생물체의 질서가 유전물질의 어떻게 생겨먹은 놈과 대응하는가…

이것이 진짜 문제 아니겠소?

볼츠만 선생과 같은 말씀을 하시는군요…

여전히 불완전하지만 유전자의 실체에 분명히 한 걸음 다가섰다.

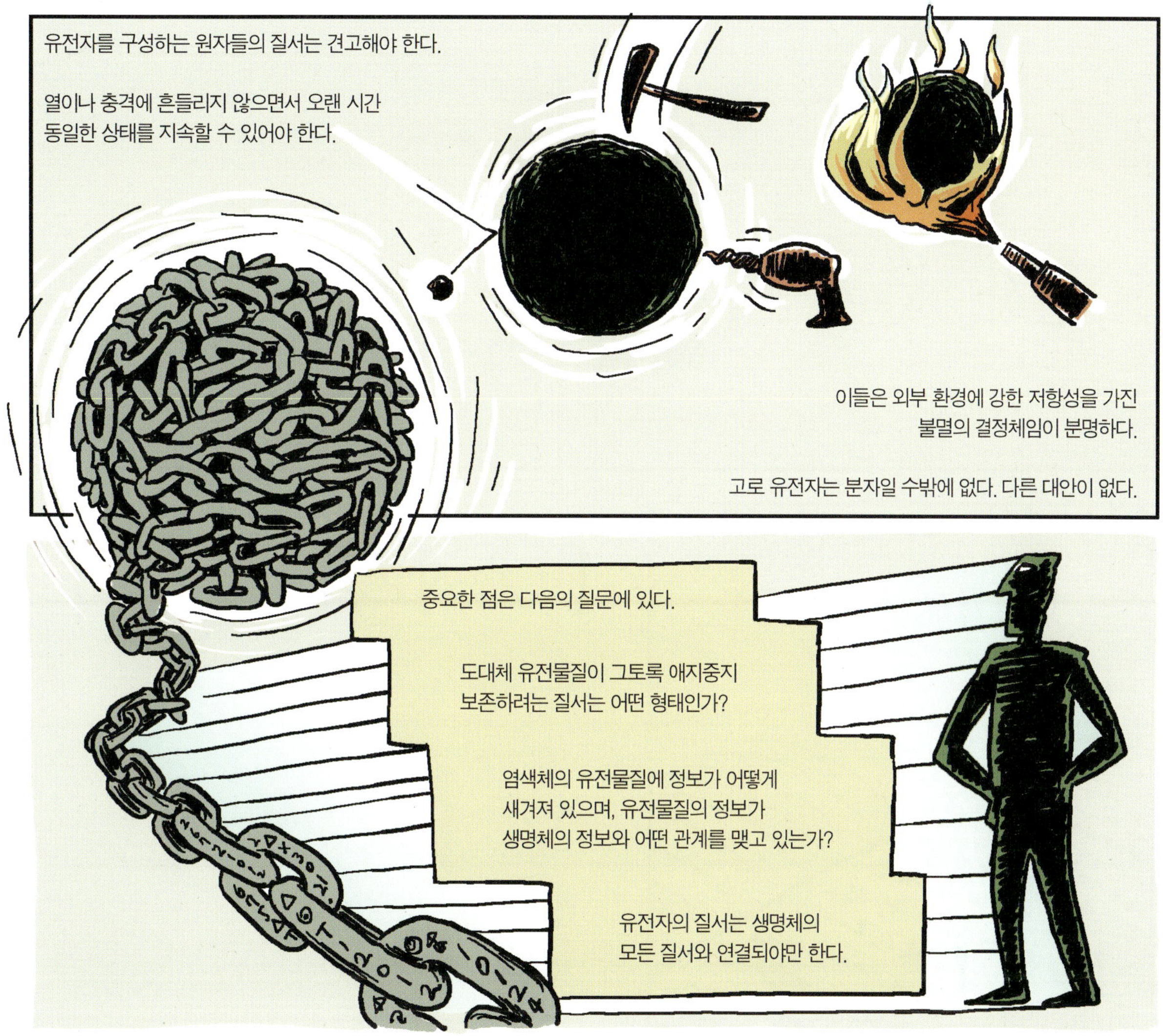

유전자를 구성하는 원자들의 질서는 견고해야 한다.

열이나 충격에 흔들리지 않으면서 오랜 시간 동일한 상태를 지속할 수 있어야 한다.

이들은 외부 환경에 강한 저항성을 가진 불멸의 결정체임이 분명하다.

고로 유전자는 분자일 수밖에 없다. 다른 대안이 없다.

중요한 점은 다음의 질문에 있다.

도대체 유전물질이 그토록 애지중지 보존하려는 질서는 어떤 형태인가?

염색체의 유전물질에 정보가 어떻게 새겨져 있으며, 유전물질의 정보가 생명체의 정보와 어떤 관계를 맺고 있는가?

유전자의 질서는 생명체의 모든 질서와 연결되야만 한다.

연결은 되어 있으나 생명체의 질서와 유전물질의 질서가 서로 다르다는 것이 큰 난관이었다.

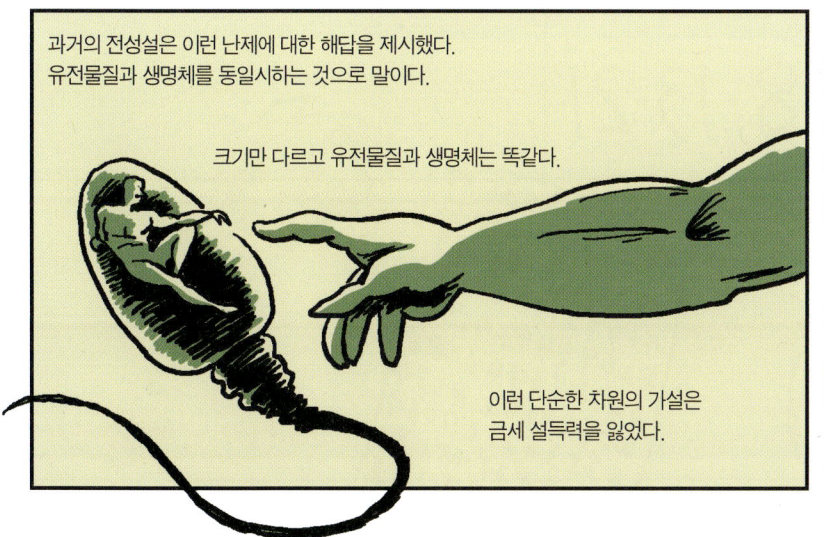

과거의 전성설은 이런 난제에 대한 해답을 제시했다. 유전물질과 생명체를 동일시하는 것으로 말이다.

크기만 다르고 유전물질과 생명체는 똑같다.

이런 단순한 차원의 가설은 금세 설득력을 잃었다.

이 문제를 풀어야 한다.

유전물질과 생명체, 이 둘은 **암호로 연결되어 있다!**

암호란 둘 사이의 관계를 규정하는 규칙을 말한다.

'주전자'라는 문자열과 고철 덩어리 사이에는 암호라는 규칙이 존재한다.

그렇다면 유전정보가 암호화되었다는 말의 의미는 무엇인가?

유전자와 무슨 관련이 있는 것일까?

유전정보를 어떤 부호의 배열로 이해해보자.
책처럼 순서대로 읽히는 부호의 배열이 있다.

이것은 순수한 디지털 정보다.
마치 문자 같은.

1·2·1·2·1·2·1·

이렇게 무한 반복하는 배열이 있다.

무한한 배열이지만 정보의 양은 대단히 빈약하다.
'1과 2의 무한 반복'이라는 표현으로 압축할 수 있기 때문이다.
이 배열은 질서를 갖추었지만 정보의 양이 너무 적다.

배열에 질서가 있다는 것을 알게 되면,
그 즉시 내용을 압축할 수 있고,
정보의 양은 드라마틱하게 줄어든다.

좀 더 복잡한 예를 들어보자.

1·1·2·3·5·8·13·21·

얼핏 복잡해 보이지만 앞의 두 자리를 더한 것이 다음 수가 되는
질서를 가진 수열이다.
***피보나치수열**이라고 한다.

배열에 패턴이 있다면 정보는 그 즉시 압축할 수 있다.
정보의 양은 줄어든다.

***피보나치수열**(Fibonacci Sequence) : 이탈리아 수학자 피보나치(Fibonacci)가 발견한 피보나치수열은 처음 두 항을 1과 1로 한 후, 그 다음 항부터는 바로 앞의 두 개의 항을 더해 만드는 수열이다.

사람들은 이런 종류의 패턴 찾기를 꽤나 좋아하고, 그것을 푸는 데 재능이 있는 편이다. 문제가 풀린다면 정보는 압축된다.

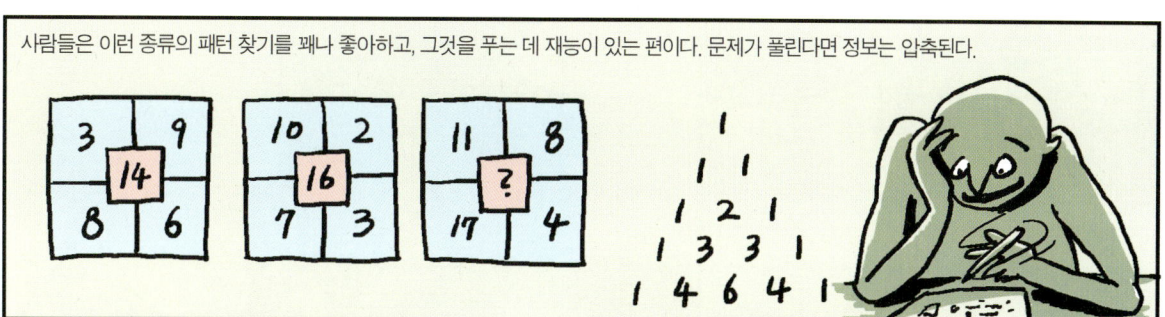

이 미술 작품은 복잡하지만 질서가 있어 압축이 가능한 정보이다.

반면 이 작품은 패턴을 찾기 어렵기에 압축이 어렵다.

자연에서 보이는 복잡하고 질서정연한 물체들도 이러한 맥락에서 분류가 가능한 것 같다.

질서가 있지만 그 질서가 주기적으로 반복되고, 이로 인해 정보가 빈약한 물체가 있고

이에 반해 생명체는 패턴이 그리 단순하지 않다.

이토록 특이적인 질서를 가진 생명체의 정보를 고스란히 간직해야 하는 유전자의 정보는 어떠해야 할까.

마찬가지다.
주기적이지 않아야 한다.
패턴이 보이지 않는 배열이어야 한다.

오른쪽 문자열의 예가 주기적이지 않으면서 패턴이 없는 예이다.

이런 무작위적 배열을 쓰려고 하니, 의외로 어렵다.

정말 이러한 비주기적 배열이 생명체의 모든 정보와 대응할 수 있을 만큼 충분할까?

가능하다!

생명체의 모든 정보를 포함할 만큼 충분한 배열의 가짓수를 제공할 수 있다.

조합의 힘은 엄청나다. 단어로 구성된 책을 예로 들어보자. 책의 가짓수에 한계가 있을 수 있을까?

배열의 길이만 확보된다면 경우의 수는 기하급수적으로 늘어난다.

모스부호도 그렇고,

뚜~ 뚜뚜뚜

2진법으로 되어 있는 컴퓨터의 데이터도 방대한 배열의 종류를 만들게 된다.

완전 촌스러~

이때 하위 요소의 개수는 전혀 문제 될 것이 없다.

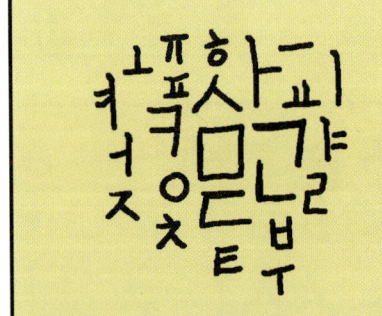

우리 문자의 가장 작은 하위 요소인 자음과 모음은 합해야 40개이나.

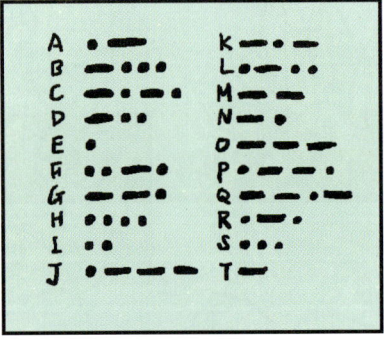

모스부호는 고작 몇 개이며,

컴퓨터는 극단적으로 단 두 개만 있다.

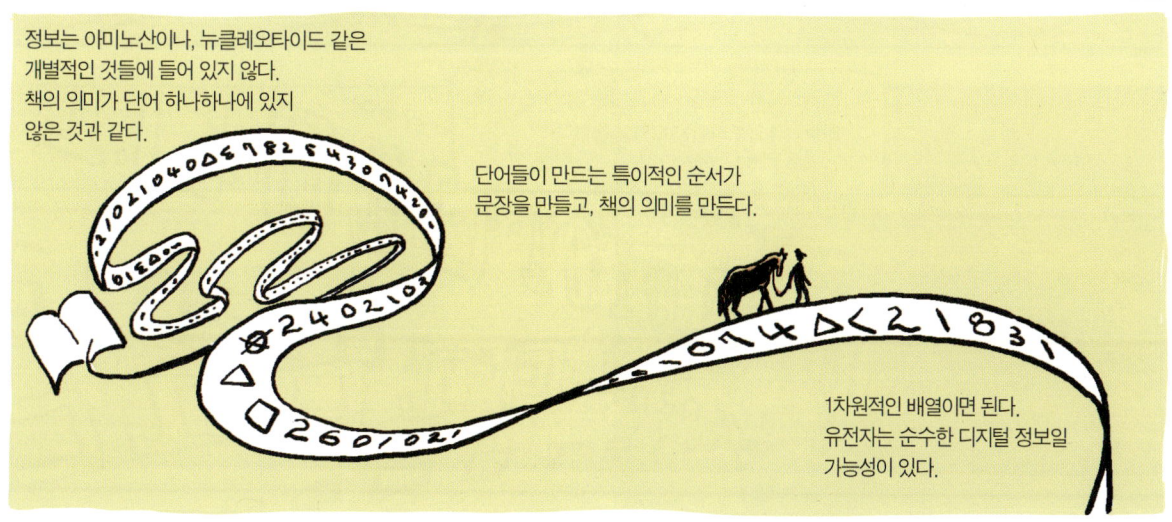

유전자의 자격으로 다른 것들을 갖다붙일 필요가 없다.

3차원적인 모양을 가질 필요도 없고, 독특한 화학적 성질을 가질 필요도 없다. 이들은 핵심이 아니다.

유전자를 구성하는 하위 요소들의 개수도 전혀 문제가 되지 않는다.
컴퓨터의 언어 0, 1처럼 단 두 개만으로도 얼마든지 천문학적인 가짓수의 배열을 만들 수 있지 않나.

무수한 배열 중에 단 하나의 특이적인 배열이 생명체의 전체 정보와 대응할 수 있다.

유전자는 단어 같이 생긴 몇 개의 요소들이 **비주기적으로 배열된 디지털 정보다.**
순수한 디지털 정보!

슈뢰딩거의 유전자. 방향은 결정되었다. 걸맞는 구체적인 실체를 염색체에서 찾아야 할 차례다.

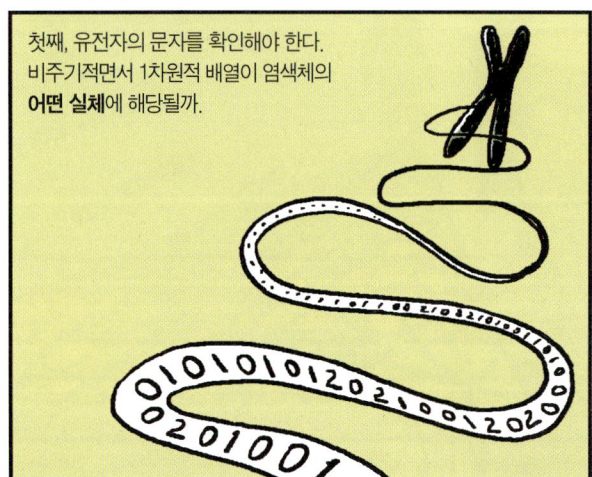

첫째, 유전자의 문자를 확인해야 한다. 비주기적이면서 1차원적 배열이 염색체의 **어떤 실체**에 해당될까.

이 실체가 **어떤 메커니즘으로 복제**하는지도 알아야 할 것이다.

유전자의 문자를 찾아냈다고 해서 끝난 것은 아닐 것이다. 읽을 수 없는 고대 문자를 발견한 것과 비슷하다.

문자의 의미를 알아내야 하는 두 번째 과제가 남아 있다.

1차원적 디지털 배열이 생물체가 발생하면서 치밀하게 수행하는 세부적인 작용들과 어떻게 관계를 맺고 있는지를 밝혀야 한다. 즉 문법을, **암호를 알아야 한다**는 뜻이다.
이것이 성공해야만 유전자의 언어를 진정으로 발견하는 것이다.

GENOME EXPRESS

CHAPTER 06

DNA의 정체

DNA의 구조에 슈뢰딩거의 유전자가 숨어 있다

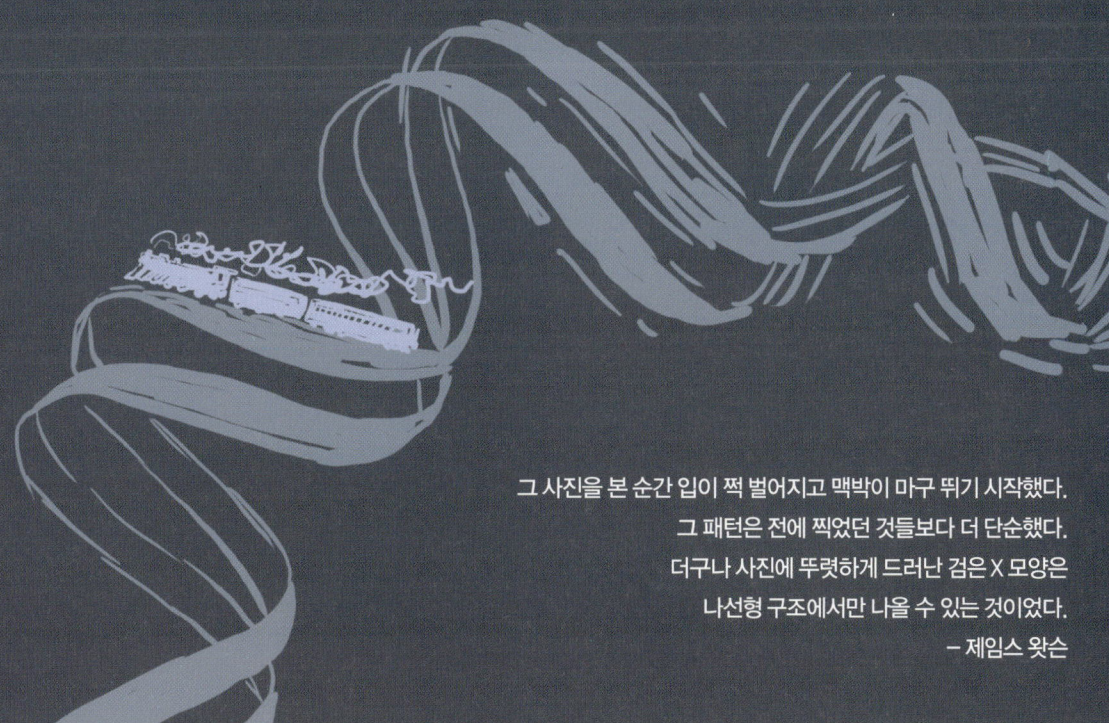

그 사진을 본 순간 입이 쩍 벌어지고 맥박이 마구 뛰기 시작했다.
그 패턴은 전에 찍었던 것들보다 더 단순했다.
더구나 사진에 뚜렷하게 드러난 검은 X 모양은
나선형 구조에서만 나올 수 있는 것이었다.
– 제임스 왓슨

DNA 구조 안에 담긴 1차원적 디지털 서열! 거의 무한에 가까운 정보를 담을 수 있는
유전자의 정체는 바로 이랬다. 눈앞에 놓여 있는 목표는 너무나 분명하다.
DNA의 구조를 정확하게 알아내서 그 안의 문자를 확인하고,
그 문자가 생명체 전부와 맺고 있는 암호를 풀어내는 것이다!

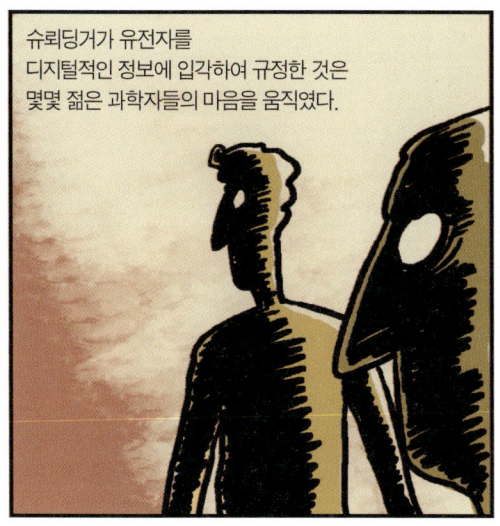
슈뢰딩거가 유전자를 디지털적인 정보에 입각하여 규정한 것은 몇몇 젊은 과학자들의 마음을 움직였다.

이 개념은 유전자를 추적하는 데 있어 뚜렷한 가이드 역할을 했다.

일종의 계시와 같았다.

유전자는 생명체의 발생 정보가 비주기적 결정체의 형태로 암호화되어 있는 일종의 문서다.

유전자의 기능이 효소로 간주되긴 했지만, 슈뢰딩거의 유전자는 이보다 더 본질적이었다.

효소뿐만 아니라 생명체의 모든 단백질과 거대분자, 생명체의 발생과 조직화에 대한 모든 정보를 포함하는 것이 유전자다.

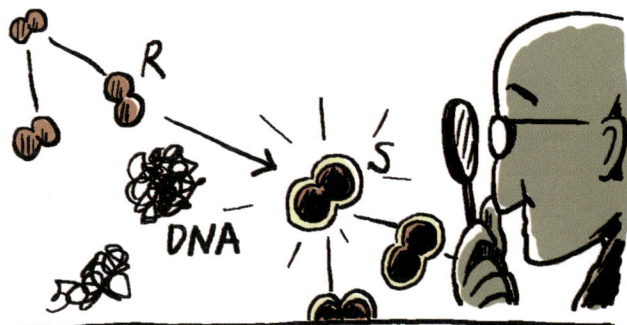
슈뢰딩거가 유전자를 정의했지만, 유전자를 찾는 것은 생물학자의 몫이었다. 무엇이 유전자인가?

마침 박테리아를 유전적으로 완전히 형질전환시키는 1차 유전물질이 DNA라는 에이버리의 발견이 반향을 일으키고 있었다.

* **제임스 왓슨**(James Dewey Watson, 1928~) : 미국의 분자생물학자. 케임브리지대학교 캐번디시연구소에서 크릭과 공동 연구로 DNA의 구조에 관한 모델을 발표하였다. 크릭, 윌킨스와 함께 DNA의 구조와 유전정보 전달에 관한 연구 업적으로 1962년 노벨생리의학상 수상.

* **프랜시스 크릭**(Francis Harry Compton Crick, 1916~2004) : 영국의 분자생물학자. 왓슨과 DNA구조에 대한 공동 연구로 노벨상을 수상했으며, 유전정보의 해독 메커니즘에 대한 연구로 선구적인 분자생물학자로 명성을 떨쳤다. 뇌의 의식에 대한 연구, 지구 생명체의 외계 기원설 등의 연구를 수행했다.

DNA는 당시에 단백질이나 다른 거대분자에 비해 구체적으로 알려진 구조가 없었다.

DNA의 구성 요소는 크게 리보스 당, 인산염, 그리고 네 종류의 염기들인데,

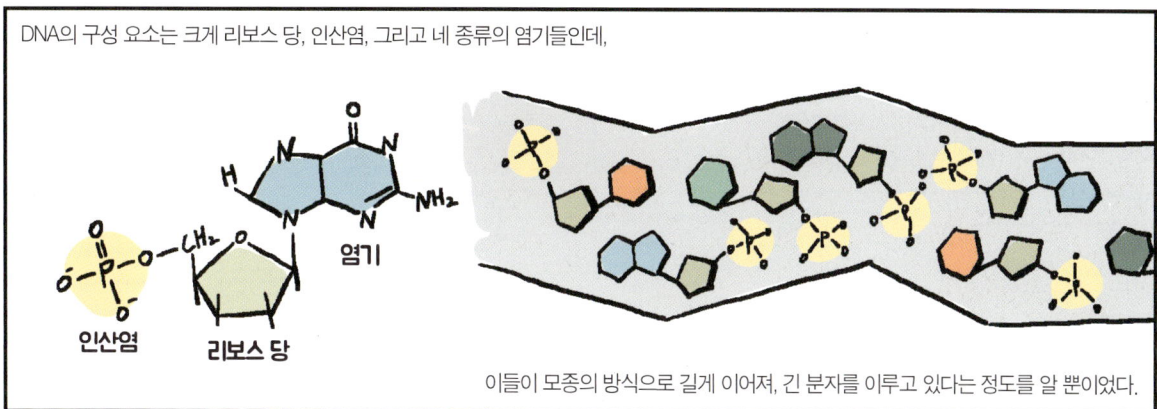

이들이 모종의 방식으로 길게 이어져, 긴 분자를 이루고 있다는 정도를 알 뿐이었다.

DNA가 인산염과 당이 교차하면서 줄지어 있는 구조라는 것, 네 가지 염기 중 하나가 당에 연결되어 있다는 것이

*알렉산더 토드에 의해 밝혀짐으로써 어느 정도 진전을 이룬다.

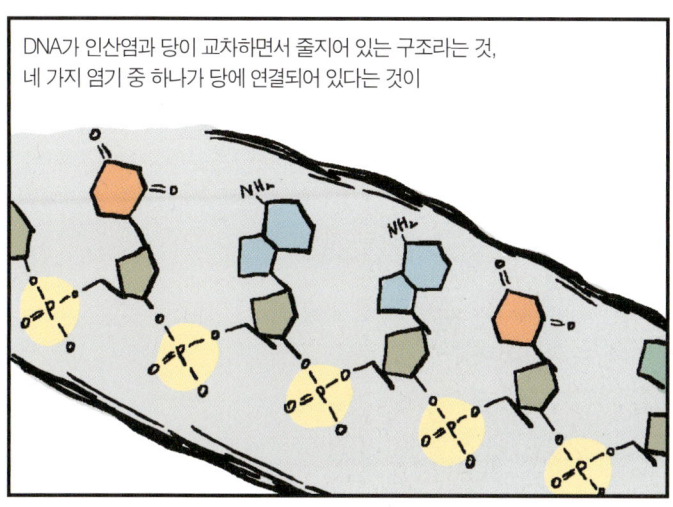

이것이 골격 역할을 하고 있군.

더 나아가기 위해서 최신의 물리학적 방법이 필요했는데, *X선 회절 분석이 그것이다.
이 방법으로 결정화할 수 있는 분자의 세부 구조를 알아낼 수 있다.

직접 보지 않고 그림자를 통해 물체의 구조를 유추하는 것과 비슷하다. 간접적인 방법이다.

오리다!

아니거든. 손이거든!

결정에 대고 X선을 쬐면 X선이 원자들에 충돌하고 산란된다.
산란되어 형성되는 무늬는 분자의 구조에 대한 단서를 꽤 구체적으로 제공한다.

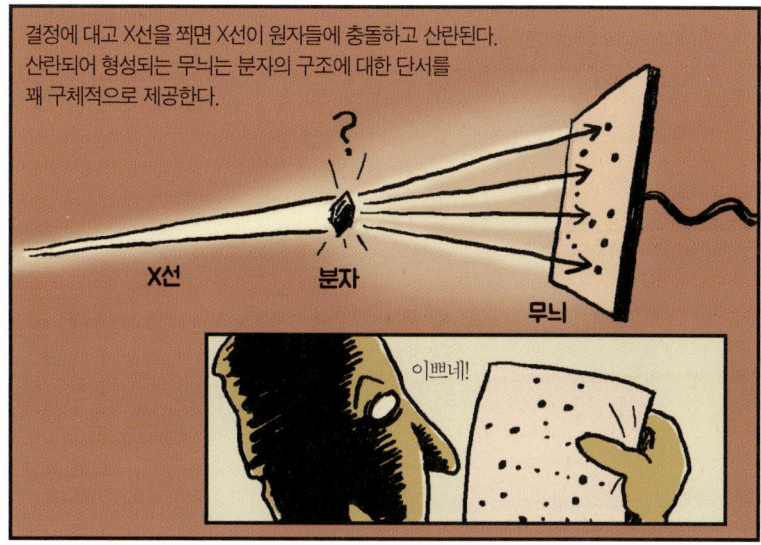

이쁘네!

---

* **알렉산더 토드**(Alexander Robertus Todd, 1907~1997) : 영국의 생화학자. 뉴클레오시드, 뉴클레오타이드의 결합과 합성에 관한 업적으로 노벨화학상 수상.
* **X선 회절 분석법**(X-ray Diffraction Analysis) : 결정격자에 따른 X선의 회절 현상을 이용하여 결정 구조나 화합물의 구조를 결정하는 방법.

그렇다고 모든 정보를 알 수 있는 것은 아니다.
추가적인 정보가 필요한데,
위상(phase)이라는 것을 지정해야 한다.
위상이라 함은 분자의 파동 특성에 대한 것으로,
계산해내는 것이 여간 만만치 않다.

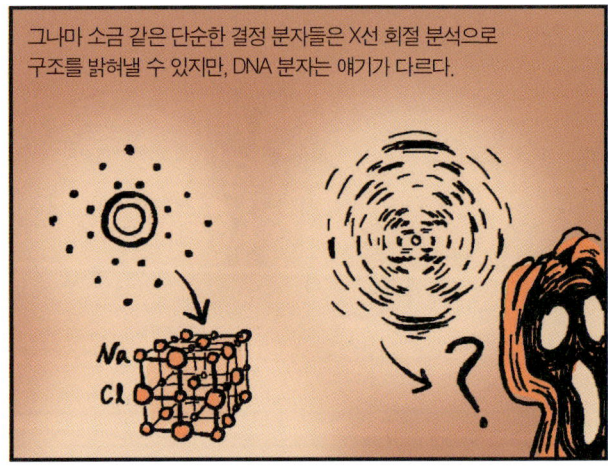

---

* **윌리엄 브래그**(William Henry Bragg, 1862~1942) : 영국의 물리학자. X선에 의한 결정 구조 해석에 대한 연구로 1915년 아들 윌리엄(William Lawrence Bragg)과 함께 노벨 물리학상을 받았다.
* **윌킨스**(Maurice Wilkins, 1916~2004) : 영국의 생물리학자. DNA 입체 구조의 X선 회절 연구로 왓슨, 크릭과 노벨 생리의학상을 공동 수상했다.

크릭은 번뜩이는 통찰력과 순발력을 지닌 사람이었고, 왓슨은 자신의 부족함을 여과없이 드러내는 데 전혀 부끄럼을 타지 않는 타입이다. 특유의 친밀함과 융통성은 무기가 되었고, 잘 모른다는 것은 오히려 이들의 힘이었다.

* **로절린드 프랭클린**(Rosalind E. Franklin, 1920~1958) : 영국의 생물물리학자. 비운의 여성 과학자로 회자되는 인물. DNA의 나선 구조를 보여주는 X선 회절 사진과 정확한 데이터 해석이 DNA 구조 결정에 중요한 역할을 하였음.

***알파나선**(α-helix) : 단백질 구조의 한 가지 형태인데, 오른쪽으로 감기는 나선 구조이다. 이러한 단백질 구조를 최초로 밝힌 사람은 미국의 화학자 라이너스 폴링이다. 수소결합에 의하여 형성된 알파나선은 후에 DNA 이중나선 모델을 발견하는 데 영감을 제공했으며 이론적 바탕이 된다.

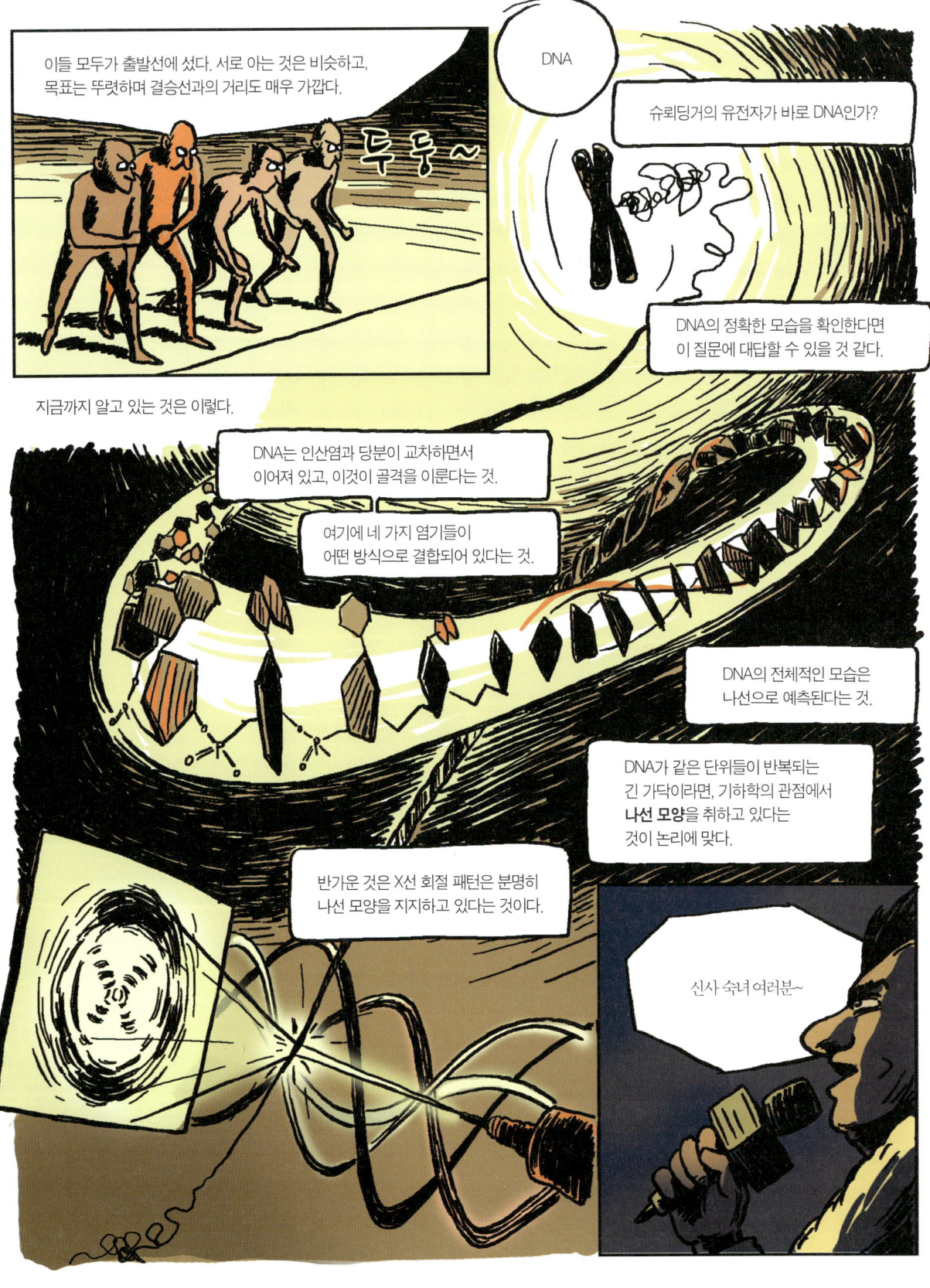

우리를 서로 다르게 하는 것, 우리를 서로 닮게 하는 것, 다른 종과 인간 종을 구별짓는 것.

그리고 우리 인간을 포함하여 모든 생물들을 생성하는 것.

생물의 모든 의미를 담고 있는 염색체의 깊숙한 곳에 자리잡고 있는 근본적인 정보 유전자! 유전자의 실체를 드디어 우리 눈으로 확인하고 거머쥘 수 있는 순간이 다가왔습니다.

그 역사적인 자리에 모인 여러분을 환영합니다.

후끈하네!

바이스만 선생님!

올 것이 왔구나.

GENOME
EXPRESS

CHAPTER
07

가까이 왔다!
DNA에서 발견한 디지털 정보

독수리의 날개를 타고 모든 사람들에게 우리가 생명의 비밀을 풀었다고 알리자
– 프란시스 크릭

지금부터 분자생물학이 개척해놓은 찬란한 영광의 길을 함께할 것이다.
이제껏 무모할 만큼 과감하게 전진하고 탁월한 기술을 더해가며 험로를 정복해왔다.
유전자는 예상과 일치했고, 그 정보는 생명체와 암호로 연결되어 있었다.

당과 인산이 규칙적으로 이어져 뼈대를 형성하고 스크루처럼 회전하며 나선 모양을 하고 있다. 로절린드의 X선 회절 사진에서 충분히 유추할 수 있는 정보다.

그런데 나선도 여러 종류가 있다. 어떤 나선일까? 일단 첫 번째 문제는 몇 가닥 나선이냐는 것이다.

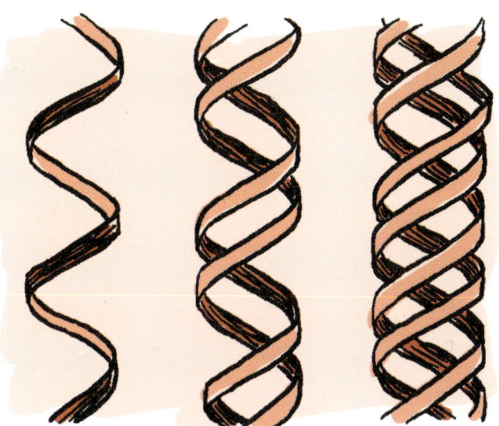

폴링의 알파나선과 흡사할까?

단백질의 알파나선은 한 가닥의 폴리펩타이드 사슬이 꼬여서 나선형을 이룬다. 나선을 이루게 하는 원동력은 가까이 있는 요소들끼리 작용하는 수소결합이다.

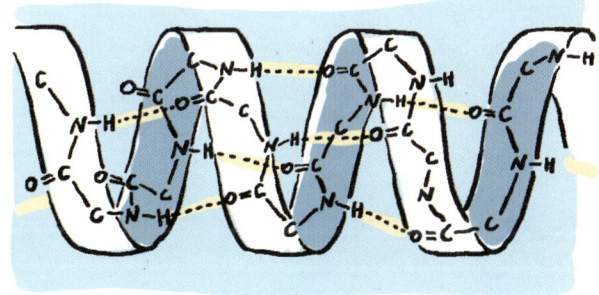

한 가닥은 아니야.

계산을 해보니, DNA가 한 가닥이기에는 지름이 너무 크다구. 최소한 두 가닥 또는 세 가닥이라야 해.

당-인산 골격이 최소한 두 개 이상의 복합나선이라는 어림짐작은 아무 도움이 되지 않았다. 확실해야 한다.

DNA 밀도를 정밀하게 측정하고, 다시 한번 X선 회절 패턴을 치밀하게 계산해보았더니, 나선의 몇몇 수치들을 뽑아낼 수 있었다.

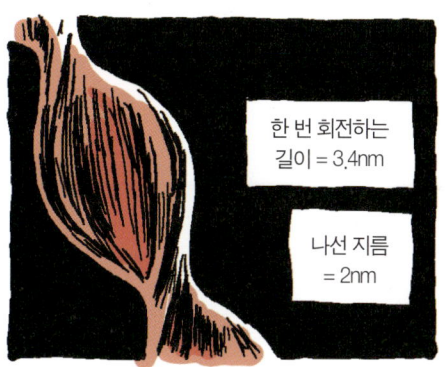

한 번 회전하는 길이 = 3.4nm

나선 지름 = 2nm

크릭, 밀도의 수치도 그렇고, 지름 크기도 그렇고 나선의 골격은 두 개가 가장 합당한 것 같아.

그리고 유전물질의 중요한 자격이 복제되어야 한다는 것이잖습니까.

세 가닥보다는 두가닥이 복제와 잘 어울릴 것 같다는 묘한 예감이 든단 말이에요.

DNA가 두 가닥의 나선 구조라는 것을 알아낸 후 부딪힌 문제는 당-인산 뼈대에 네 종류의 염기들이 어떻게 붙어 있느냐는 것이었다.

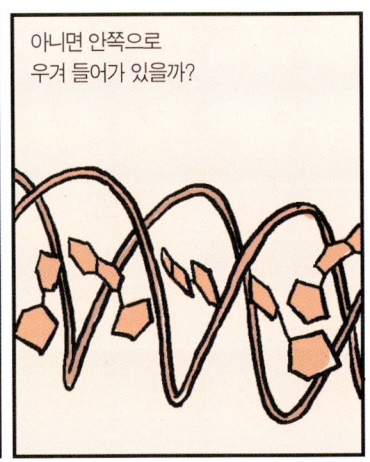

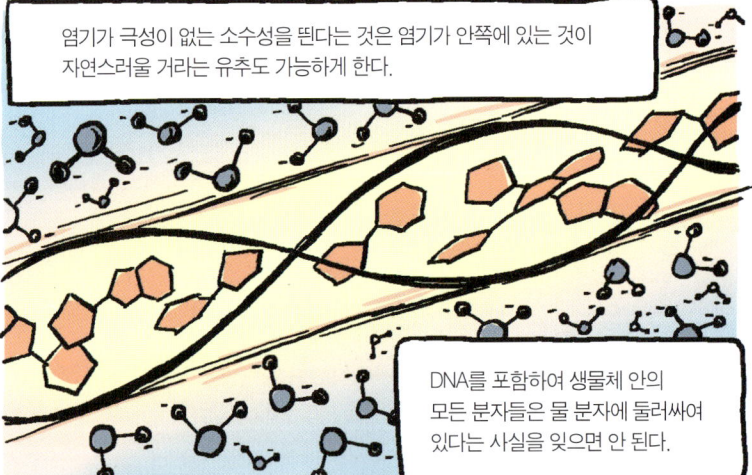

***앨프리드 허시**(Alfred Hershey, 1908~1997)와 **마사 체이스**(Martha Chase, 1927~) : 박테리오파지를 이용한 실험을 통해 DNA가 유전물질이라는 사실을 확인했다.

***파지**(phage) : 세균을 숙주로 삼아 번식하는 바이러스의 일종. 박테리오파지(bacteriophage)라고 불리기도 한다.

*파지가 박테리아를 감염시킬 때, 모종의 물질을 숙주 박테리아로 집어넣는데, 이 물질은 유전물질인 것이 확실했다. 왜냐하면 이 물질은 새롭게 만들어지는 파지의 원천으로 작용하기 때문이다.

허시와 체이스는 영리한 실험으로 파지가 주입하는 이 물질이 단백질 또는 여타의 물질이 아닌 DNA라는 것을 확인하였다.

유전물질은 DNA예요.

응.

새로운 파지의 생성을 지시

유전물질을 숙주에 주입

새로운 세대의 파지가 숙주세포를 탈출함

그런데 우리에게 당장 유익한 건 두 번째 소식이야. DNA의 염기들이 서로 *수소결합을 한다는 연구 결과가 나왔다고 하더군.

뼈대의 안쪽에 염기들이 위치한다는 뜻이야.

염기들이 서로 수소결합을 한다는 건 **당-인산 골격 안쪽에 염기들이 위치한다**는 이론과 부합하는 것이었다.

우리 추측이 정확했어!

진작에 염기가 안쪽에 있어야만 한다고 단정짓긴 했다. 왓슨과 크릭은 초반부터 각 구성 요소들의 모형을 만들어서 폴링식 끼워맞추기를 시도하고 있었는데, 염기들이 바깥에 있다고 할 때는 모형의 형태가 너무 다양해질 수 있어서 무엇이 맞는지를 알 길이 묘연했다.

하지만 염기들을 안쪽에 두면, 두 사슬을 염기를 매개체로 서로 엮어내는 문제로 단순화되고, 경우의 수는 확 줄어든다.

이건 풀 수 없는 문제다.

결과를 가정하고 문제를 풀이하는 이상한 방법이지만 사실 이것 말고는 뾰족한 대안이 없다구.

* **수소결합**(hydrogen bond) : F, O, N와 같은 *전기음성도가 큰 원자에 결합된 수소를 함유하는 분자들은, 수소결합으로 불리우는 인력을 갖게 된다. 부분적으로 양인 수소 부분은 또 다른 분자에 있는 부분적으로 음인 F, O, N 부분의 인력을 받게 되는 것이다.

* **전기음성도**(electronegativity) : 원자가 그 원자의 결합에 관여하고 있는 전자를 끌어당기는 정도를 나타내는 척도

185

문제 풀이는 한결 단순해졌다. X선 회절 사진이 알려주는 것은 DNA가 균일한 지름으로 이중나선을 그리면서 나아가고, 나선의 골격도 매우 규칙적이고 균일하다는 것이므로,

나선의 외부 골격이 동일한 3차원 배치를 이루는 동시에 내부 염기들이 서로 수소결합을 하면서 배열되면 그만이다.

그러나 외부 골격과 달리 내부의 염기 서열을 규칙적으로 만들 단서가 보이지 않았다. 이때, 근본적이고도 분명한 이유를 알아챈다.

염기의 배열이 규칙적이거나 패턴이 있다면 모든 생물들의 DNA 분자는 죄다 똑같을 겁니다. 이래서야 DNA가 생물들 간의 차이를 어떻게 책임지겠어요?

비주기적인 배열?

비주기적인 염기 서열! 비주기적 결정체!

그 배열이 슈뢰딩거의 유전자에욧.

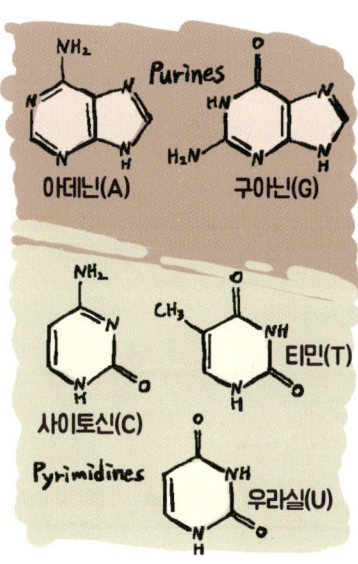
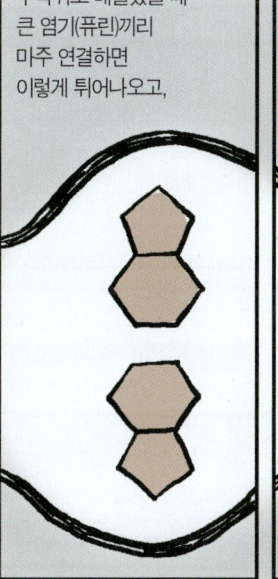
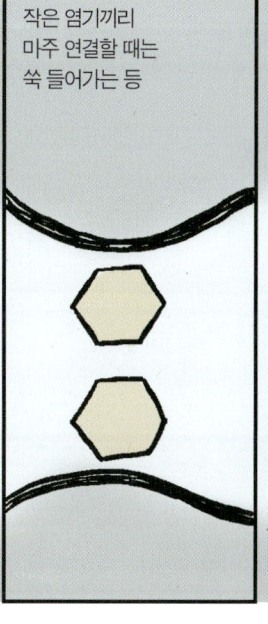

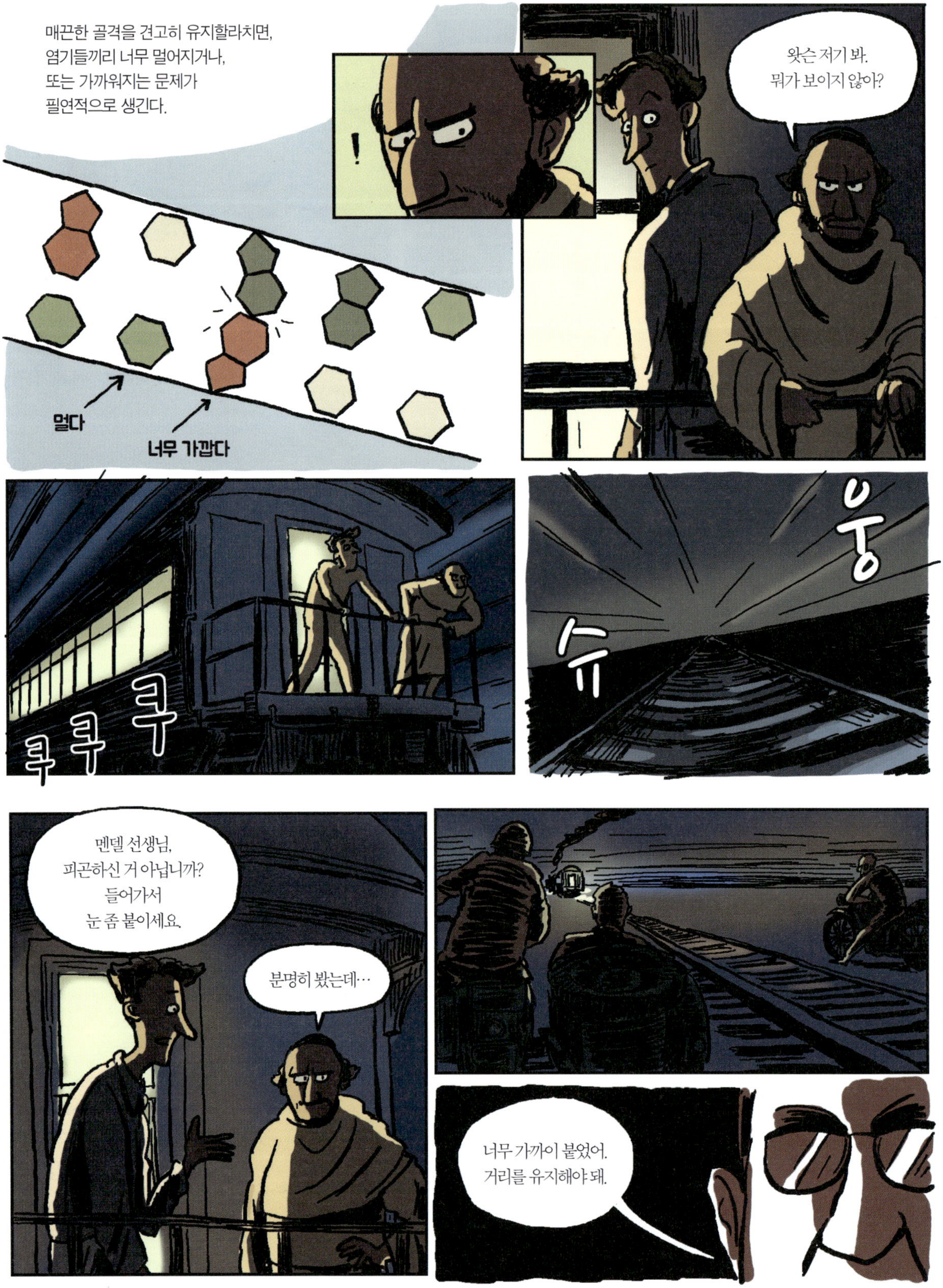

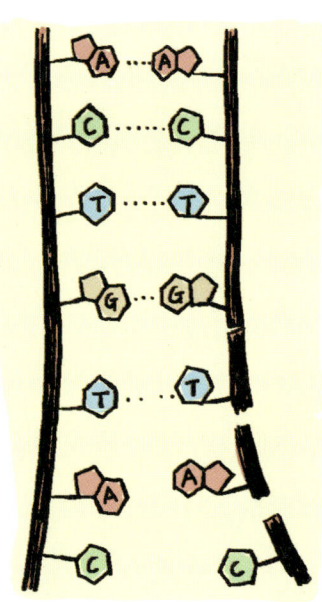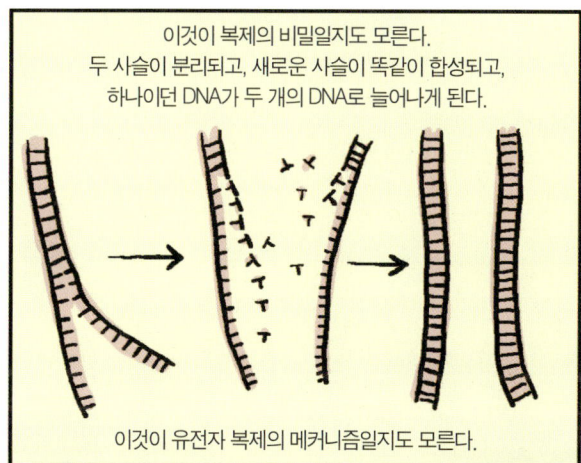

* **조지 가모브**(George Gamow, 1904~1968) : 구소련 출신의 미국 물리학자. 초기의 원자핵 이론에 공헌했고, 빅뱅 이론에서 중요한 위치를 차지하고 있는 과학자. 과학대중서 저술에도 탁월했으며, 유전암호를 그만의 수학적 방식으로 해독하기도 함.
* **마셜 니런버그**(Marshall Warren Nirenberg, 1927~2010) : 미국 생화학자. 모든 유전암호를 해독한 공로로 홀리, 코라나와 함께 1968년 노벨생리의학상 수상.

마지막 고비. 잡힐듯 잡히지 않은 골격 안의 염기 서열에 결정적인 진전을 이룬다.

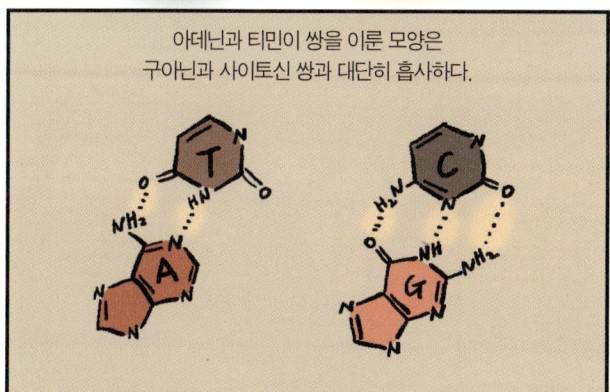

아데닌과 티민이 쌍을 이룬 모양은 구아닌과 사이토신 쌍과 대단히 흡사하다.

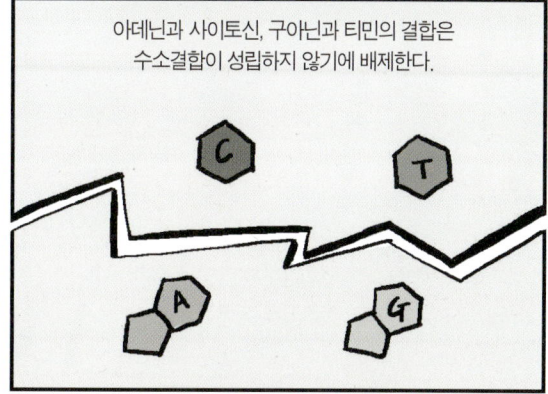

아데닌과 사이토신, 구아닌과 티민의 결합은 수소결합이 성립하지 않기에 배제한다.

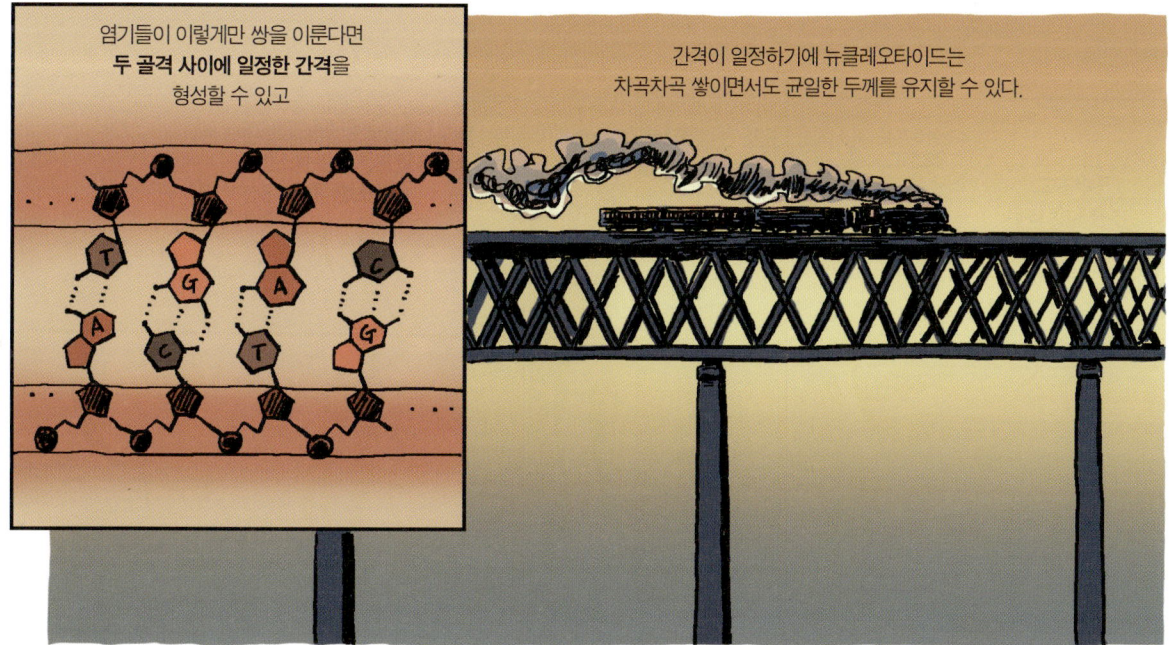

염기들이 이렇게만 쌍을 이룬다면 **두 골격 사이에 일정한 간격을** 형성할 수 있고

간격이 일정하기에 뉴클레오타이드는 차곡차곡 쌓이면서도 균일한 두께를 유지할 수 있다.

---

* **고빈드 코라나**(Har Gobind Khorana, 1922~2011) : 인도 태생의 미국 생화학자. 케임브리지대학교에서 알렉산더 토드 교수의 연구원으로 있으면서 핵산을 연구하게 되었으며, 니런버그와 함께 유전암호를 해독함.

***샤가프의 법칙**(Chargaff's rule): DNA에 관해서 샤가프가 발견한 법칙. DNA의 염기 구성은 생물종마다 다르지만, 종에 상관없이 일정한 규칙성이 있다는 것. 아데닌(A)과 구아닌(G)이 속해 있는 퓨린계와 사이토신(C)과 티민(T)이 있는 피리미딘계로 나뉘는데, 이중 A와 T의 양이 같고 C와 G의 양이 같음.

분리대를 사이에 두고 반대 방향으로 달리는 고속도로처럼 DNA의 두 사슬은 반대 방향으로 뻗어 있는 형상이며,

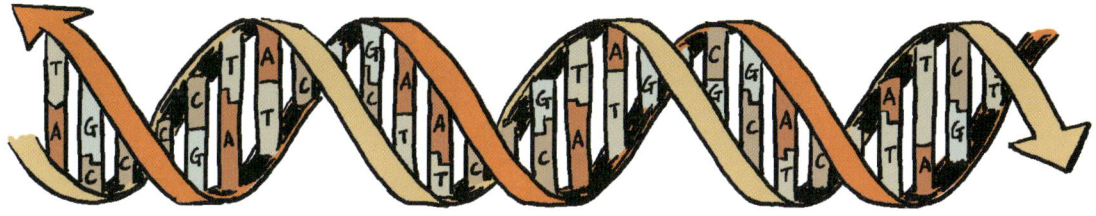

그 가운데에 염기들은 정해진 짝과 수소결합하고 있다.

두 사슬 중에서 하나의 염기 순서가 정해지면,
다른 사슬의 염기 순서도 자동으로 결정된다는 것을 뜻한다.

나선이 분리되면 각 나선의 염기 서열들이 주형이 되어, 새로운 가닥을 합성할 수 있다는 예상을 할 수 있는데,
이것은 유전자 복제 메커니즘을 암시하고 있다.

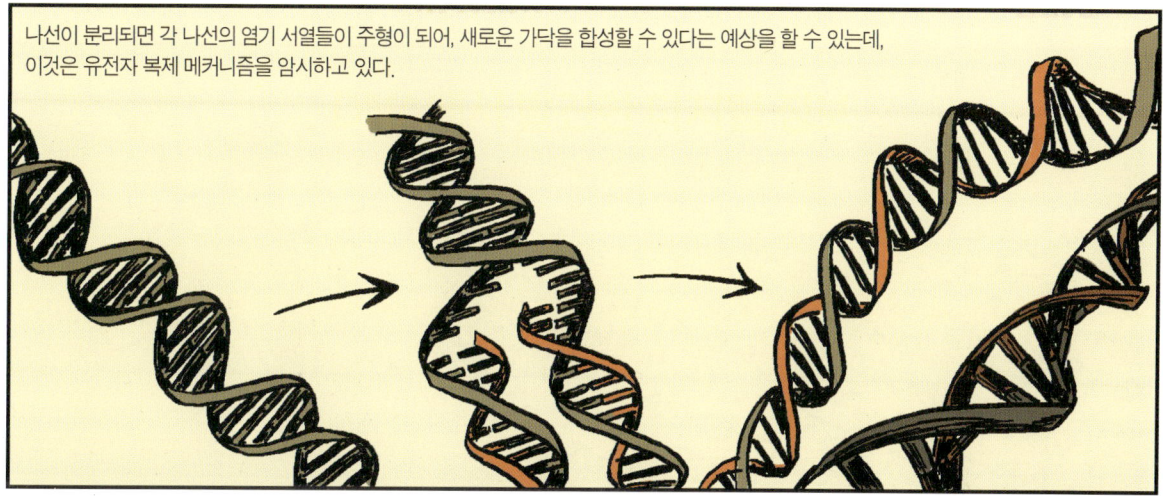

DNA 분자 구조는 규칙성이 있는 분자로서, 단단한 내구성을 갖추고 있으면서도,
골격을 따라 줄지어 있는 염기의 순서에는 규칙성을 강요하지 않는다.

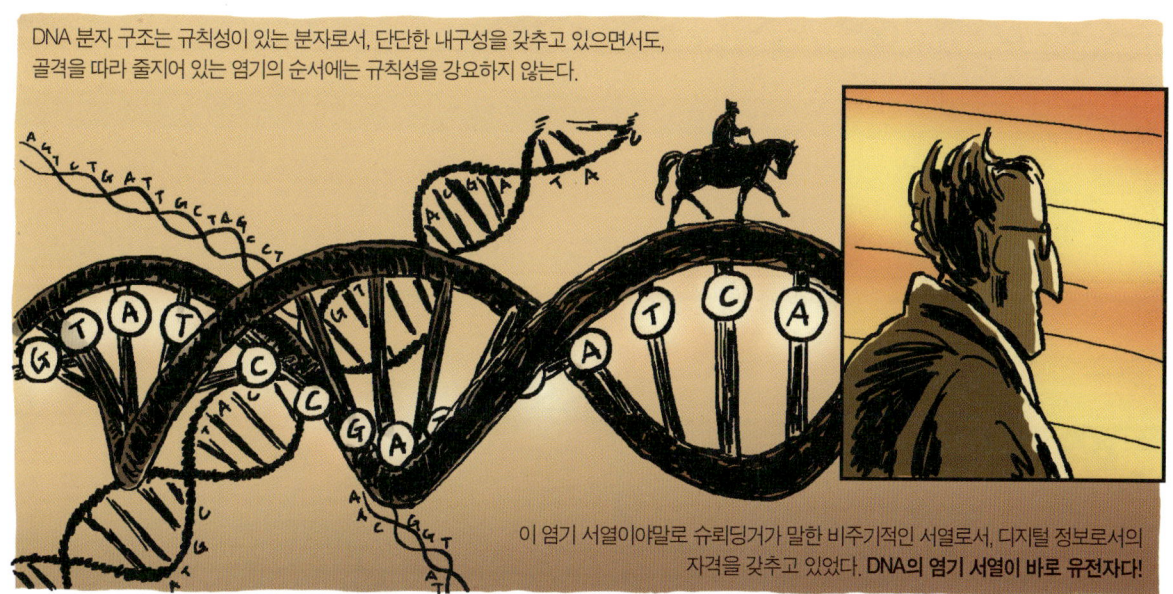

이 염기 서열이야말로 슈뢰딩거가 말한 비주기적인 서열로서, 디지털 정보로서의
자격을 갖추고 있었다. **DNA의 염기 서열이 바로 유전자다!**

우리는 중대한 사실과 마주한다. DNA를 구성하는 모든 세부적인 요소, 예컨대 원자, 원자들의 연결, 당과 인산 등의 분자들은 유전의 관점에서는 그저 구성물일 뿐이다.
유전정보는 오직 염기들의 배열에 있을 뿐이다.

그리고 DNA 나선 모델은 생명체의 정보가 정확히 복제되어 견고히 전달될 수 있다는 것을 보여준다.

다음 과제는 염기 서열로 된 정보가 어떻게 생명체의 질서로 이어지는지를 아는 것이다.

DNA의 염기 서열은 질서와 의미로 넘치는 생명체와 어떻게 대응하는 것일까?

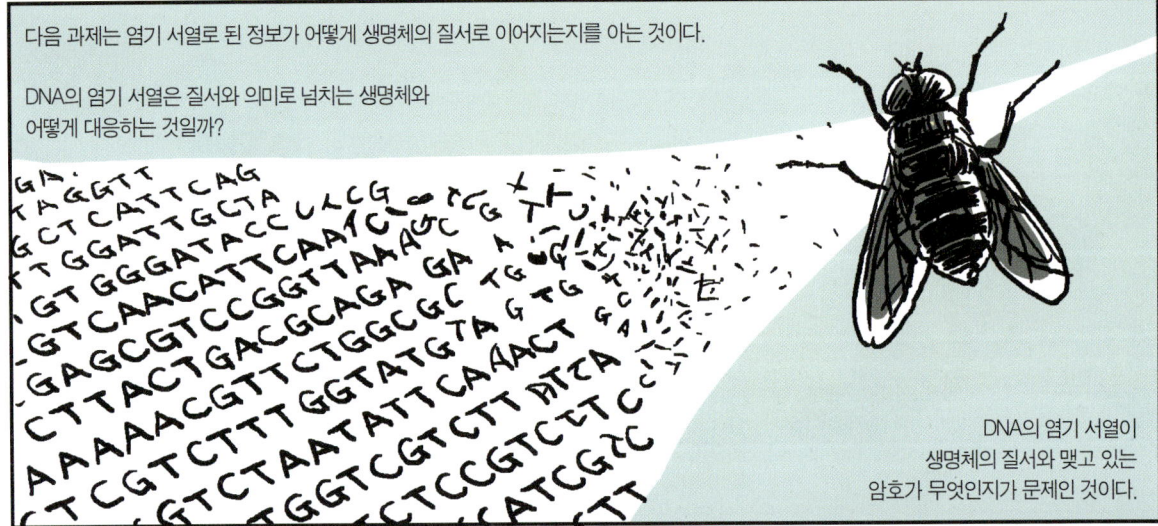

DNA의 염기 서열이 생명체의 질서와 맺고 있는 암호가 무엇인지가 문제인 것이다.

가모브 씨, 니런버그 씨 약속하신 대로 당신들이 암호를 풀 차례입니다.

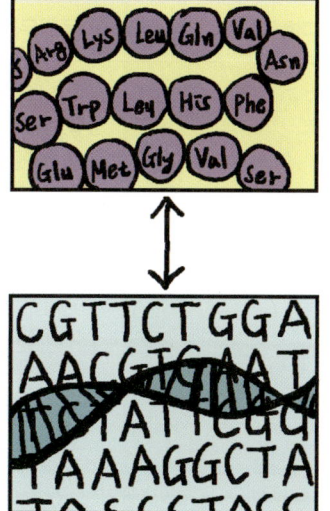

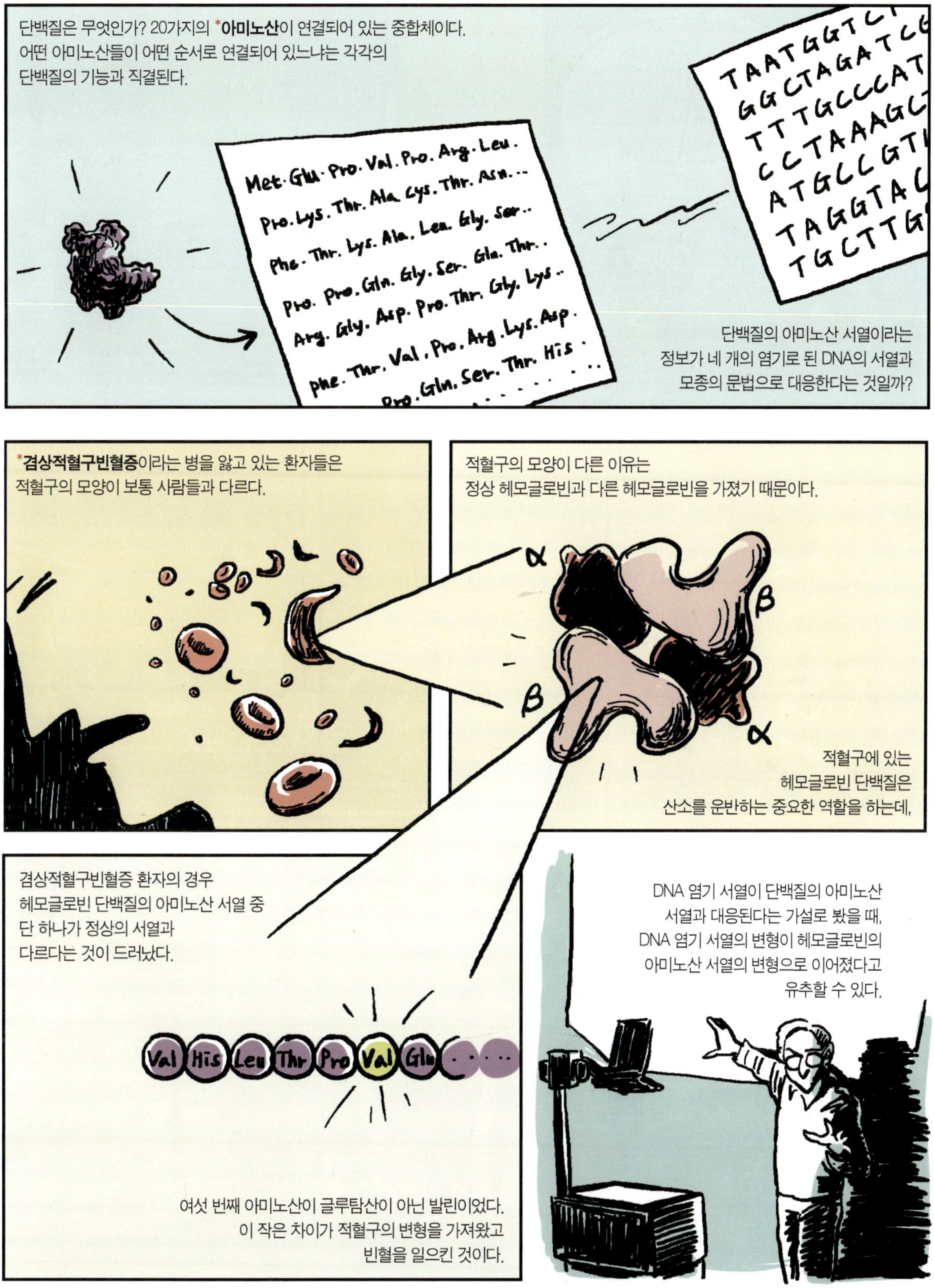

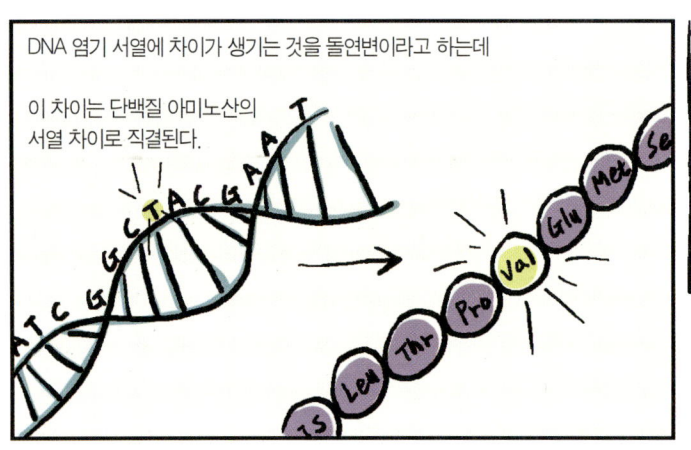

DNA 염기 서열에 차이가 생기는 것을 돌연변이라고 하는데

이 차이는 단백질 아미노산의 서열 차이로 직결된다.

DNA 염기 서열과 단백질의 아미노산 서열은 엄격하게 연결된 것이고,

DNA 서열의 돌연변이는 자손에게 영구히 보존되어 유전된다. 유전병의 이유가 바로 이것이다.

DNA 염기 서열과 단백질의 아미노산 서열 사이에 놓여 있는 암호…

일단 쉽게 생각해보자. 염기 하나가 아미노산 한 개와 대응?

염기는 네 가지이고 아미노산의 종류는 20가지이기 때문에 성립할 수 없다.

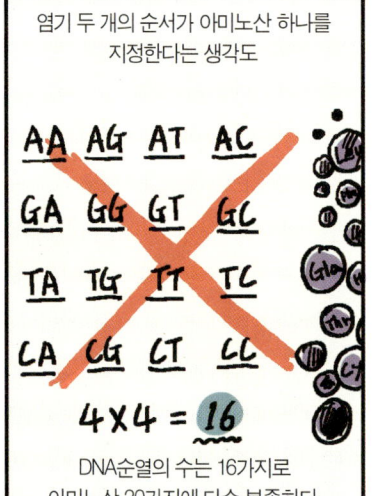

염기 두 개의 순서가 아미노산 하나를 지정한다는 생각도

DNA순열의 수는 16가지로 아미노산 20가지에 다소 부족하다.

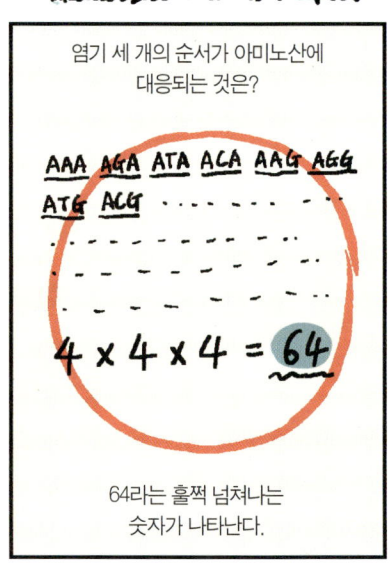

염기 세 개의 순서가 아미노산에 대응되는 것은?

64라는 훌쩍 넘쳐나는 숫자가 나타난다.

우리의 문자에도, 구두점과 띄어쓰기 등이 있으니까, 여분의 염기순서는 이런 비슷한 역할을 할지도 모른다.

염기 3개당, 아미노산 1개. 일단 가능하다.

너무 쉽게 생각하는 거 아니야? 하하.

일단 단순한 것부터 시도해보고 안 되면 다른 걸 시도해보면 되지 않겠습니까. 아니면 말구요.

너무 좋아요. 이런 거.

오호, 이제야 뭔가 엄밀해지는 느낌이 오는군~ 유전자에도 규칙이 있어~

자, 그렇다면 이제 나! 물리학자가 일을 할 때가 된 것 같군~

가모브는 각 염기쌍의 표면에 각 아미노산의 표면과 딱 들어맞는 상보적인 홈이 있다는 아이디어를 낸다. DNA가 아미노산들을 줄 세워놓고 폴리펩타이드 사슬을 만들어내는 직접적인 주형을 떠올린 것이다.

규칙, 규칙~~ 규칙을 찾아야 해~

이론물리학자답게 염기의 숫자 4와 아미노산의 숫자 20을 연결하는 우아한 수학적 관계를 구상했지만…

*가모브의 유전암호 풀이는 금세 오류를 드러냈다. 생물학자들의 조사에 따르면 DNA는 핵 속에 틀어박혀 있지만, 아미노산들은 핵 밖의 세포질에 있어서 직접적인 접촉이 불가능했다.

가모브 선생님, 단백질은 염색체에서 만들어지지 않아요!

가모브 선생님, 상처받으시지 않았으면 좋겠어요. 이 분들의 무례를 용서…

세 개의 염기가 아미노산 하나를 지정한다. 이론적으로는 가능한데, 실제로도 그러하다는 증거가 필요하다.

기관차가 버거워 하는군.

멈추지 않고 달렸으니 그럴 만하지.

그런데 놀랍게도 세 개의 문자 가설(세 개의 뉴클레오타이드-한 개의 아미노산 가설)이 사실임을 보여주는 실험이 즉각적으로 나온다.

***가모브의 유전암호**: 네 가지 염기 중에서 일렬로 늘어선 세 개가 취할 수 있는 가짓수는 64가지이고, 아미노산의 종류는 20가지이다. 어떻게 64개의 서열이 20개의 아미노산을 지정할 수 있을까? 가모브는 이것을 우아한 수식으로 풀었는데, 생화학자들이 풀이한 유전암호와는 전혀 달랐고, 가모브가 완전히 틀렸음이 밝혀졌다.

유전암호가 세 개의 염기 서열로 이루어져 있다는 **트리플렛**(triplet) **코드**는 사실이었다!
돌연변이를 유발하는 화학물질을 주입해서 DNA의 염기쌍을 통째로 제거하거나 더해봤더니

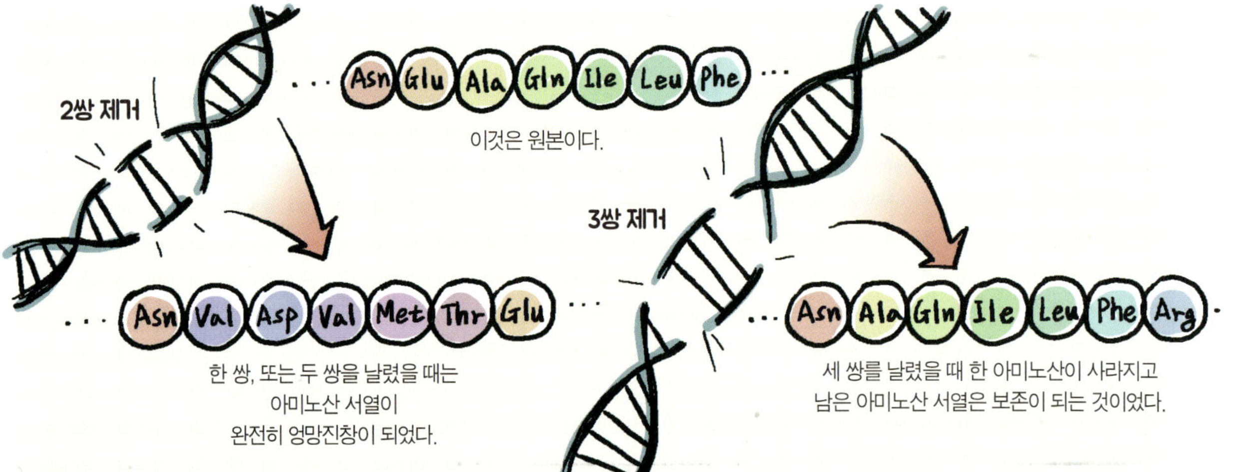

2쌍 제거

...Asn Glu Ala Gln Ile Leu Phe...
이것은 원본이다.

...Asn Val Asp Val Met Thr Glu...
한 쌍, 또는 두 쌍을 날렸을 때는
아미노산 서열이
완전히 엉망진창이 되었다.

3쌍 제거

...Asn Ala Gln Ile Leu Phe Arg...
세 쌍를 날렸을 때 한 아미노산이 사라지고
남은 아미노산 서열은 보존이 되는 것이었다.

이럴 수가!
세 개의 문자
트리플렛 코드가
맞았어.

왜 이렇게
술술 풀려…

남은 문제는 특정한
세 개의 뉴클레오타이드 순서가
20가지의 아미노산 중에
어떤 것과 대응되느냐 하는
것이었다.

이때 다른 종류의 핵산이 두각을 나타낸다.

세포질 안에는 DNA와
거의 흡사한 RNA라는
핵산이 있다.

티민이 우라실로 바뀌어 있고,
당 성분이 데옥시리보스에서 리보스,
이중나선 DNA와 달리
단일 가닥으로 되어 있다는 것만 빼고
속성이 DNA와 거의 동일하다.

RNA가 DNA의 복사본이라는
추측을 할 수 있다.

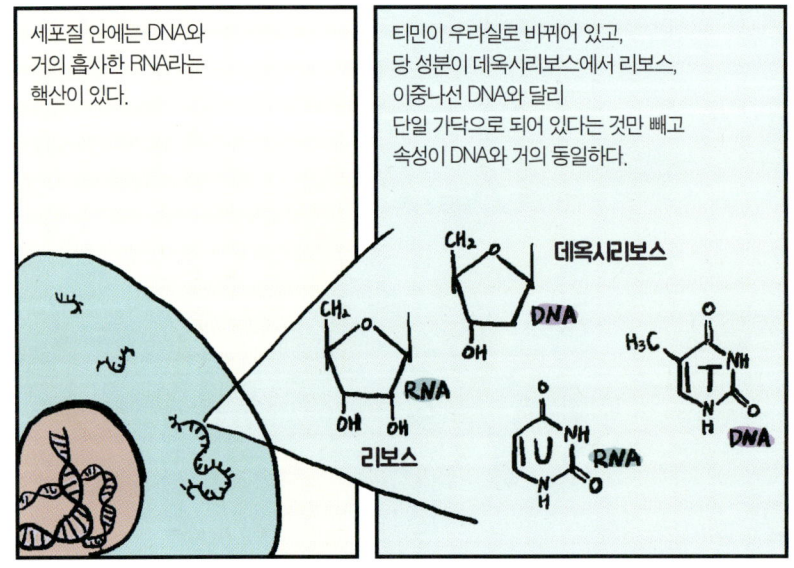

DNA 서열과 아미노산 서열 사이에 *mRNA라는 존재가 다리 역할을 하는 것 같다.
DNA는 핵 안에서 mRNA라는 복사본을 만들어서 세포질로 보내고,
mRNA는 전령사로서 아미노산 서열로의 정보 전환을 달성한다.

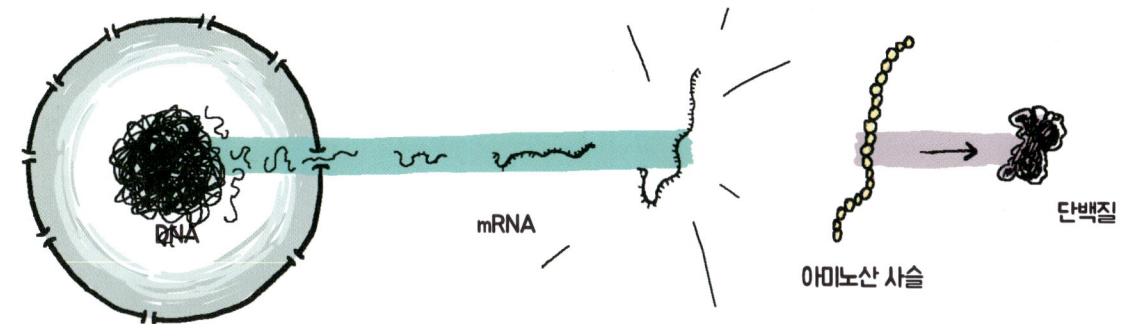

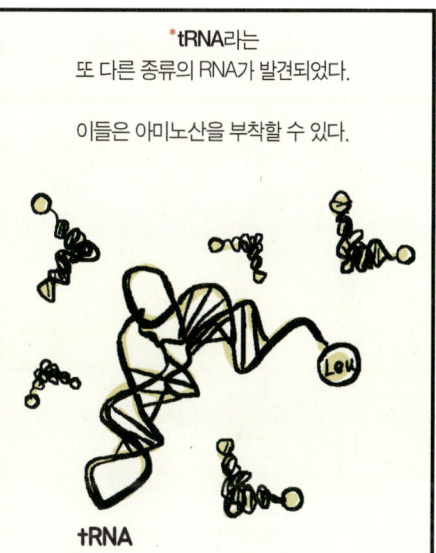

tRNA들이 20가지 종류의 특정 아미노산들과
특정 mRNA 서열을 올바르게 짝지워주는
번역기 역할을 하는 것이 분명해 보였다.

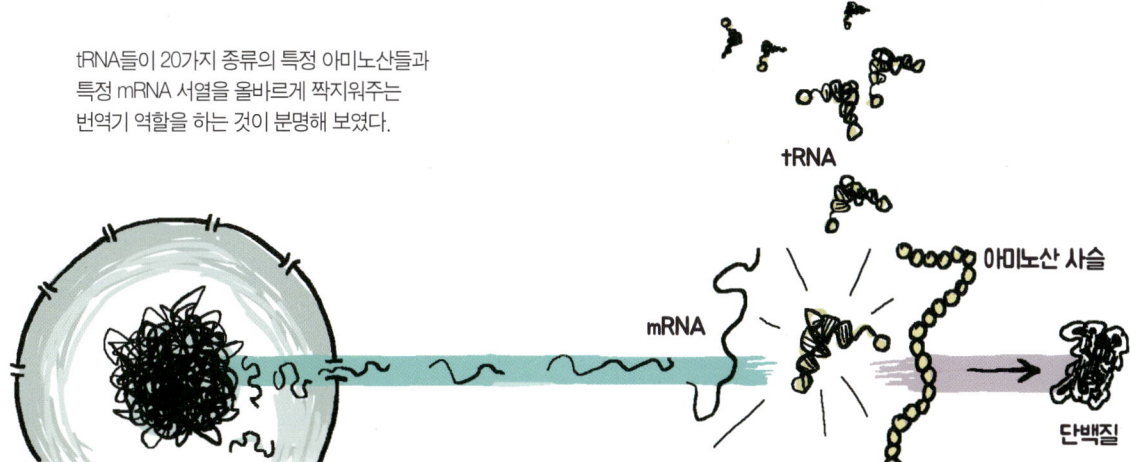

*mRNA(messenger RNA) : DNA의 유전정보를 세포질 안의 리보솜에 전달하는 RNA.
*tRNA(transfer RNA) : mRNA에 특정 아미노산을 운반해주는 RNA.

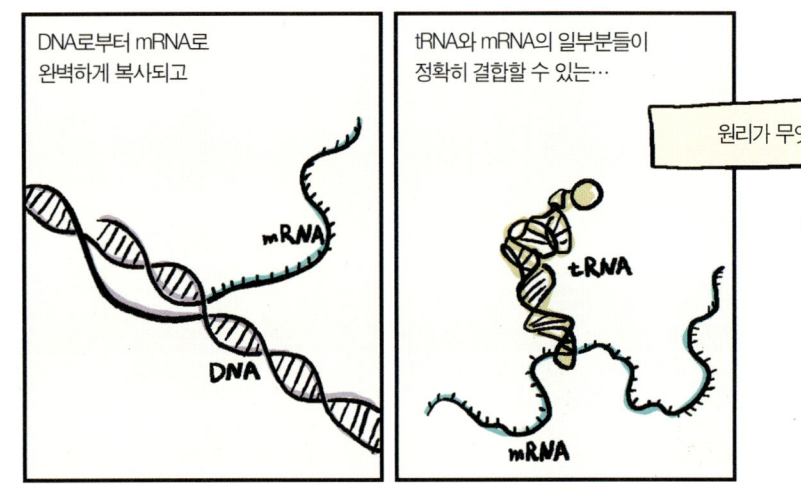
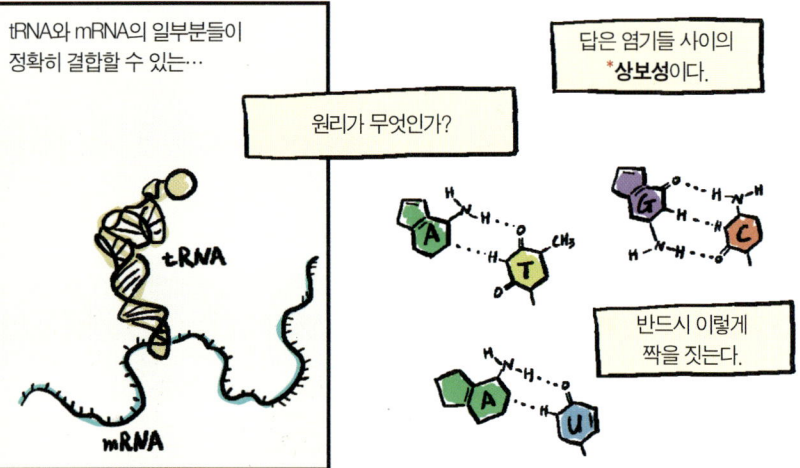
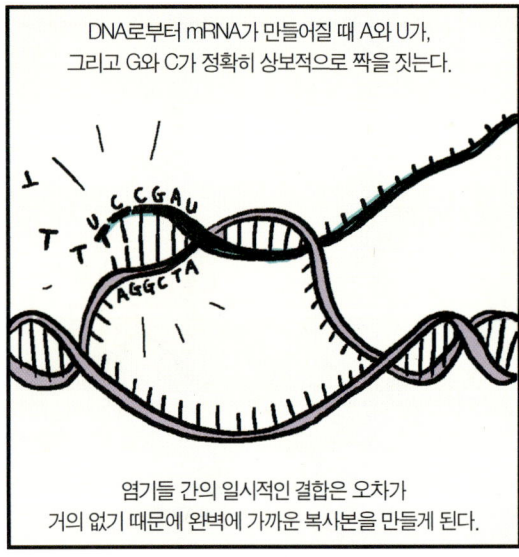
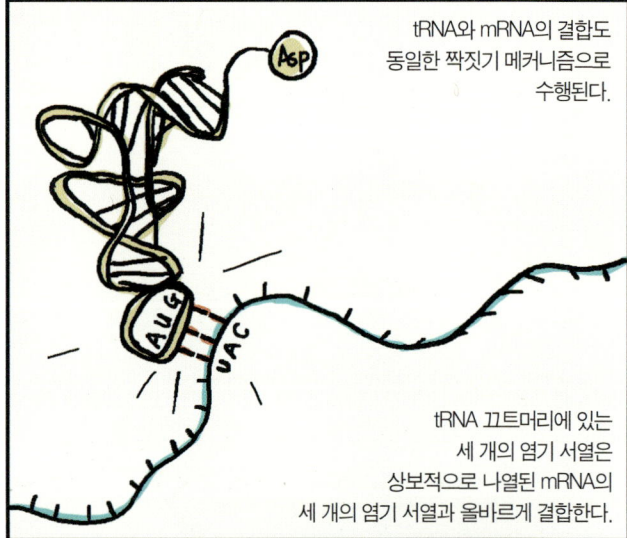
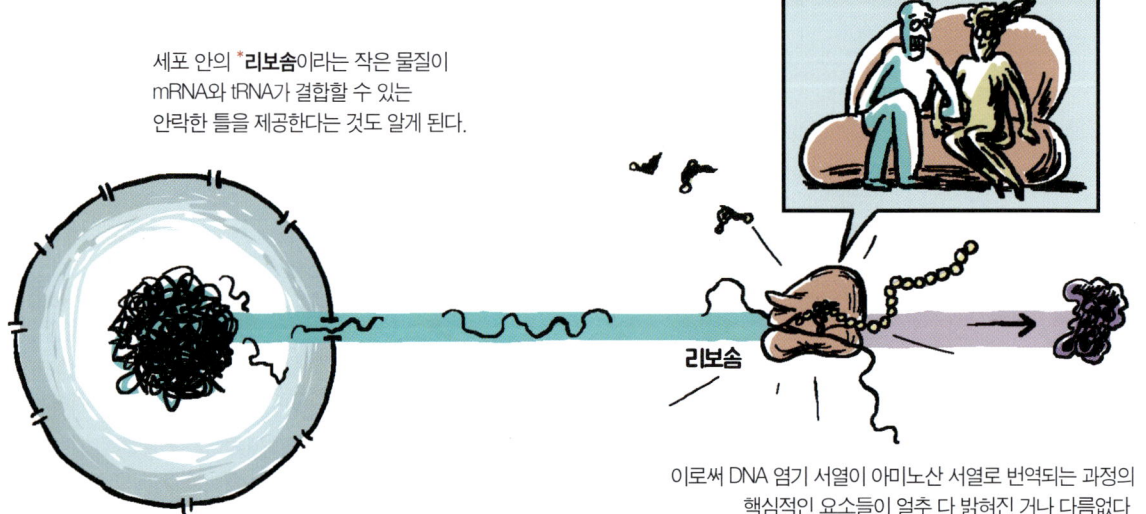

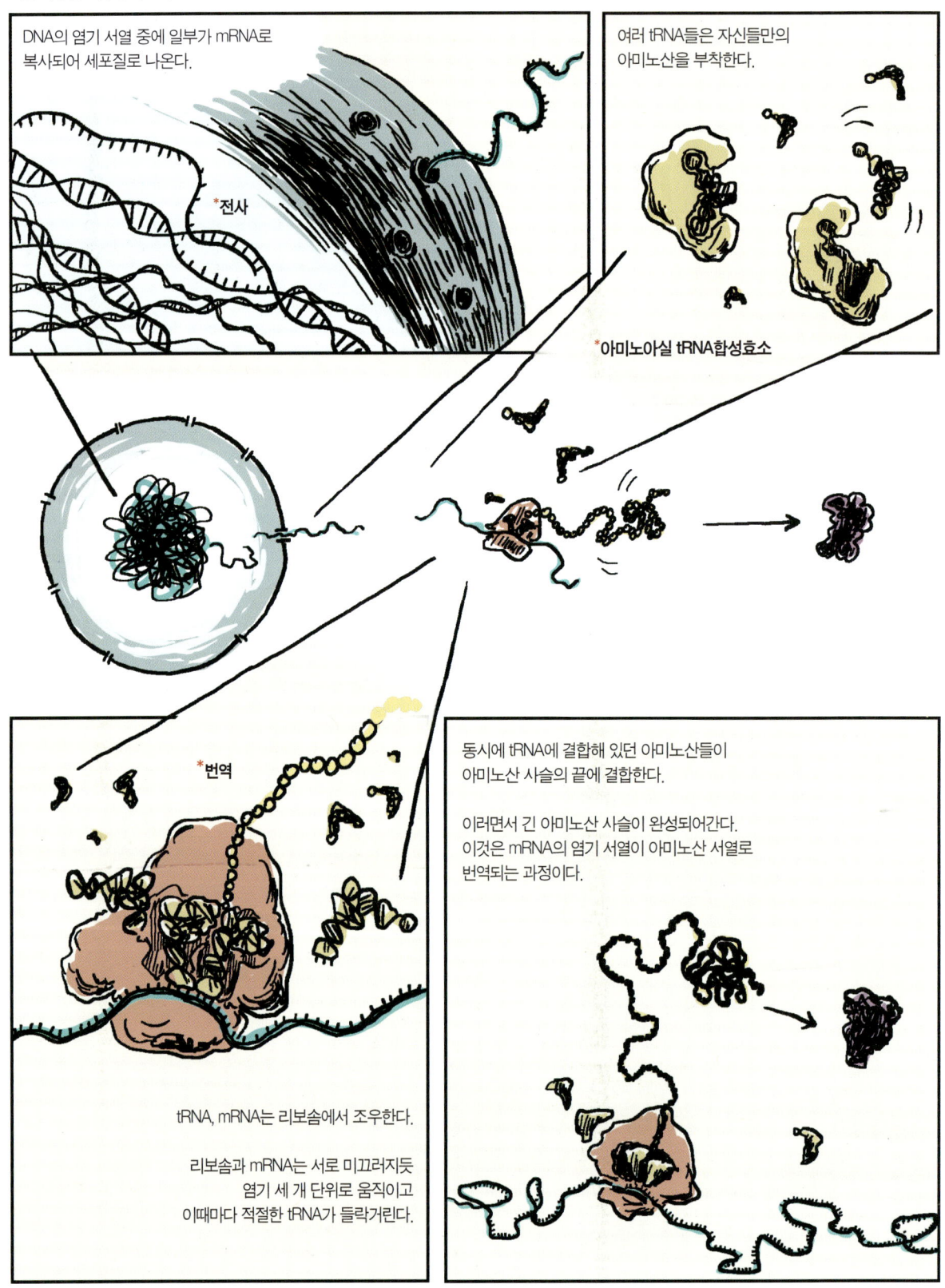

이제 남은 퍼즐 조각은 단 하나다.

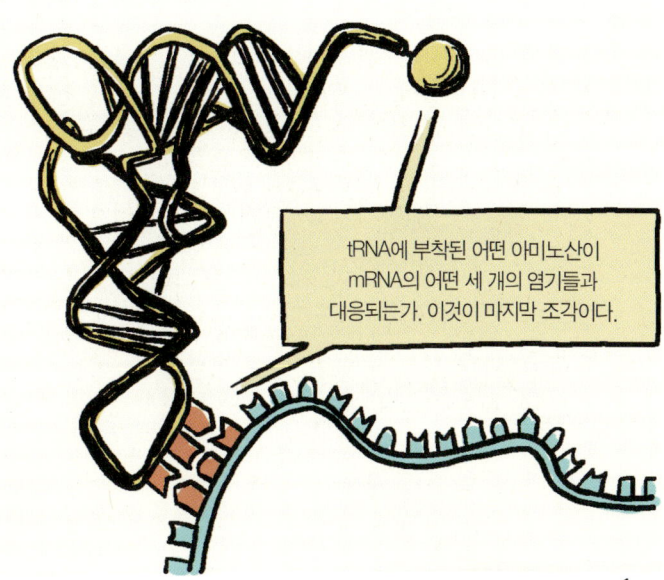

tRNA에 부착된 어떤 아미노산이 mRNA의 어떤 세 개의 염기들과 대응되는가. 이것이 마지막 조각이다.

이것만 알게 되면 지금까지의 모든 고리들이 연결되고 유전자의 정보가 단백질 정보로 이어지는 암호가 완성되는 것이다.

슈뢰딩거가 예견한 유전자의 실체가 DNA라는 것이 확실시되고, DNA 염기 서열로 존재하는 정보가 단백질 정보를 지배한다는 사실이 알려지면서 분자생물학이라는 분야가 태동했다.

왓슨과 크릭에 의해서 DNA의 구조가 밝혀지면서 분자생물학은 거대한 서막을 열게 된 것이다.

이들의 발견은 생명의 복제와 발생을 분자 수준에서 이해할 수 있다는 자신감을 갖게 하기에 충분했으며, 유전자가 물리적 실체로 밝혀진 이상, 장차 DNA를 재조합하는 기술을 획득할 수 있는 연구 대상으로서, 의학, 약학, 농학 등 생물학 전체에 혁명적인 발전을 가져올 것임을 암시하고 있다.

물리, 화학 분야에서처럼 분자생물학은 작은 요소들로 분해해서 어떤 현상을 이해하는 환원주의 접근의 대성공이었다. 생명체를 작은 분자 레벨에서 연구하는, 그야말로 신세계에 첫발을 내딛게 되었다.

DNA 복제, DNA 정보로부터 단백질이 합성되는 원리의 발견은 지금까지 막막했던 유전자의 기능에 대해서 구체적으로 설명하는 최초의 사건이 되는 것이며, 지금 성공 직전에 와 있다.

다른 길이 없어. 여길 건너야 해.

이거야 원!

mRNA에서 연속된 세 개의 특정한 염기 서열이 어떤 아미노산과 대응하는가!
니런버그와 코라나의 탁월한 기술이 빛을 발한다.

이 친구들 실력 발휘할 때가 왔군.

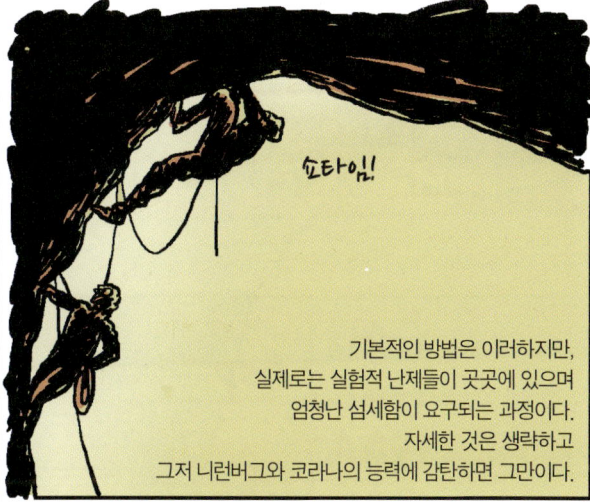

이론상 64가지 염기 서열이 있는데, 이중에서 61개가 20개의 아미노산을 지정하고 있다.

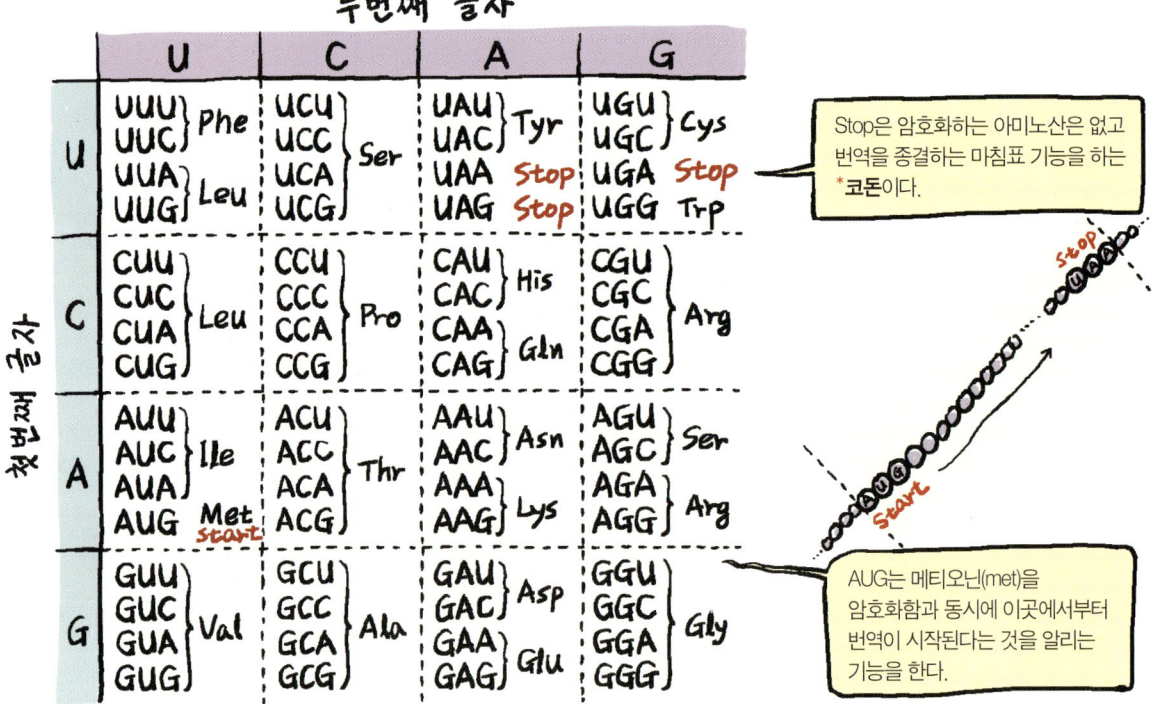

유전암호의 특징을 좀 더 살펴보자.

GAU, GAC } Asp
GAA, GAG } Glu

유전 암호표를 보면 GAU와 GAC 둘 다 ASP 아미노산을 지정하고 있는 것처럼 중복이 존재하는데, 대부분의 경우 한 아미노산을 지정하는 다수의 코돈들에서 첫째, 둘째 염기는 동일하고, 세 번째 염기에 차이가 있다는 것을 알 수 있다.

···GUGGCAAAUAUAGCACAG···

mRNA를 읽어나갈 때 정확한 시작점에서 출발하여 세 개의 염기씩 딱딱딱 끊어서 읽는다.

이 틀을 벗어나서 밀려서 읽거나 염기 하나를 건너뛰거나 하면 전체적인 아미노산 서열은 완전히 엉클어진다.

···GUGGCAAAUAUAGCACAGA···(X)

···GUGGCAAAUAUAGCACAGA···(X)

세 염기 사이에 띄어쓰기 같은 것도 없으며, 겹쳐서 읽는 경우도 없다.

* **코돈**(codon) : mRNA 서열에서 아미노산에 대응하는 세 개의 염기 서열. 이론적으로 64개의 코돈이 가능하여 20개의 아미노산을 지정하기에 충분하다. 아미노산을 지정하는 코돈 이외에 시작코돈과 종결코돈이라는 것도 있다.

지금까지 유전자를 찾아온 여정을 잠시 회상해보자.

멘델이 생각한 유전자는 생물의 형질, 즉 검은색 눈, 곱슬머리, 매끈한 콩의 표면, 초파리의 흰색 눈 등등에 대응하는 가상의 입자 같은 것이었다.

모건은 멘델의 유전 입자를 염색체 위의 특정 위치로 가져다놓았다.

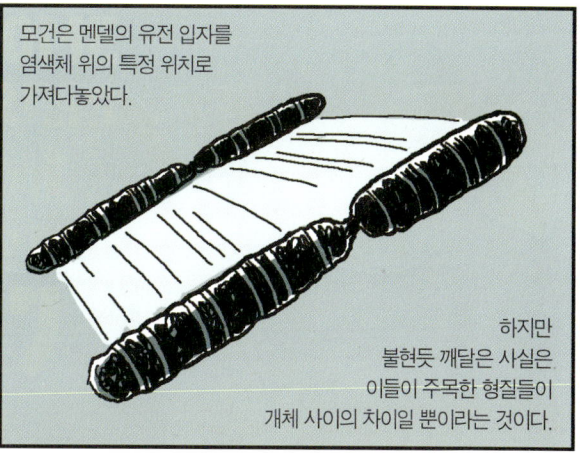

하지만 불현듯 깨달은 사실은, 이들이 주목한 형질들이 개체 사이의 차이일 뿐이라는 것이다.

비교 대상이 있어야만 드러나는 것 말이다.

그래서 형질과 대응하는 유전 입자, 염색체 위의 위치라는 것들도

결국 개체 간의 차이일 뿐

유전자의 실체를 간접적으로 드러내주는 그림자에 불과했다.

멘델과 모건이 구상한 유전자는 생물체의 겉으로 드러나는 차이가 없다면 유전자 그 자체도 없는 것이 된다.

우리가 알고 싶은 것은 파리가 되게 하고, 사람이 되게 하는 유전자다.

그래도 모건의 성과는 염색체가 유전정보를 가진 물리적 대상임을 알려주었다는 것이고

유전자 찾기의 범위를 좁혀주었다는 것이다.

염색체가 무엇이기에, 어떻게 하기에 생물체를 만들어낼 수 있을까?

바이스만은 염색체의 구조에 담긴 질서가 생물체의 전체 질서에 대응한다고 생각했고.

슈뢰딩거도 여기에 동의했다. 슈뢰딩거는 생물체의 거대한 질서가 변함없이 보존되려면, 유전자 또한 대단히 견고해야 하고, 그래서 유전자는 흩어져 있는 원자들의 집단이 아닌, 견고한 분자 형태라고 결론지었다.

또한 몇몇 구성 요소들이 1차원적이면서 비주기적으로 결속되어 있다고 생각했다.
이들이 만드는 순서, 즉 디지털 정보가 생명체의 모든 부분들과 암호로 연결되어 있다.
왓슨과 크릭, 니런버그와 코라나 등은 슈뢰딩거가 정의하고 예측한 유전자를 DNA에서 발견했다.

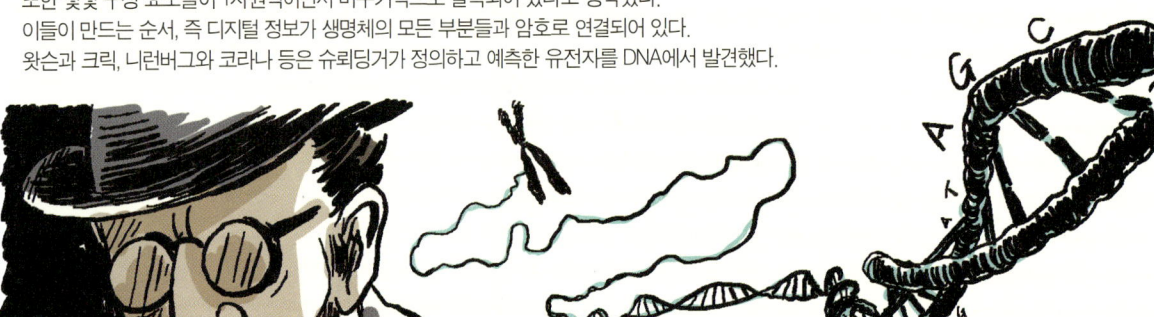

DNA 분자가 슈뢰딩거의 견고한 분자였으며, DNA의 염기 서열이 슈뢰딩거의 비주기적인 서열, 즉 유전자다.

이제 더이상 유전자는 관념적인 것이 아니다.
물질적 실재가 아닐 거라는 의심은 사라졌으며,
구체적인 실체, DNA라는 물질로 판명되었다.
이 말은 곧 유전자가 분석의 대상이 될 수 있다는 뜻이다.

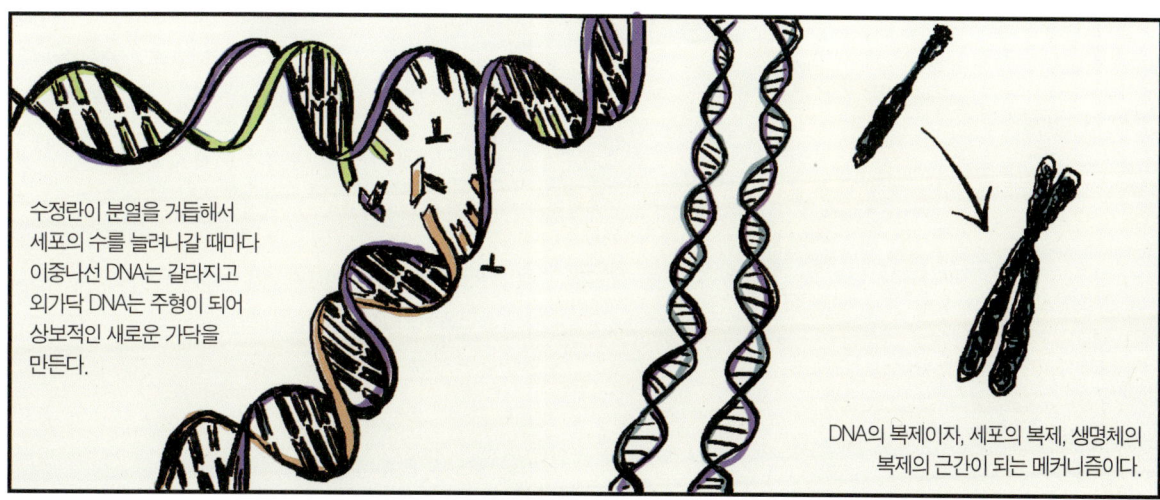

빈틈없는 복제로 하나의 수정란에서
분열한 수많은 세포들은 모두 동일한 DNA를 갖는다.

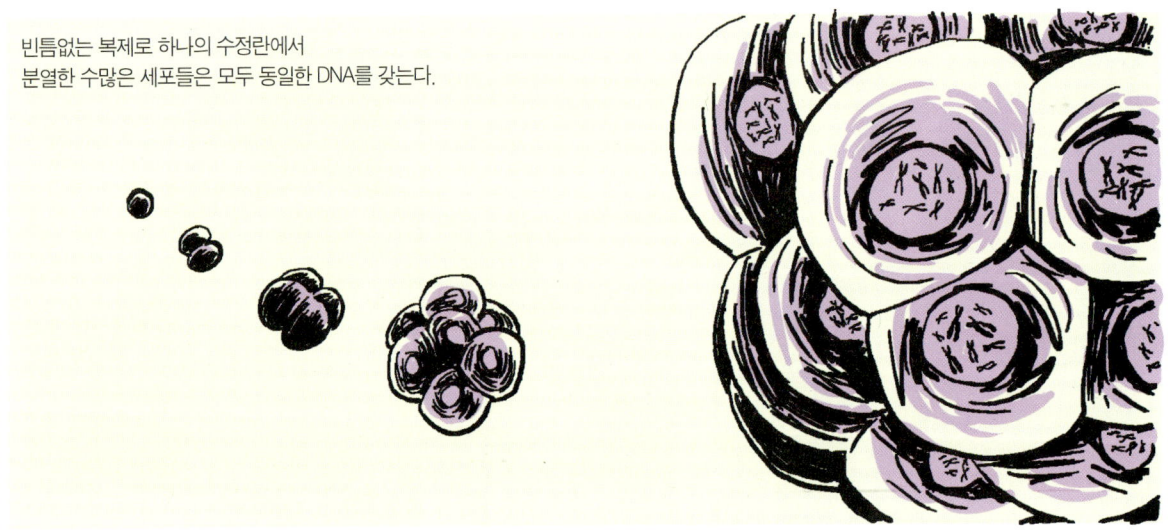

세포의 핵심적인 분자는 단백질인데, 단백질의 기초가 되는 정보, 아미노산 서열은 DNA 염기 서열이라는 정보로부터 나온다.

DNA의 특정 부위가 지퍼처럼 열리고,
이중에 한 가닥을 주형으로 상보적인 mRNA가
만들어진다.

전사

mRNA는 핵을 떠나
세포질로 향한다.

세포질에서는 다른 종류의 RNA인 tRNA들이
각각 자신들이 담당하는 아미노산과 짝을 이루어서

리보솜으로 향한다.

리보솜에서 mRNA 서열에서 아미노산 서열로의
중요한 정보 전환이 일어난다.
리보솜은 mRNA와 먼저 조우한
상태로 tRNA를 맞이한다.

리보솜은 mRNA의 세 염기들과 tRNA의 끝에 있는 세 염기 서열이
서로 맞물리도록 최적의 상태를 제공하는데, 무수히 부딪치는 tRNA들 중에
mRNA의 염기열과 상보적인 결합을 이루는 tRNA를 일시적으로 붙들어준다.

눈여겨볼 부분은 tRNA의
다른 한쪽 끝에 달려 있는 아미노산이다.

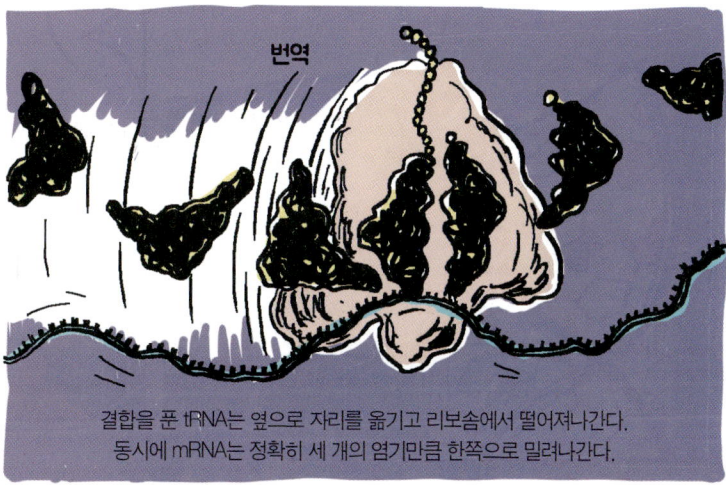

결합을 푼 tRNA는 옆으로 자리를 옮기고 리보솜에서 떨어져나간다.
동시에 mRNA는 정확히 세 개의 염기만큼 한쪽으로 밀려나간다.

tRNA가 운반해온 아미노산들은 순서대로
결합하여 행렬을 이루기 시작한다.

연이어지는 신속하고 정확한 번역 과정을 통해
mRNA의 특정한 염기 서열 세 개가 아미노산 하나씩과 동기화되고
아미노산 사슬이 줄줄이 뽑아져 나온다.

니런버그와 코라나는 mRNA의 세 염기 서열이 대응하는
아미노산 서열에 관한 유전암호를 밝혀냈다.

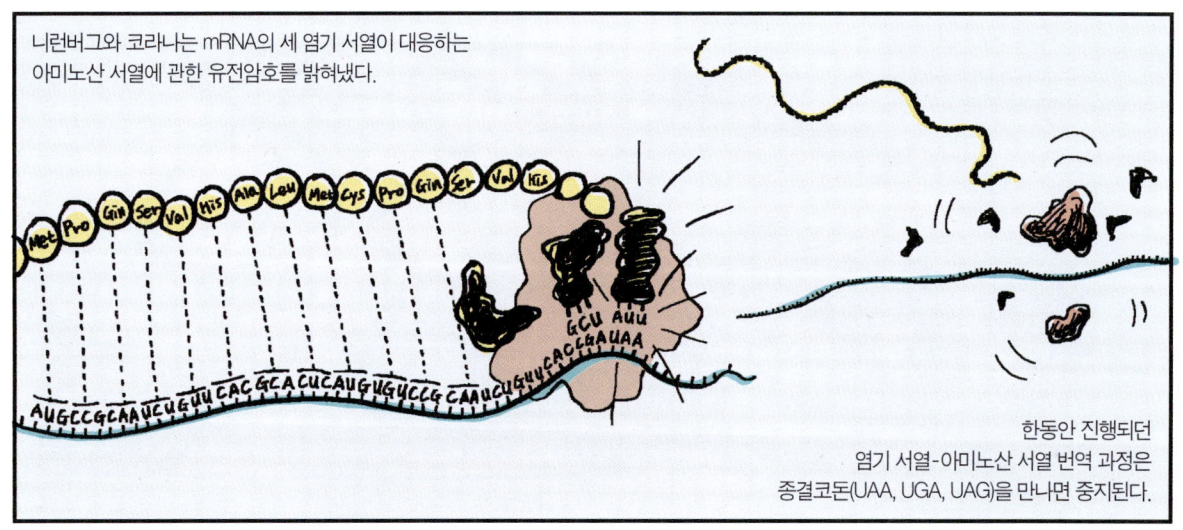

한동안 진행되던
염기 서열-아미노산 서열 번역 과정은
종결코돈(UAA, UGA, UAG)을 만나면 중지된다.

리보솜에서 길게 뽑혀져 나온 아미노산 사슬은 여러 가지 이유로 복잡하게 꼬이고,
분리되고, 합쳐지기도 하는 과정을 거쳐 단백질로 완성될 것이다.

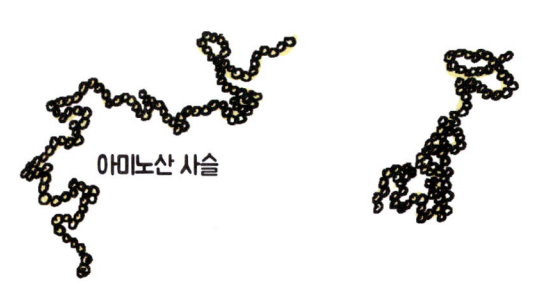

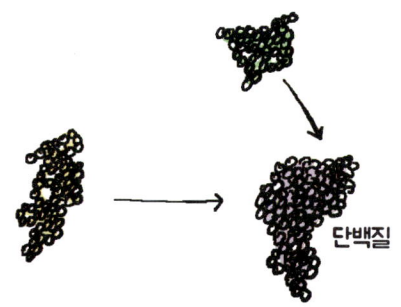

분명한 것은 초안이 mRNA 서열로부터 왔다는 것이고,
mRNA 서열은 DNA 서열 중 일부의 복사본이라는 것이다.
이는 DNA 염기 서열에서 출발한 정보가
특별한 3차원 구조의 단백질로 탈바꿈한 것을 의미한다.

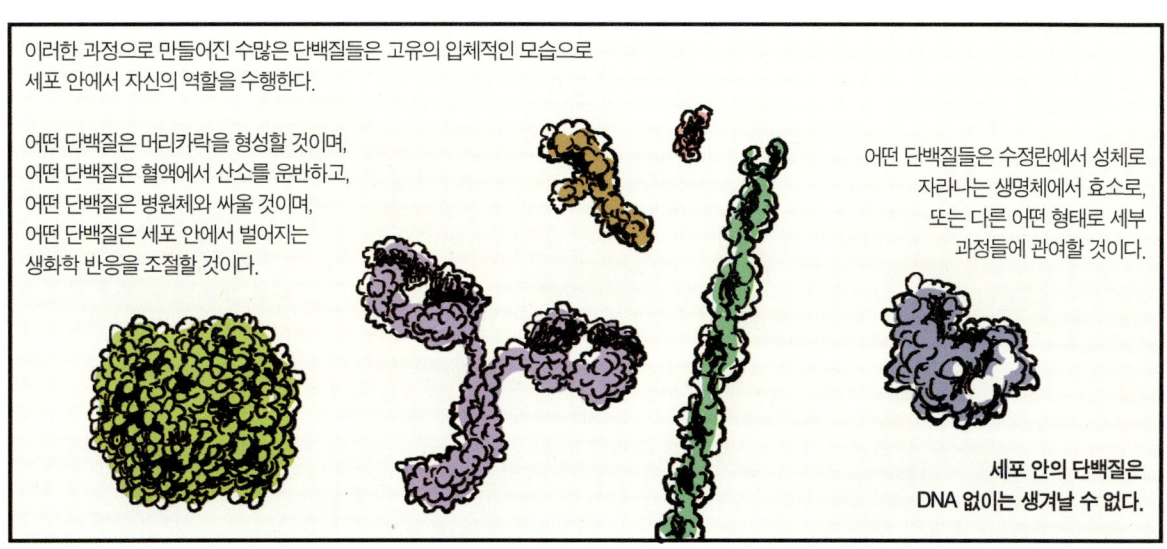

이러한 과정으로 만들어진 수많은 단백질들은 고유의 입체적인 모습으로
세포 안에서 자신의 역할을 수행한다.

어떤 단백질은 머리카락을 형성할 것이며,
어떤 단백질은 혈액에서 산소를 운반하고,
어떤 단백질은 병원체와 싸울 것이며,
어떤 단백질은 세포 안에서 벌어지는
생화학 반응을 조절할 것이다.

어떤 단백질들은 수정란에서 성체로
자라나는 생명체에서 효소로,
또는 다른 어떤 형태로 세부
과정들에 관여할 것이다.

세포 안의 단백질은
DNA 없이는 생겨날 수 없다.

DNA 염기 서열이 단백질의 근원이다.
이 서열 정보는 부모로부터 왔고, 태곳적부터
수많은 개체를 건너 변함없이 전달되었다.

모건, 바이스만 씨가 우리의 발견에
어떤 반응을 보일지 궁금하군.

특히
슈뢰딩거 씨도요.

지금까지 만났던 여러 과학자들의 산발적인 발견들은 결국 하나의 원리로 귀결된다.

모건은 생물의 형질 차이가
염색체 위의 특정 위치에 영향을 받는다고 했지만
정작 그 차이가 왜 생기는지는 알지 못했다.

지금은 DNA 염기 서열의 차이를 뜻한다는 것을 알고 있고,
이 차이가 단백질의 변형으로 이어졌을 것이며,
결국에는 형질의 차이로 드러났다는 것을
해석할 수 있다.

아, 나…
이 친구들
제법이군.

219

열처리로 죽은 S형 폐렴쌍구균의 DNA가 R형 쌍구균을
유전적으로 완전히 형질전환시킨다는 사실을 발견했지만
이 과정에서 DNA가 어떻게 기능하는지는 몰랐다.

이것도 자연스레 설명이 된다.
S형으로부터 도입된 DNA 조각으로 인해
S형이 만들던 단백질을 똑같이 합성시켰을 것이고,
R형 쌍구균에서 S형의 형질을 나타낸 것이다.

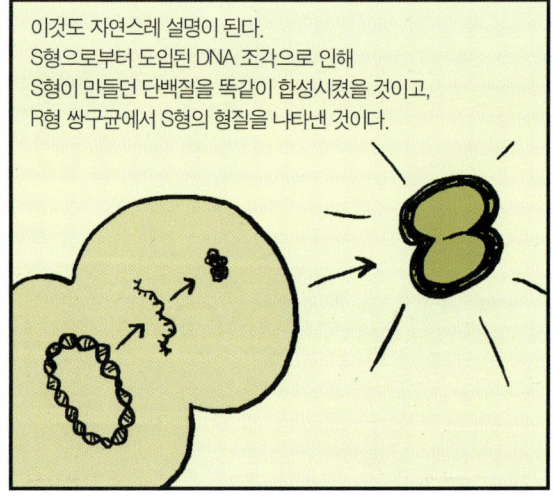

DNA가 다음 세대에도 전달되어서
유전적으로 영구히 고정된 것은 당연하다.

멋지군!

그거 아십니까?
이 모든 발견의 시작은 염기 비율이
똑같다는, 저의 이론이라는 것을요?

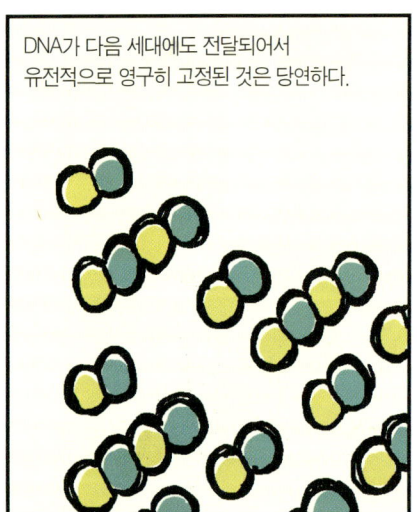

개로드, 비들, 테이텀 등은 유전자가 효소 자체인지,
효소와 연관된 무엇인지는 확신하지 못했지만
유전자와 효소가 일대일 대응하는 것이라는
생각을 했다.

유전자 === 효소

생화학 반응을 통제하는 효소의 기능을
유전자의 기능 그 자체로 본 것이다.

A-B → A + B

맞는 말이다. DNA에서 RNA를 거쳐 효소가 만들어지며
이것은 생화학 반응을 통제할 것이다.
DNA에 돌연변이가 생기면 필연적으로 효소의 결함으로
이어지고, 알캅톤뇨증이나 돌연변이 빵곰팡이와 같은
선천적 대사 이상으로 나타났다는 추측은 맞았다.

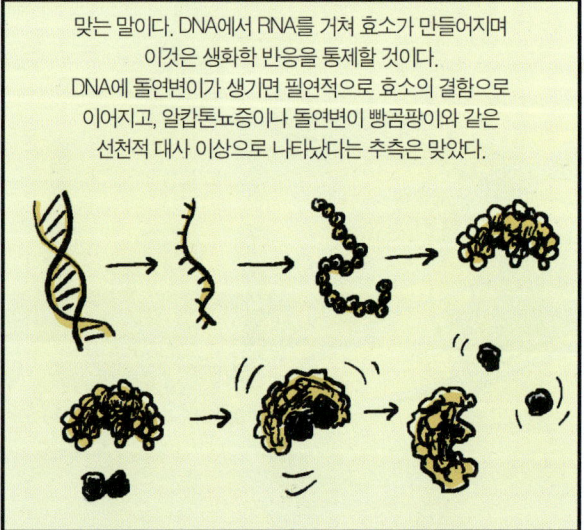

바이스만의 예견, '유전자는 질서의 전달이다.' 슈뢰딩거의 생각, '유전자는 비주기적 결정체다.'
DNA는 딱 이들이 주장하는 유전자와 부합하는 듯 보인다. 그런데…

바이스만 선생님, DNA의 염기 서열이 유전자라는 것은 섣부른 결론입니다. 저 친구들이 밝힌 사실은 단백질의 아미노산 서열과 대응하는 DNA 염기 서열이지 않습니까.

하긴 그렇지.

유전자라면 아미노산 서열 정보뿐만 아니라 다른 많은 정보를 포함해야 합니다. 어떤 세포에서 어떤 단백질이 만들어져야 하는지, 어느 시점에서 단백질이 만들어져야 할지 같은 정보 말입니다.

슈뢰딩거 선생. 조금만 기다려보세요. 분자생물학은 지금 막 시작했어요. 그런 거치고는 성과도 꽤 대단하지 않소? 아직은 모르는 게 많지만, 결국 다 알아낼 겁니다. 내 생각에는 가장 기본적인 원리는 규명했다고 봐요.

만약에요. 아무리 찾아도 DNA 염기 서열 정보가 단백질 정보만 포함하고 있다면 어떻게 되는 겁니까? 고작 거기까지라면…

설마 그럴 리가 있겠나.

DNA가 아미노산 서열과 대응한다는 것은 분명하게 밝혀졌다. 시작은 더할나위 없이 좋다.

그런데 DNA의 역할이 어디까지인지 조금 분명히 하고 싶다는 욕구가 일어난다.
DNA의 디지털 정보가 생명체의 모든 질서와 대응하는 것일까? 생명체의 질서는 단백질의 아미노산 서열 외에도 무척이나 많다.

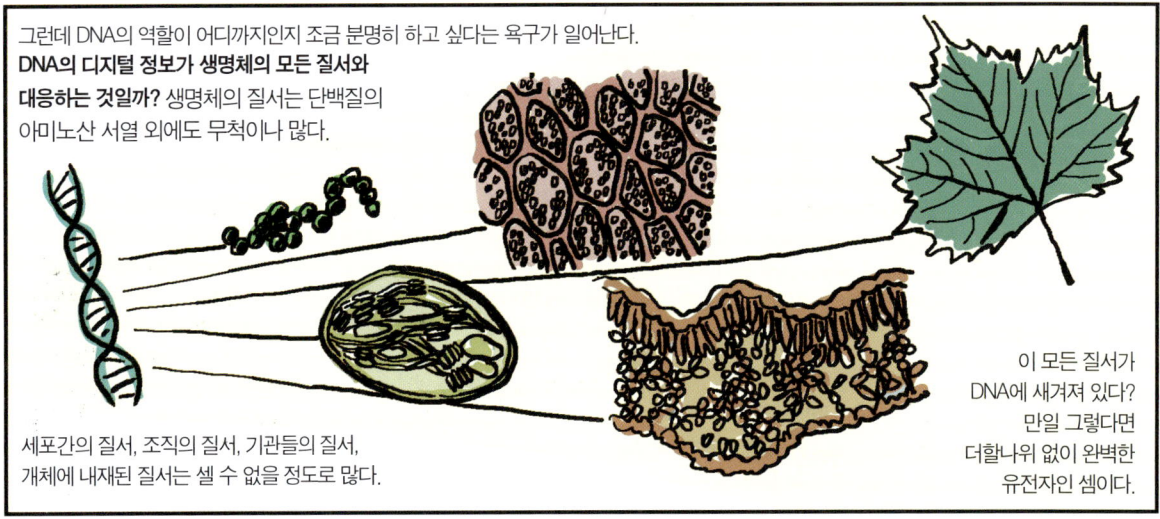

세포간의 질서, 조직의 질서, 기관들의 질서, 개체에 내재된 질서는 셀 수 없을 정도로 많다.

이 모든 질서가 DNA에 새겨져 있다? 만일 그렇다면 더할나위 없이 완벽한 유전자인 셈이다.

그런데 다른 생각도 할 수 있다. **실제로도 DNA에 아미노산 서열 정보 외에 아무것도 없다면?**

DNA의 정보가 단백질 정보와 서로 분명한 암호로 연결되어 있는 것,
딱 여기까지라면?

DNA의 영역이 단백질에 국한한다는 것을 발견하는 것만으로도
충분하다는 견해가 있을 수 있다.

생명체는 겹겹이 쌓여 있는 위계들의 연속이다.

몸은 심장이나 폐 같은 기관들의 집합이고,
이런 기관들은 근육이나 뼈 등의 하위 조직으로,
또 다시 하위 단계인 세포들로 구성되어 있다.

세포들은? 여러 분자들로, 그리고 단백질의 영역까지 내려간다.

단백질은 우리 몸을 구성하는 핵심물질로서
세포의 화학 작용을 촉발하는 효소의 핵심 분자다.

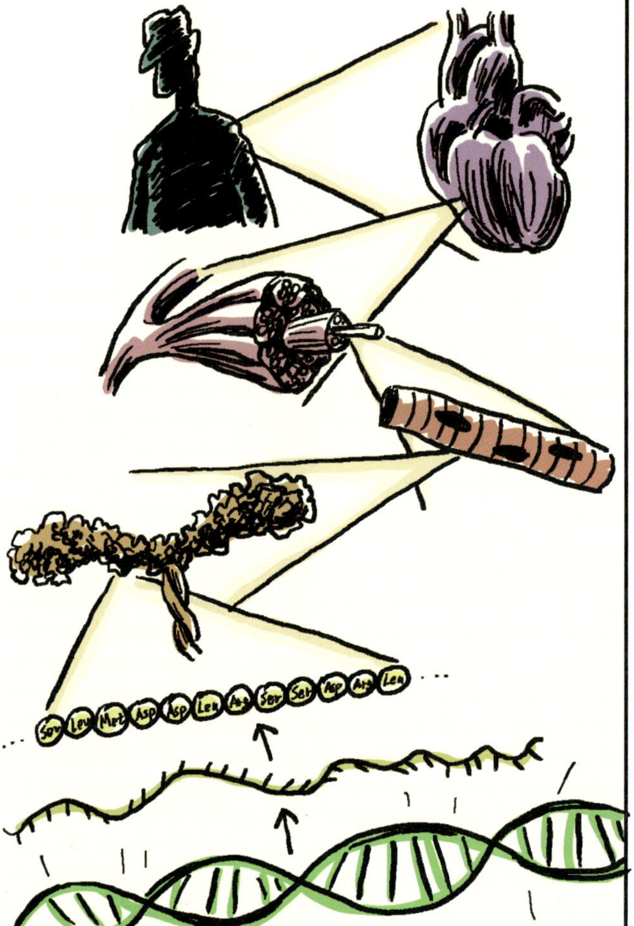

그 단백질을 암호화하는 DNA의 서열 정보야말로
아래로부터 위로 향하는 질서 형성의 과정에서
가장 근본적인 위치에 있다.

그러므로 단백질 정보를 책임지는
DNA야말로 생물 조직화의 근원이다.

그렇다! DNA는 여전히 유전자의 자격을 유지한다. **가장 밑바닥에서 위로 펼쳐지는 모든 생명체 활동의 근원이다.**

DNA가 모든 것을 촉발하는 첫 번째 방아쇠라는 데는 의심의 여지가 없다.
그렇다고 해도 DNA를 시작점으로 하는 유전경로인
왓슨과 크릭의 *센트럴도그마는
해결해야 할 수수께끼를 하나 가지고 있다.

센트럴도그마는
세포가 단백질을 만드는 원리를 설명하고 있다.
하지만 **왜, 언제, 어떤 상황에서
단백질이 만들어지는가**에 대해서는
아무런 단서가 없다.

우리는 그것을
찾으러 간다.

세포마다 차별적으로 단백질 생산한다는 것이 왜 중요할까?
한 개체의 수많은 세포들은 동일한 DNA를 가지고 있음에도 모양과
기능은 천차만별이다. 세포들이 다른 조합의 단백질을 만들기에 그렇지 않겠는가.

*센트럴도그마(Central Dogma) : 크릭은 DNA→RNA→단백질로 향하는 유전정보의 경로를 센트럴도그마라고 명명했다. DNA 주형으로부터 RNA가 합성되고
(전사, transcription), 이렇게 만들어진 RNA를 주형으로 해서 단백질이 합성(번역, translation)된다. 중요한 점은 화살표가 표시한 방향으로만 작용한다는 것이다.

225

GENOME
EXPRESS

CHAPTER
08

위대한 승리

생명체를 만드는 유전자의 원리,
유전프로그램을 발견하다

대장균의 생명 원리는 코끼리에게도 통한다. - 자크 모노

과학자들은 유전자의 원리에 한 가지 비어 있는 부분을 찾으러 떠난다.
이 부분을 채운다면 그야말로 유전자를 찾아 떠난 여정에 종지부를 찍게 된다.
이들은 과연 해낼 수 있을까?

* **자크 모노**(Jacques Lucien Monod, 1910~1976) : 프랑스의 분자생물학자. 오페론설, 단백질의 다른자리입체성(allosteric) 제어를 주장하였고, 1965년 자코브 (Francosis Jacob)와 공동으로 노벨 생리의학상을 수상하였다.

멘델과 모건이 완두콩과 초파리를 실험 대상으로 삼았다면 모노와 자코브는 대장균을 선택했다. 대장균은 삶이 단순해서 실험용으로 안성맞춤이고 영리하기도 해서 급격한 환경 변화에 대단히 유연하게 대처한다. 한 예로 급변하는 먹이의 종류에 따라서 소화와 물질대사 경로를 선택적으로 변경하는 법을 안다.

다른 생물들이 다 그러하듯이 대장균도 역시나 에너지 낭비를 최소화하면서 효과를 극대화시킨다.

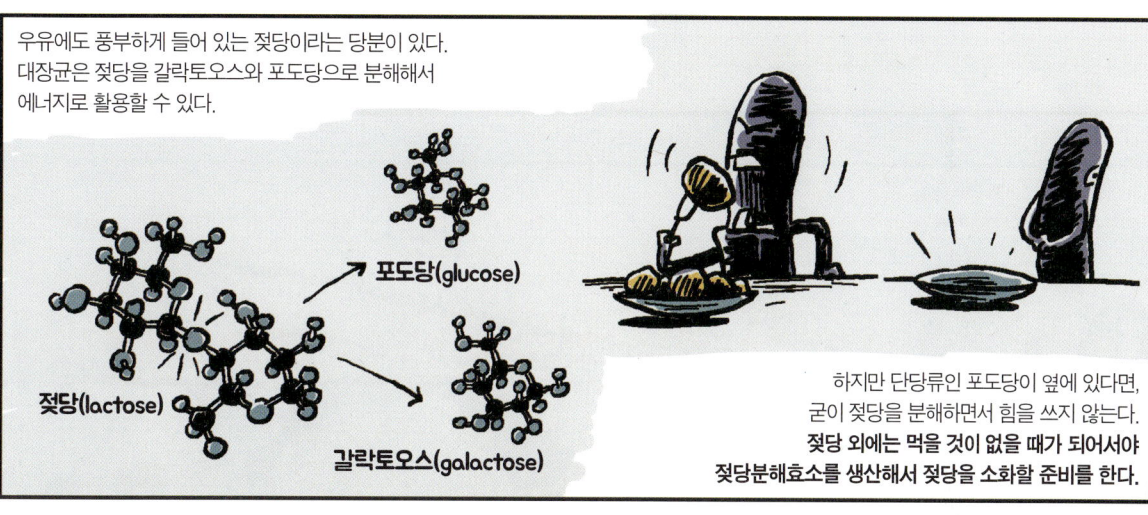

우유에도 풍부하게 들어 있는 젖당이라는 당분이 있다.
대장균은 젖당을 갈락토오스와 포도당으로 분해해서 에너지로 활용할 수 있다.

젖당(lactose) → 포도당(glucose) / 갈락토오스(galactose)

하지만 단당류인 포도당이 옆에 있다면, 굳이 젖당을 분해하면서 힘을 쓰지 않는다. **젖당 외에는 먹을 것이 없을 때가 되어서야 젖당분해효소를 생산해서 젖당을 소화할 준비를 한다.**

모노와 자코브는
대장균의 유전자가 어떻게 젖당분해효소의 생산여부를 통제하는지 알고 싶었다.

젖당이 유전자로 하여금 젖당분해효소를 만들도록 유도하는 것일 거야.

모노와 자코브의 예상은 적중한다. 집요한 추적 끝에 젖당의 유무가
대장균의 유전자가 발현되는 패턴에 변화를 줄 수 있다는 것을 발견한다.

먼저 젖당이 없는 평상시 상황을 보자.

젖당분해효소를 암호화하는 유전자 부위에 작동자와 프로모터라는 것이 존재하고 있다.

멀찌감치 떨어진 곳에는 조절유전자라는 것이 있는데,
이것은 발현하여 단백질을 만든다.

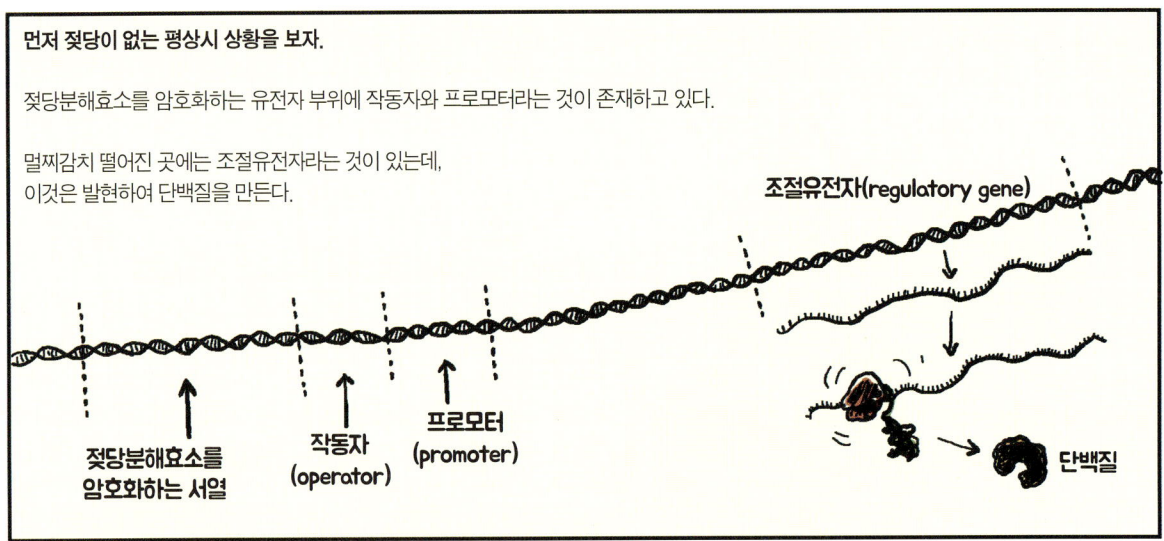

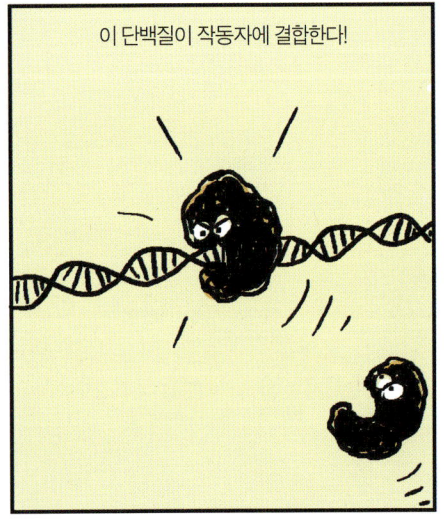

작동자와 결합한 상태라면, *RNA중합효소와 프로모터가 결합하는 것이
방해받고, mRNA 전사가 일어나지 못한다.

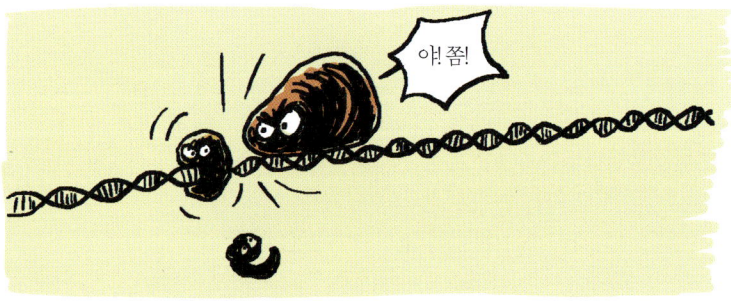

즉, 젖당이 없는 평상시에는 젖당분해효소가 만들어지는 루트가
차단되어 있는 상태이다. 이건 참 현명하다고 할 수 있다.

왜? 젖당이 없으면 젖당분해를 할 필요가 없으니까.

***RNA 중합효소**(RNA polymerase) : DNA를 주형으로 RNA를 합성하는 효소이다. 이 과정을 전사(transcription)라고 함.

중요한 건 지금 단백질이 DNA와 상호작용하고 있다는 것!

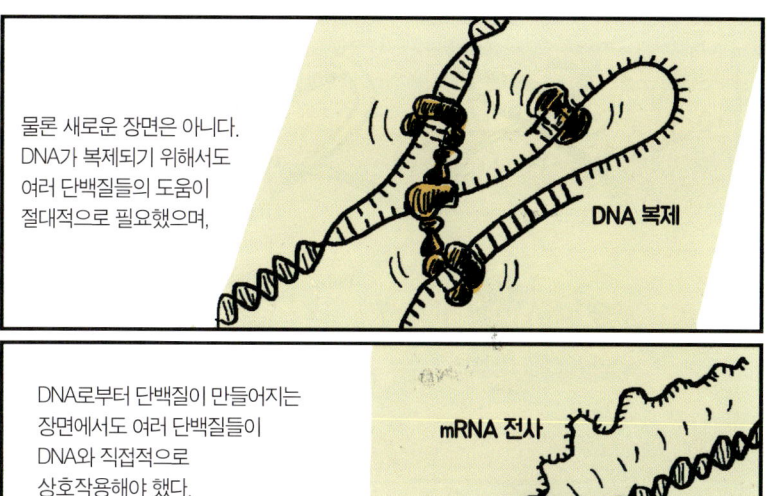

물론 새로운 장면은 아니다. DNA가 복제되기 위해서도 여러 단백질들의 도움이 절대적으로 필요했으며,

DNA 복제

DNA로부터 단백질이 만들어지는 장면에서도 여러 단백질들이 DNA와 직접적으로 상호작용해야 했다.

mRNA 전사

단백질과 DNA의 상호작용은 이미 알고 있었지만 그다지 관심을 갖지 않는 면이 있다. 계속해보자. 이번에는 **젖당이 있을 때다.**

젖당이 대장균 안으로 들어가면 다른 일이 벌어진다.

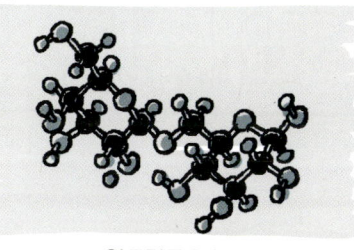

젖당으로부터 유도되는 소량의 젖당 이성질체, 알로락토오스라는 분자가 생성되는데…

알로락토오스
(allolactose)

이놈이 조절유전자로부터 합성된 아까 그 단백질과 결합하고,

그 결과 단백질의 3차원 구조가 변하는데, (다른자리입체성 효과(allosteric effect))

우억

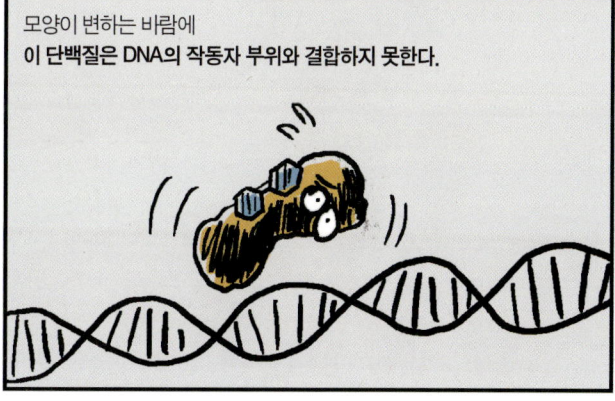

모양이 변하는 바람에 **이 단백질은 DNA의 작동자 부위와 결합하지 못한다.**

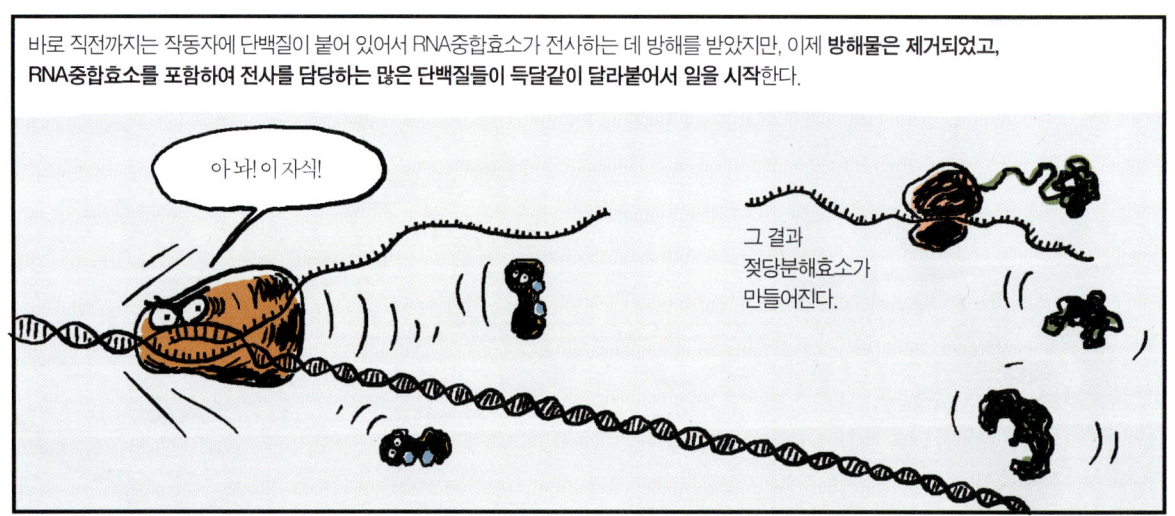

모노와 자코브가 발견한 중요한 사실은 **단백질이 DNA와 상호작용함으로써 유전자의 활성을 조절한다는 것**이다.

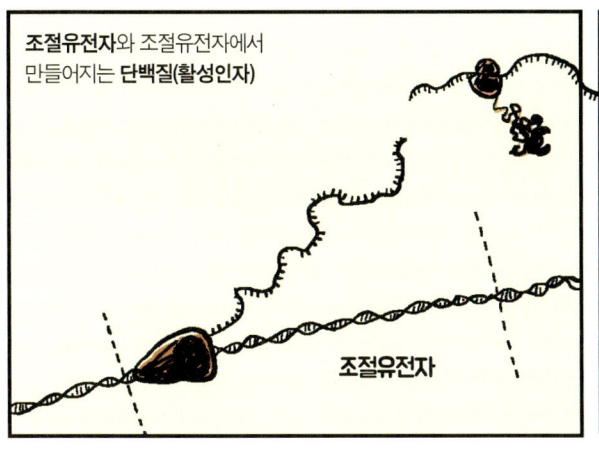

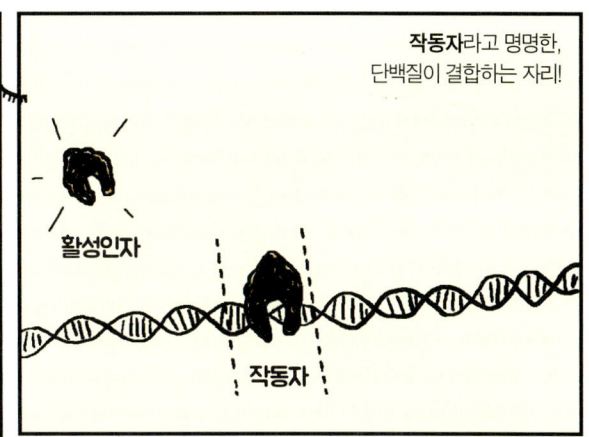

앞에서 말했던 왓슨과 크릭의 센트럴도그마에는 눈에 띄는 약점이 있다!
DNA에서 단백질로 가는 원리는 있는데, 이것이 언제, 어느 조건에서 작동해서 단백질을 선택적으로 만들어내는지가 빠졌다는 것이다.

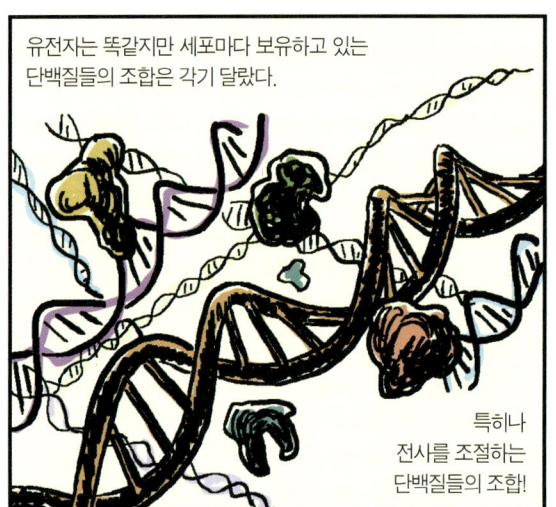

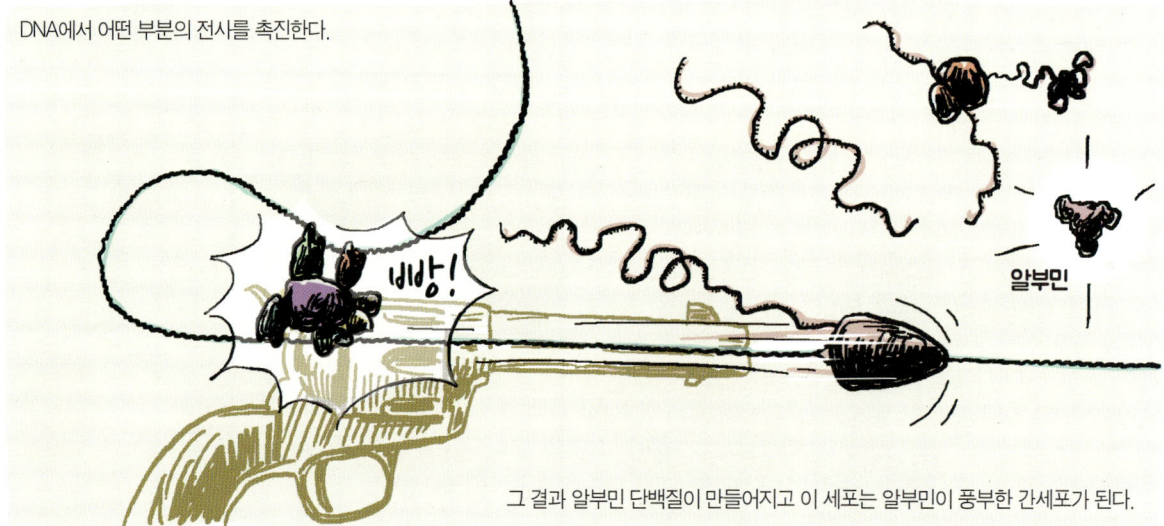

*전사인자(transcription factor) : 특정 유전자의 전사 조절 부위 DNA에 특이적으로 결합하여 그 유전자의 전사를 활성화시키거나 억제하는 전사 조절 단백질

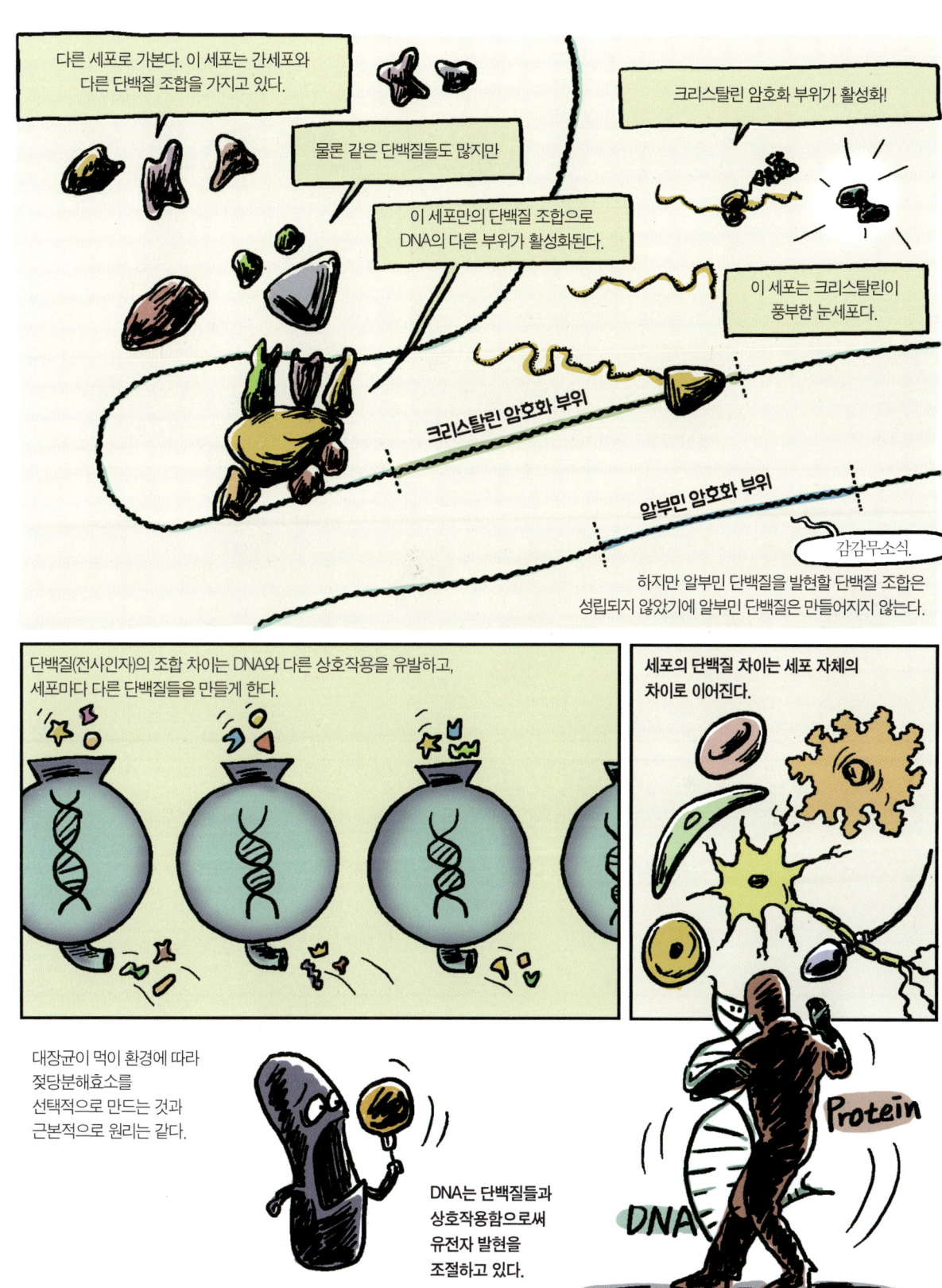

조절인자들이 추가적으로 다수 발견되고, 각 조절인자의 성격에 걸맞는 이름이 붙여진다.
억제인자, 촉진인자, 종결인자, 개시인자,
그외 기타 등등…

이들은 보통 여러 개가 모여 복합체를 이루어 작용한다.

이러한 조절인자들이 결합하는 DNA의 특이적인 위치들도 속속 밝혀진다.
원거리조절요소, 근거리조절요소, 프로모터 등등…

이 DNA 서열들은 전사되는 부위는 아니고,
단백질이 적절하게 부착될 수 있도록 자리를 제공한다.

단백질과 DNA 서열이 직접적으로 결합하고,
이것은 전사의 유무와 속도 변화를 낳고,

결과적으로 **단백질 합성의 유무와 양이 결정된다.**

유전자가 발현하는 논리는 컴퓨터의 알고리즘과 비슷한 면이 있다.
입력이 있고, 알고리즘에 의한 적절한 출력이 있다.

눈여겨볼 부분은 입력과 출력 한 번으로 끝나는 것이 아니라
이 과정이 **꼬리에 꼬리를 물고 이어진다**는 것이다.
조절유전자와 조절유전자에 의해 통제되는 다른 유전자가 서로 원인이면서 결과가 되고,
그 결과는 또 원인이 되면서 이어진다.

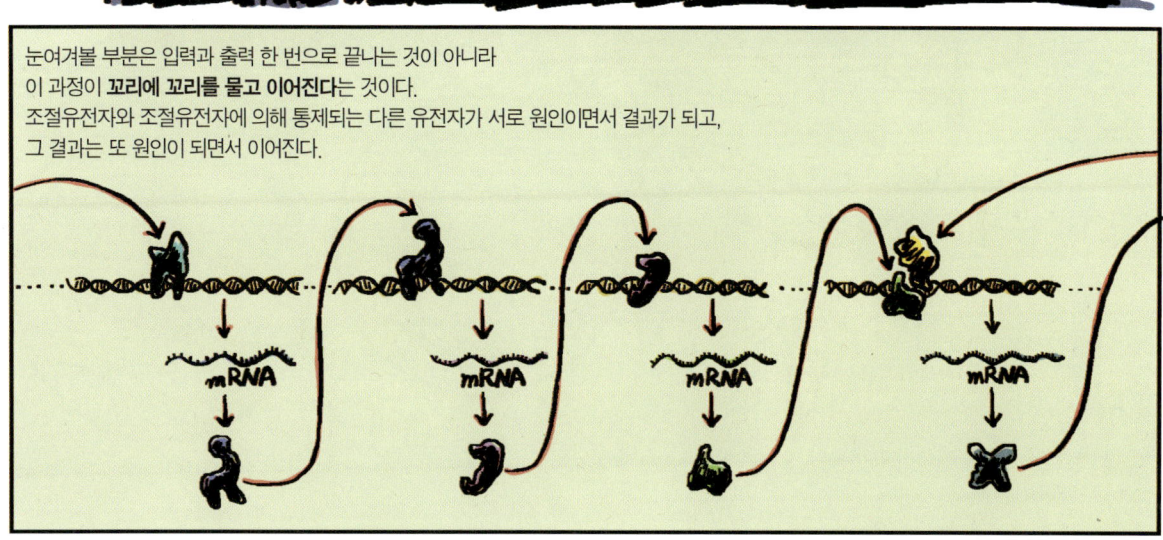

DNA 서열 정보는
단백질의 아미노산 서열 정보가 되고,
단백질이라는 구조물을 만든다.

추가적으로, DNA 서열 안에는
단백질이 시의적절하게 만들어지도록
지시하는 논리도 존재한다.

컴퓨터의 저장 공간에 텍스트, 이미지와 같은
데이터가 차지하는 공간이 있으면서

프로그램이 차지하는 공간이 있는 것처럼

유전자의 작동 원리는 확장되어 세포 분화의 원리, 그리고 더 나아가서 수정란에서 성체로 완성되는 생물 발생의 원리까지 뻗어나간다.

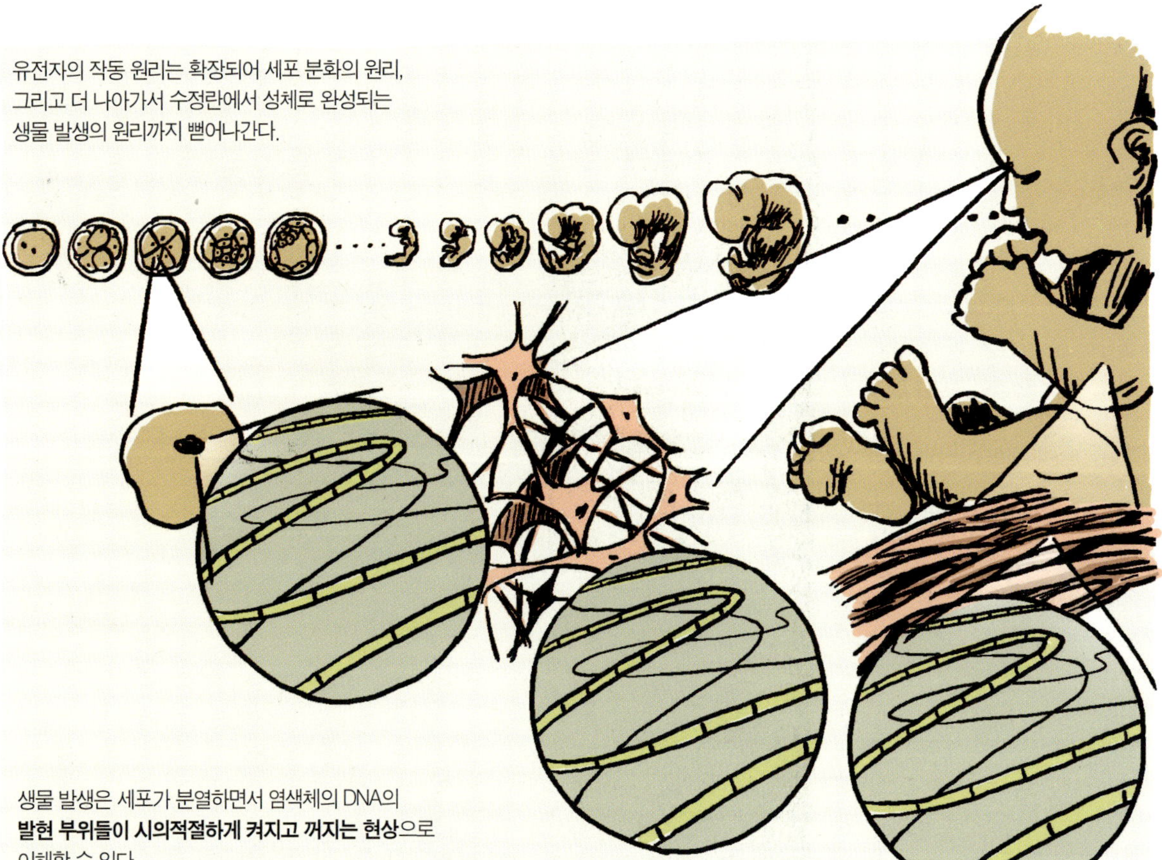

생물 발생은 세포가 분열하면서 염색체의 DNA의 **발현 부위들이 시의적절하게 켜지고 꺼지는 현상**으로 이해할 수 있다.

뉴클레오타이드로 쓰여 있는 디지털 정보는 이 모든 것을 스스로 통제한다. 이것을 ***유전프로그램**이라고 한다.

슈뢰딩거의 좌표를 가리키고 있는 조명이에요!

다 왔어!

***유전프로그램** : 1961년 모노와 자코브의 논문에서 유전자의 발현 과정을 컴퓨터의 '프로그램'에 비유했다. 자코브는 '수정란의 유전물질은 컴퓨터의 자기테이프와 같다'라고 하였다. 이러한 은유는 생명체에 목적과 지향점이 있다는 것을 나타낸다.

세포들이다. 수정란에서 분열된 지 얼마 되지 않은…

DNA가 복제하고 있다.

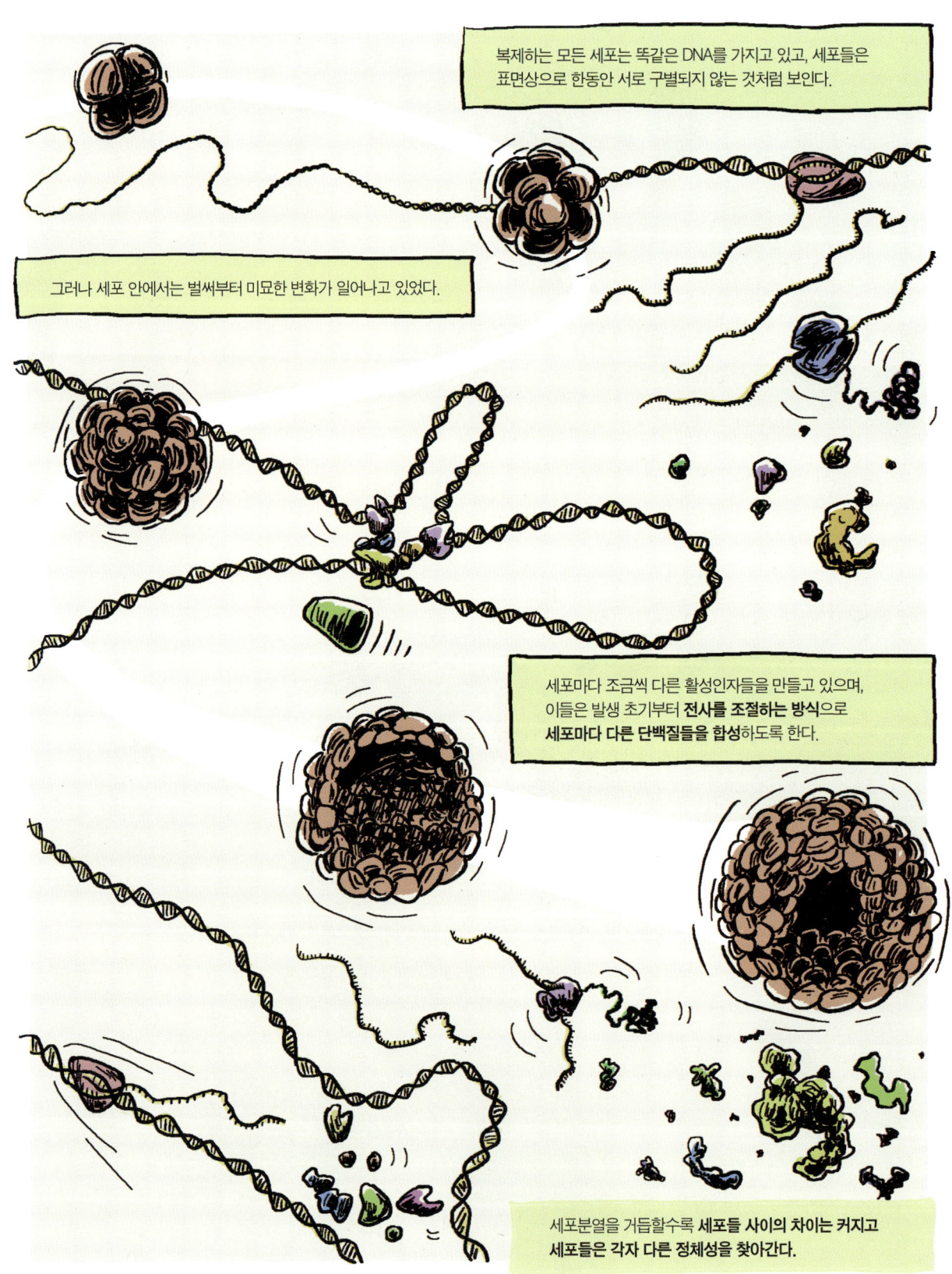

단백질들은 자신들만의 정체성을 가지고 있다.

어떤 단백질은 생물체의 구조를 견고하게 하는 뼈대 역할을 하기도 하고,

어떤 단백질은 효소로 작용하여 세포 내 복잡한 생화학 반응을 통제하며,

어떤 단백질은 세포 표면에서 외부의 신호를 받아서 내부로 전달하는 반응을 중재한다.

생물의 발생 과정에서 DNA와 단백질은 서로 완벽한 네트워크를 형성하면서 유기적인 팀 플레이를 이어간다.

항상 정확한 타이밍에, 필요한 만큼의 단백질이 만들어지고, 정확한 세포에서 DNA 부위가 활성화된다.

분자들은 상호 의존하는 동시에 서로를 변화시키면서 다른 분자의 변화를 유발하는 원인이 되고, 이런 연결고리는 끝없이 이어진다.

단백질들의 유기적인 네트워크는 전혀 다른 차원의 의미를 창조하는데,

이것을 **경로(pathway)**라고 부른다.

243

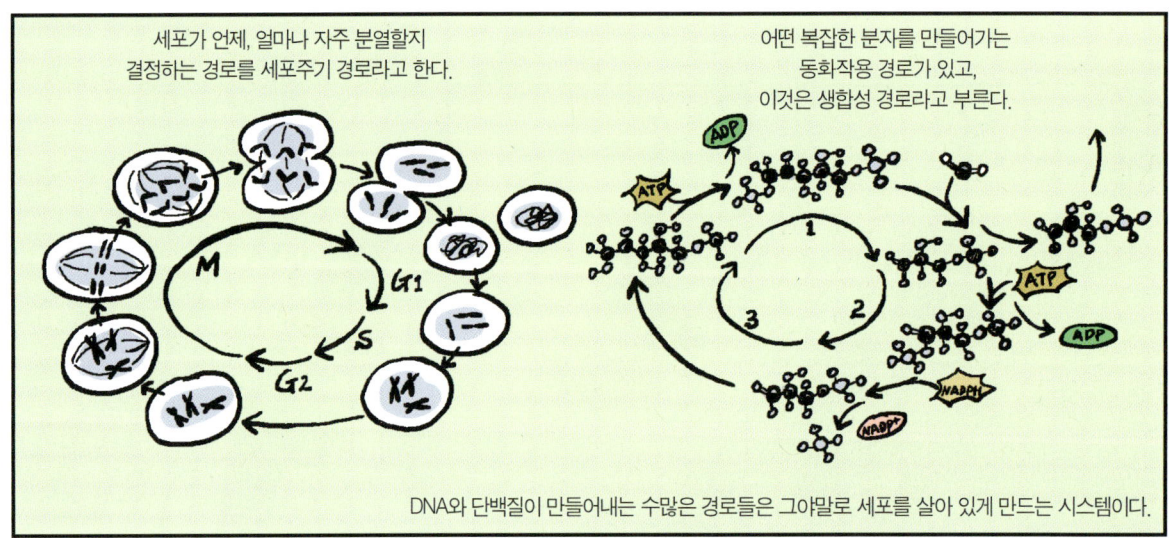

세포가 언제, 얼마나 자주 분열할지 결정하는 경로를 세포주기 경로라고 한다.

어떤 복잡한 분자를 만들어가는 동화작용 경로가 있고, 이것은 생합성 경로라고 부른다.

DNA와 단백질이 만들어내는 수많은 경로들은 그야말로 세포를 살아 있게 만드는 시스템이다.

세포라는 단위를 넘어서 상위 레벨에서도 역시나 흥미로운 사건들이 이어진다. 분자들이 모여서 상호작용함으로써 분자와 차원을 달리하는 거시적인 일들을 진행하는 것도 세포가 기능하기에 가능한 일이다.

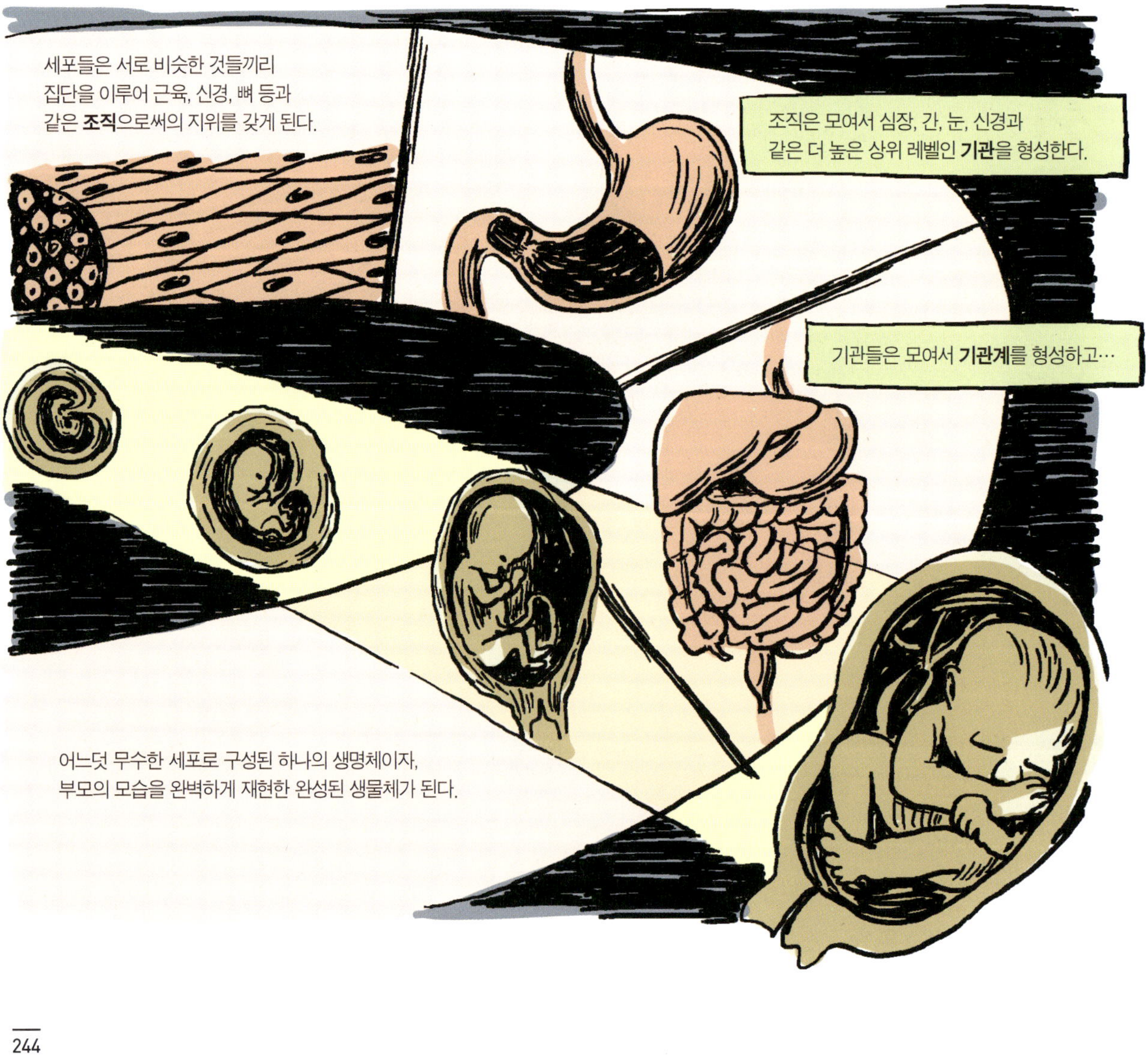

세포들은 서로 비슷한 것들끼리 집단을 이루어 근육, 신경, 뼈 등과 같은 **조직**으로써의 지위를 갖게 된다.

조직은 모여서 심장, 간, 눈, 신경과 같은 더 높은 상위 레벨인 **기관**을 형성한다.

기관들은 모여서 **기관계**를 형성하고…

어느덧 무수한 세포로 구성된 하나의 생명체이자, 부모의 모습을 완벽하게 재현한 완성된 생물체가 된다.

유전프로그램은 유전체에 **단백질 자체의 정보(아미노산 서열)**뿐만 아니라
단백질이 '**언제, 어떻게**' 생성되고 활동할 것인지에 관한 질서를 부여하였고,

아래에서 위로 올라가는 인과적 사슬의 원리가 된다.

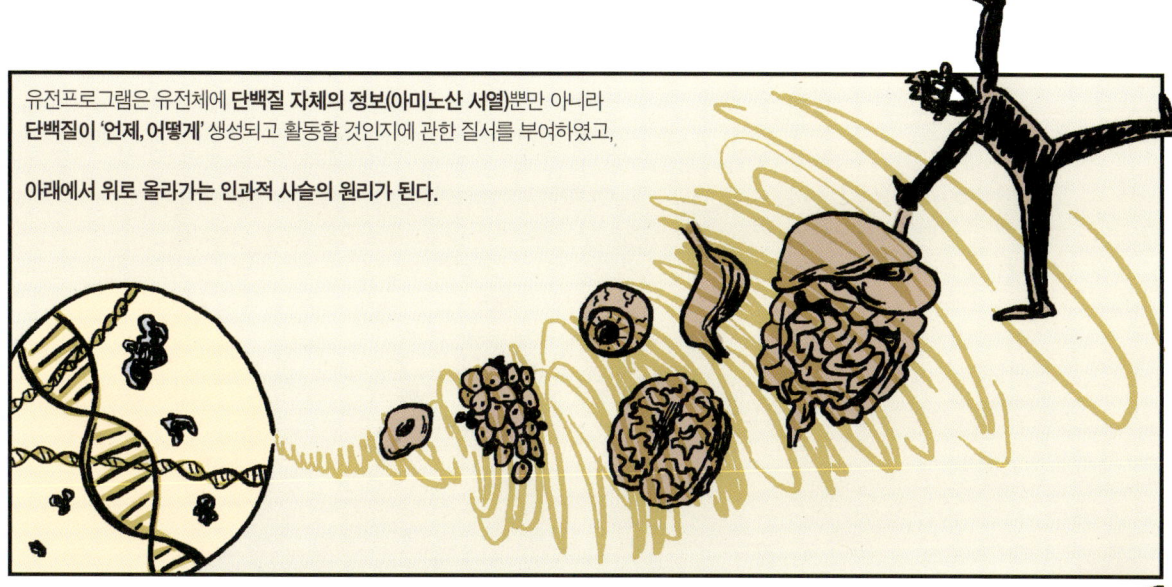

유전프로그램은 오케스트라 연주와 같다. DNA와 단백질의 상호작용으로 나온 한 소절은 단순하지만,
이들이 이어지면서 멜로디를 만들고, 전체가 모여 하모니를 이루면서 한 편의 교향곡이 된다.
DNA는 악보이자, 지휘자이며, 연주자다.

DNA는 생명체를 완벽하게 조직화하는
능동적인 수행자이자,

질서를 전달하는 매개체이다.

지금부터 DNA에서 인간으로 이어지는 대지를 가로지른다.

우리는 DNA를 알고,
단백질 유전암호도 알고 있으며,
세포 분화를 유도하는
선택적인 단백질 합성 원리도 알고 있다.

이 정도면 충분하다.
분자 세상을 떠나서
인간 세상으로 돌아간다.

GENOME EXPRESS
CHAPTER 09

길을 잃어버리다
유전자는 여기저기에 있다

ACG AAT TCA CCG
뭐라고 하는 거야?
그냥 횡설수설이야.
- 이브 파칼레

메인 테마곡은 완성되었고, 앞으로는 변주곡들이 있을 뿐이라는 예상과 달리
뭔가 이상한 점들이 하나씩 발견된다. 믿어 의심치 않았던 유전자는 조금씩 허물어진다.
왜 이런 일이 벌어지는 것일까. 혹시 우리가 중대한 무엇을 놓친 것일까?
시작부터 잘못된 것은 아닐까?

***진핵세포**의 DNA는 대단히 정교하게 정리되어 있다. DNA가 단백질들에 똘똘 말려서 **뉴클레오솜**이라는 복합체 구조를 형성하는데, 단백질과 DNA가 전기적 상호작용을 함으로써 이렇게 말린 구조를 형성한다.

이런 구조는 단지 DNA를 잘 정리하는 것에 그치지 않고, **유전자 발현을 조절하는 데 지대한 영향을 끼친다.**

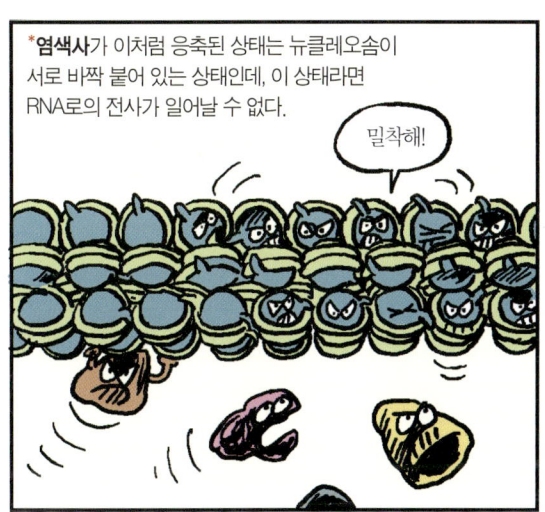

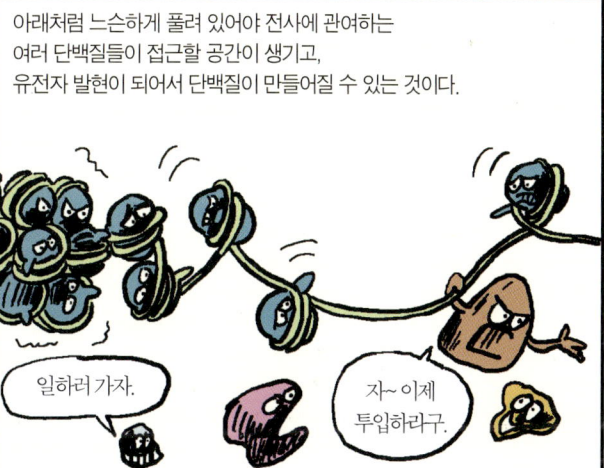

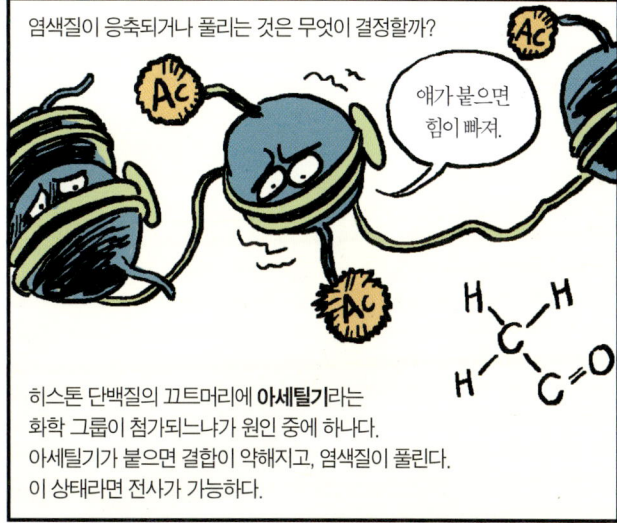

* **진핵세포**(eucaryotic cell) : 핵막이 있는 세포. 세균을 제외한 모든 동물과 식물세포가 여기에 포함된다. 세포 안에 미토콘드리아, 엽록체, 그밖에 내막 시스템을 갖춘 크고 복잡한 형태를 하고 있다. 진핵세포로 이루어진 생물을 진핵생물이라고 한다. 진핵세포를 제외한 세포는 원핵세포(procaryotic cell)라 부른다.
* **염색사**(chromatin thread) : DNA와 몇 가지 단백질로 구성되어 있다. 세포가 분열할 때 염색사는 뭉쳐져서 형태를 갖춘 염색체가 된다.

유전학의 역사에서 빼놓을 수 없는 이름 중 하나가 *돌리다.

돌리는 수정란이 아닌 체세포로부터 발생시킨 최초의 포유동물로, 유전체를 제공한 양과 쌍둥이처럼 똑같은 복제양이다.

사실 복제생물은 돌리가 처음이 아니었다. 과거에 발생학자들은 개구리 같은 양서류의 수정란에서 핵을 제거하고, 다른 개구리의 체세포로부터 핵을 가져와 이식함으로써 완전한 복제 개구리를 발생시키는 데 성공했다.

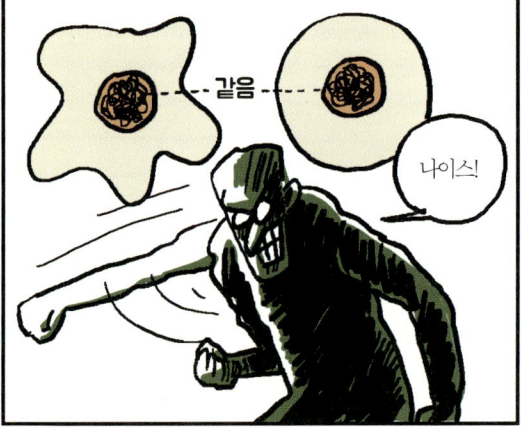
사실 체세포의 핵은 수정란의 핵과 다를 바 없는 유전체이기에 이와 같은 실험은 이론적으로 가능했고, 실험 결과마저 성공적이었으니, 유전체에 생물체의 정보가 있다는 것을 확인시켜주는 듯했다.

그런데 소나 말 같은 포유류는 동일한 복제 실험이 잘 되지 않았다. 양서류와 달리 포유동물의 유전체는 완전한 체세포로 분화가 끝난 후에는 수정란 때 가졌던 본래의 발생 능력을 상실하는 것 같았다.

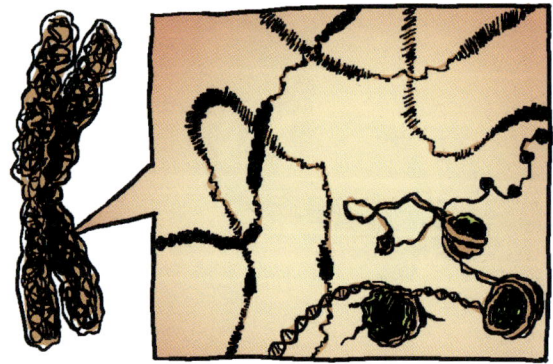
포유류는 왜 그럴까? 원인은 유전체가 아니라 유전체 자체의 구조이다. 염색질의 구조. 포유류의 경우 분화한 체세포의 DNA 서열 정보는 수정란 때와 똑같지만 염색질의 구조가 변화하는 *유전체 각인에 의해 수정란의 유전체와는 다른 상태가 된다.

***돌리**(Dolly) : 포유류는 복제할 수 없다는 상식을 깨고 영국의 이언 윌머트(Ian Wilmut) 박사에 의해 1997년 복제양 돌리가 탄생함.
***유전체 각인**(genomic imprinting) : 염색체에 '새겨 넣는다'라는 의미로 이러한 명칭이 붙게 됨.

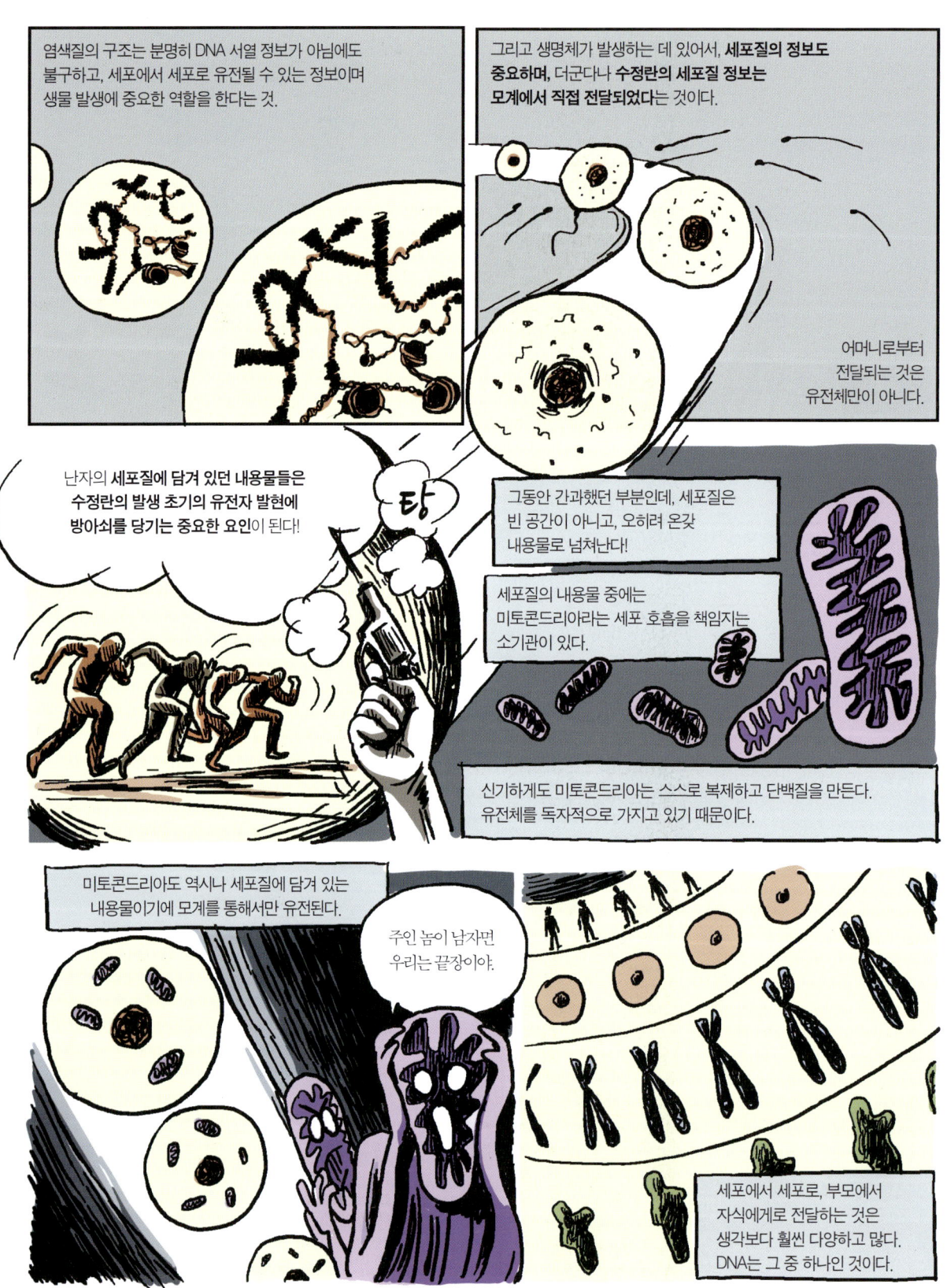

세포 내 구조가 단순한 원핵세포와 달리
세포 내에 DNA를 감싸고 유지하는 소기관이 있는 진핵세포에서는
DNA로부터 mRNA를 거쳐 단백질로 이행하는 과정이 매우 험란하다.

막 전사가 끝난 RNA는 여행의 출발선에
선 것에 불과하다.

험한 여행이 될 테니
맘 단단히 먹도록 해.

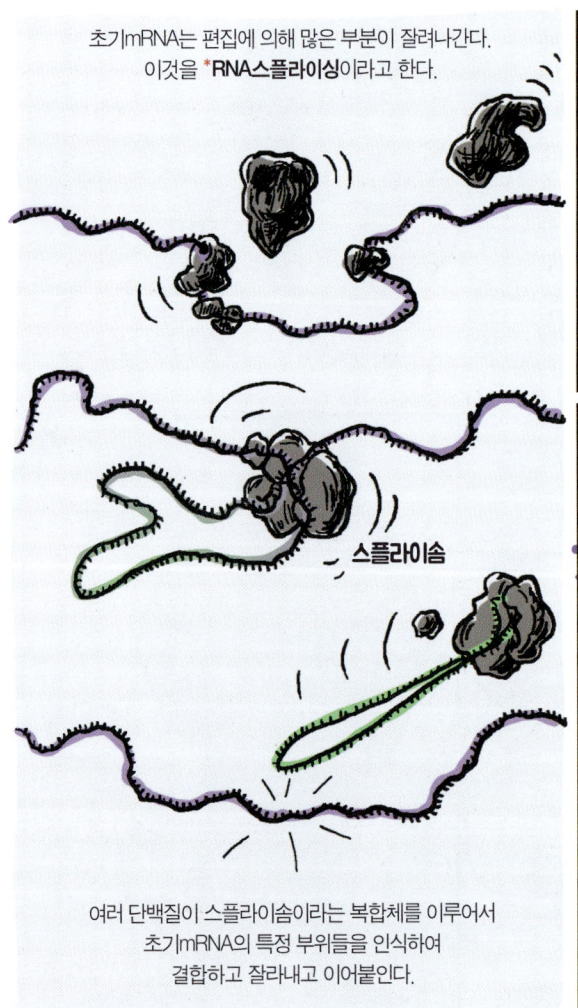

초기 mRNA는 편집에 의해 많은 부분이 잘려나간다.
이것을 *RNA스플라이싱이라고 한다.

스플라이솜

여러 단백질이 스플라이솜이라는 복합체를 이루어서
초기 mRNA의 특정 부위들을 인식하여
결합하고 잘라내고 이어붙인다.

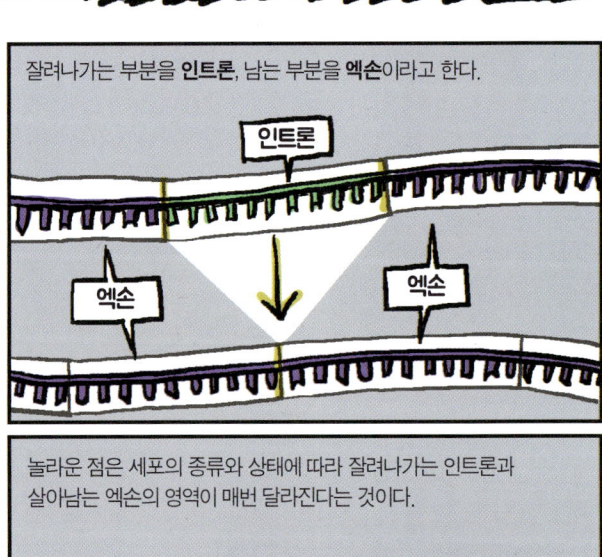

잘려나가는 부분을 **인트론**, 남는 부분을 **엑손**이라고 한다.

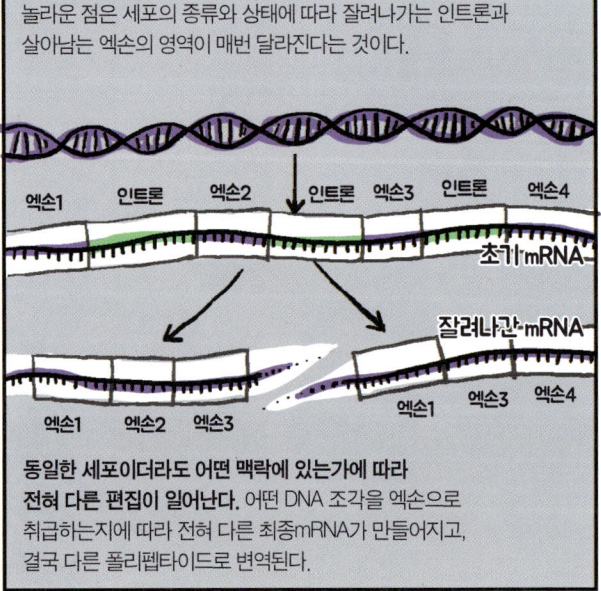

놀라운 점은 세포의 종류와 상태에 따라 잘려나가는 인트론과
살아남는 엑손의 영역이 매번 달라진다는 것이다.

동일한 세포이더라도 어떤 맥락에 있는가에 따라
전혀 다른 편집이 일어난다. 어떤 DNA 조각을 엑손으로
취급하는지에 따라 전혀 다른 최종 mRNA가 만들어지고,
결국 다른 폴리펩타이드로 번역된다.

*RNA스플라이싱(RNA splicing): DNA가 전사되어 막 만들어진 RNA에서 인트론 부분이 제거되어 엑손 부분만 서로 연결되는 과정.

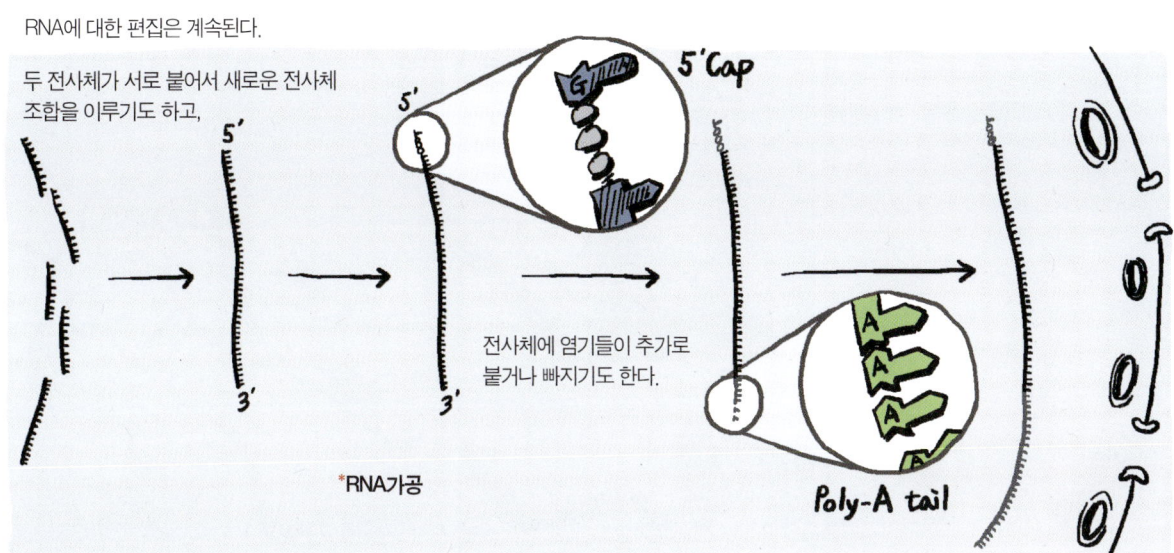

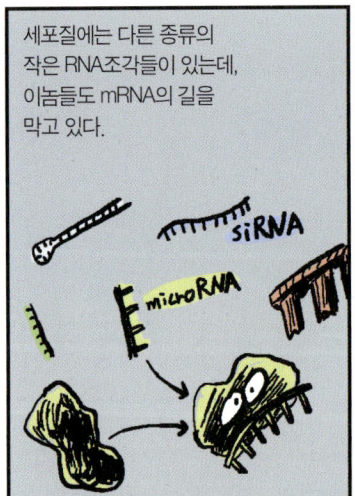

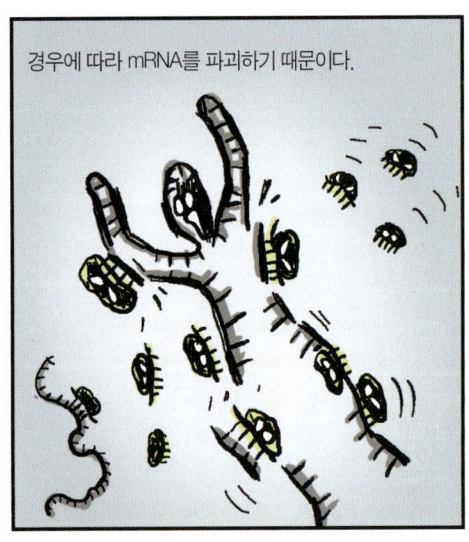

*번역개시복합체(initiation complex): 리보솜, mRNA, tRNA 외에도 번역이 시작되기 위해서는 수많은 단백질들이 결합하여 번역개시복합체를 형성해야 한다.

번역이 가로막히는 경우는 아주 많다.

좋다. 어쨌든 번역은 시작되었고 폴리펩타이드가 만들어졌다. 이제 단백질이 되는 여정의 막바지에 이르렀다.

마지막 관문인 만큼 단백질이 되는 과정도 험난하기 그지없다. 혈당량을 조절하기 위해 형성되는 인슐린이라는 단백질이 되기 위해서는 폴리펩타이드가 절단되거나 서로 결합해야 한다.

폴리펩타이드에 화학 물질이 결합하면서 화학적인 변형이 일어나기도 한다. 이것도 흔한 일이다.

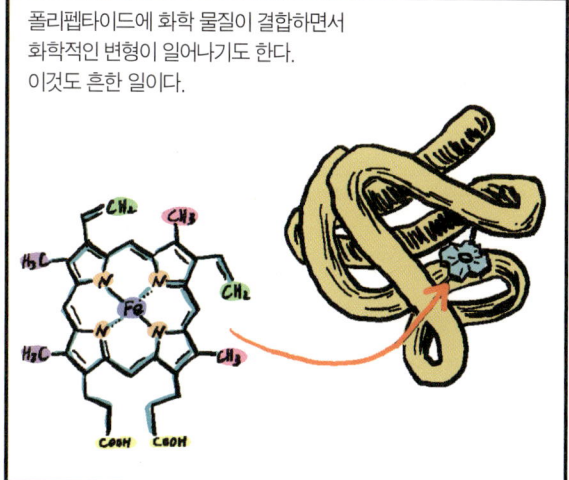

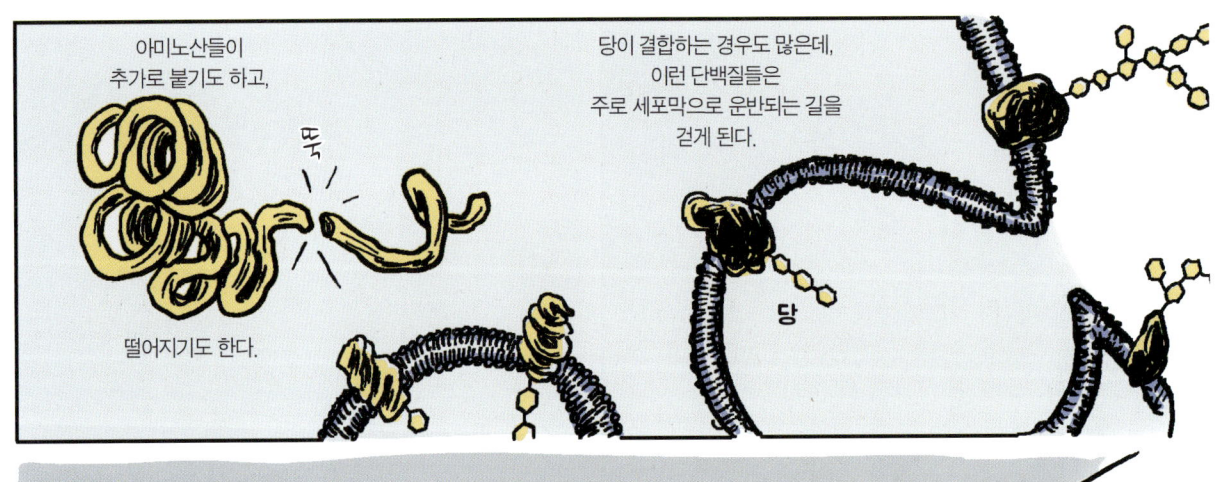

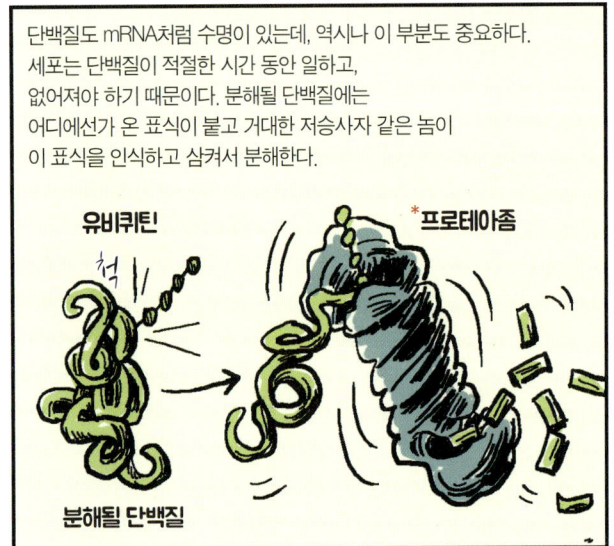

* **프로테아좀**(proteasome) : 단백질 분해를 담당하는 거대한 효소. 수명이 다한 단백질에 유비퀴틴이 붙고, 이어서 프로테아좀이 단백질을 분해함.

완성된 기계 부품과 완성된 단백질은 서로 개념이 좀 다르다! 단백질은 묘한 구석이 있다.
단백질 본연의 기능이라 함은 그 생김새에 의해 결정된다고 했다. 그런데 단백질의 모양이 고정적이지 않다는 점이 문제다.

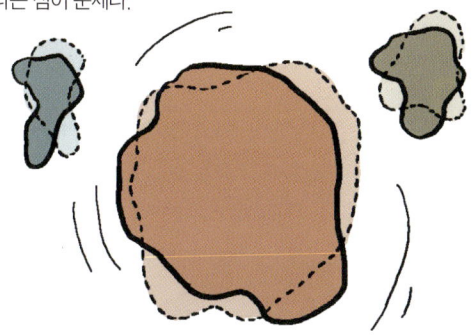

단백질의 특정 부위에 어떤 분자가 와서 결합하면, 모양이 틀어지고 변형된다.
이것을 **다른자리입체성 효과(allosteric effect)**라고 한다.

다른자리입체성 효과의 예는 대장균의 오페론 모델에서 알로락토스가 단백질에 결합함으로써 단백질의 억제자의 기능을 잃는 경우에서 볼 수 있었다.

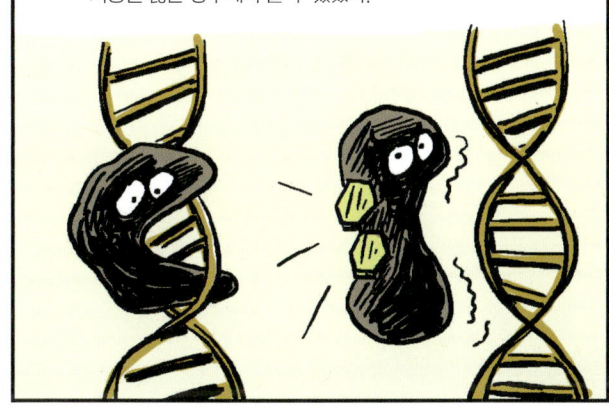

모양이 바뀌면 단백질의 기능조차 필연적으로 바뀌게 된다.

이런 이유로 단백질은 상황에 따라 여러 가지 일을 수행할 수 있는 멀티플레이어가 된다. 기능이 하나로 정해져 있지 않다!

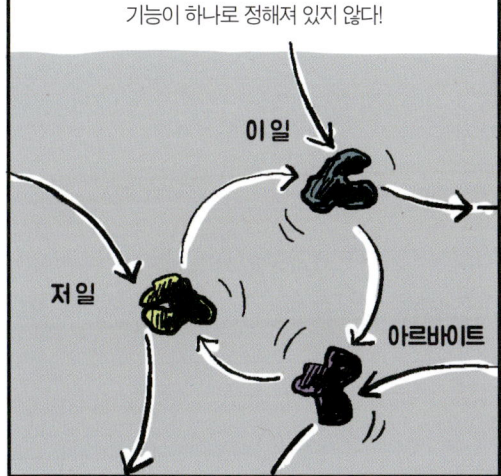

지금까지 우리가 쫓아온 것은 슈뢰딩거의 유전자였다.

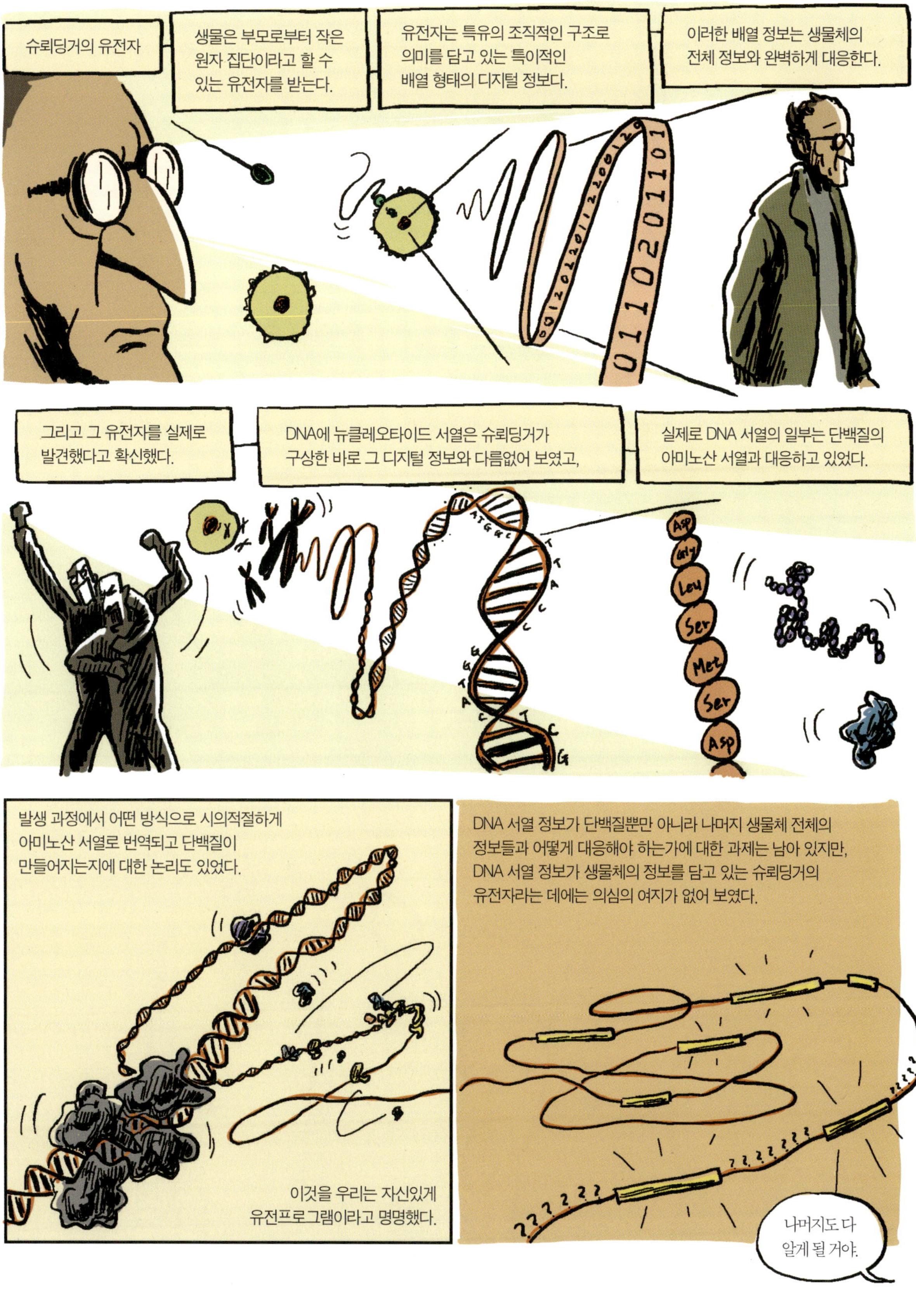

슈뢰딩거의 유전자

생물은 부모로부터 작은 원자 집단이라고 할 수 있는 유전자를 받는다.

유전자는 특유의 조직적인 구조로 의미를 담고 있는 특이적인 배열 형태의 디지털 정보다.

이러한 배열 정보는 생물체의 전체 정보와 완벽하게 대응한다.

그리고 그 유전자를 실제로 발견했다고 확신했다.

DNA에 뉴클레오타이드 서열은 슈뢰딩거가 구상한 바로 그 디지털 정보와 다름없어 보였고,

실제로 DNA 서열의 일부는 단백질의 아미노산 서열과 대응하고 있었다.

발생 과정에서 어떤 방식으로 시의적절하게 아미노산 서열로 번역되고 단백질이 만들어지는지에 대한 논리도 있었다.

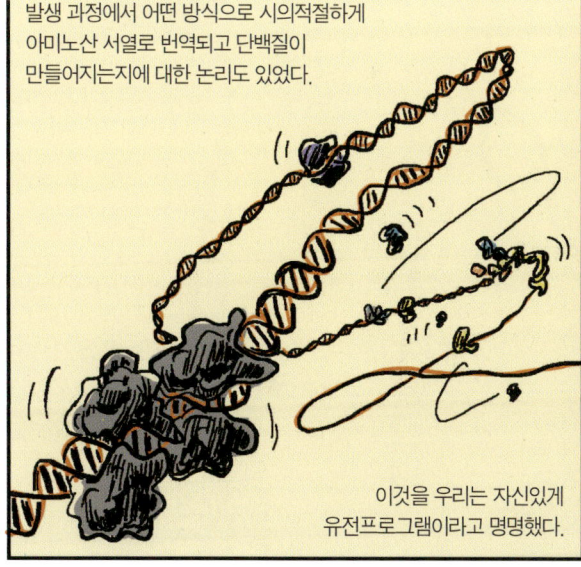

이것을 우리는 자신있게 유전프로그램이라고 명명했다.

DNA 서열 정보가 단백질뿐만 아니라 나머지 생물체 전체의 정보들과 어떻게 대응해야 하는가에 대한 과제는 남아 있지만, DNA 서열 정보가 생물체의 정보를 담고 있는 슈뢰딩거의 유전자라는 데에는 의심의 여지가 없어 보였다.

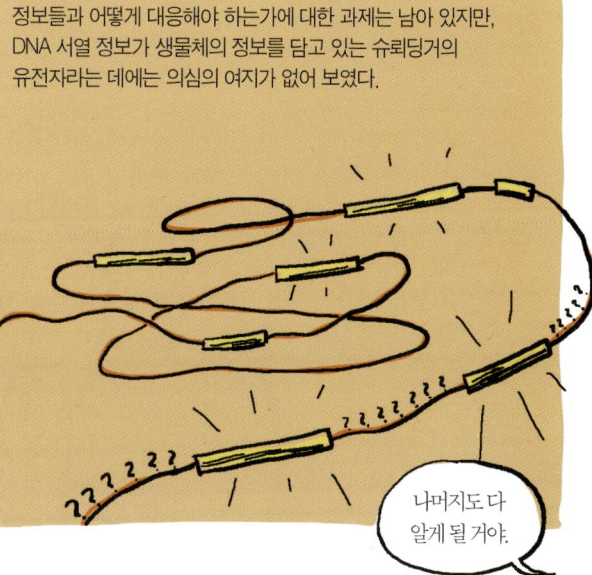

나머지도 다 알게 될 거야.

슈뢰딩거 유전자를 지표로 삼을 만한 근거는 충분했다.

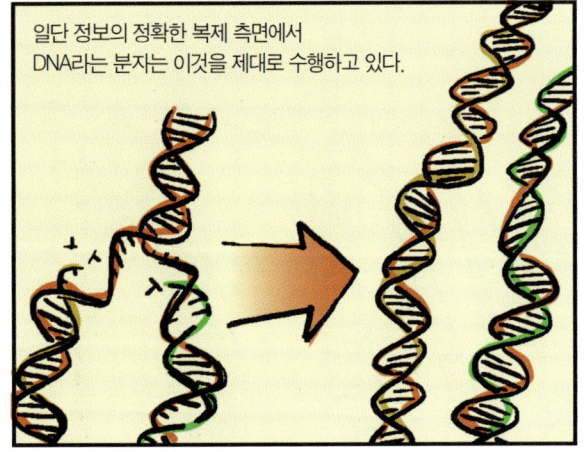

일단 정보의 정확한 복제 측면에서 DNA라는 분자는 이것을 제대로 수행하고 있다.

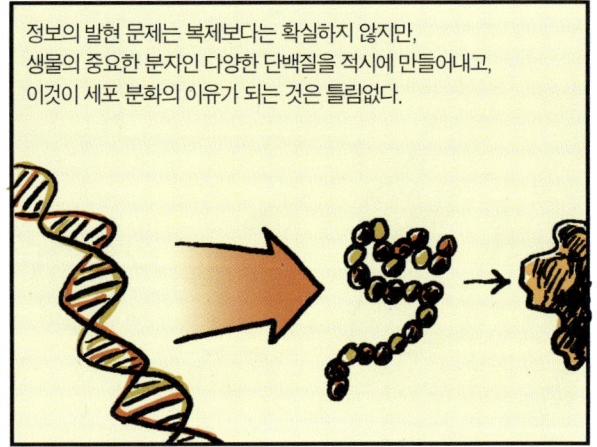

정보의 발현 문제는 복제보다는 확실하지 않지만, 생물의 중요한 분자인 다양한 단백질을 적시에 만들어내고, 이것이 세포 분화의 이유가 되는 것은 틀림없다.

생물이 분자 레벨에서 세포와 개체로 이어지면서 올라가는 위계 구조를 가진다는 점에서 DNA에 대한 확신은 더 커진다. 아래로부터 위로 확장되는 질서 형성 과정에서 가장 아래에 존재하는 근본적인 원인… DNA가 아니고 무엇이란 말인가.

DNA는 슈뢰딩거가 예측한 유전자가 맞다! 그런데

슈뢰딩거의 유전자가 굉장히 엄밀한 정보인 데 반해 DNA의 정보는 발현 과정에서 잡음이 적지 않았다.

진핵세포의 단백질 생성 과정에서 이러한 불분명함을 여러 번 목격했다.

DNA 정보는 깔끔하게 mRNA로 이어지지 않는다.

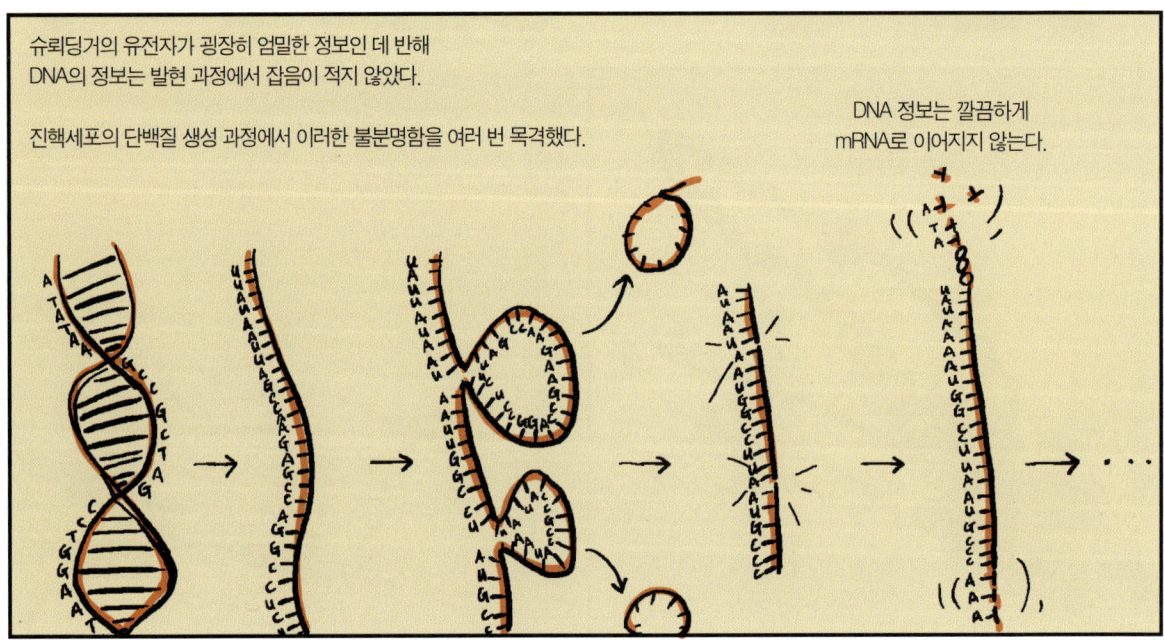

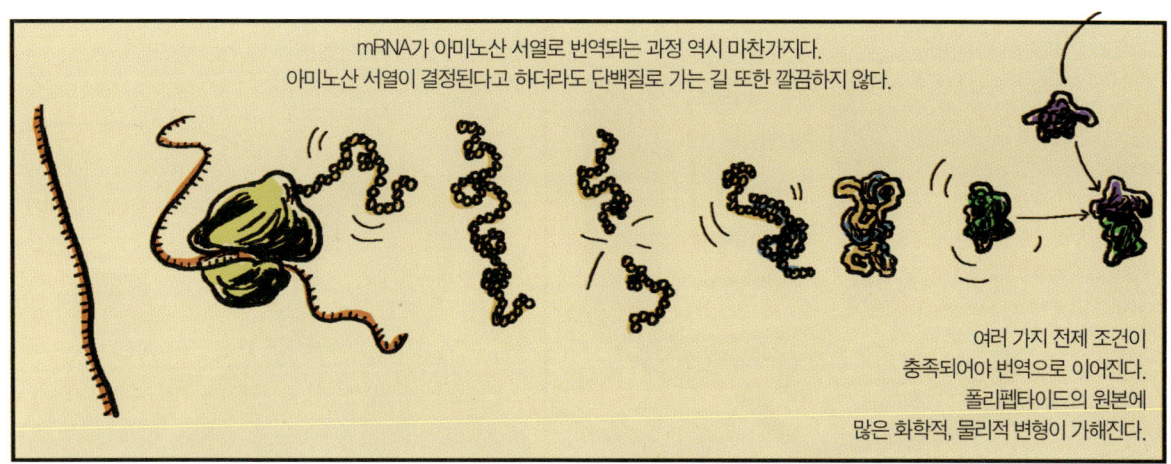

mRNA가 아미노산 서열로 번역되는 과정 역시 마찬가지다.
아미노산 서열이 결정된다고 하더라도 단백질로 가는 길 또한 깔끔하지 않다.

여러 가지 전제 조건이
충족되어야 번역으로 이어진다.
폴리펩타이드의 원본에
많은 화학적, 물리적 변형이 가해진다.

DNA의 정보는 갈수록 흐릿해진다.

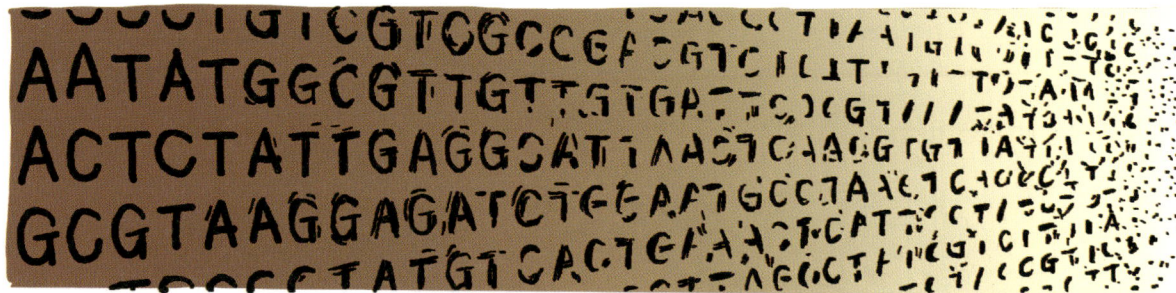

단백질로 가는 길은 무수한
갈림길이고, 안개가 끼어 있다.

상황이 이렇다면 DNA 전체 서열을
다 안다고 해도, DNA와 생물체의
전체 조직을 연결하려는 시도는
의미가 퇴색한다.

이보다 더 심각한 문제가 있다.

DNA가 근본 원인이다.

이것에 대한 의심.
가장 기본적인 전제였는데,
혹시 이것이 틀렸다면?

생물이 발생하는 전체 과정에서 우리가 은연 중 가장 중요한 레벨이라고 여겼던 분자 레벨에서 뭔가 이상한 점이 발견됐다. DNA에 근본 원인, 우선적 지위를 부여하면 좀 이상한 해석을 해야만 한다. 아래 내용을 한번 보자.

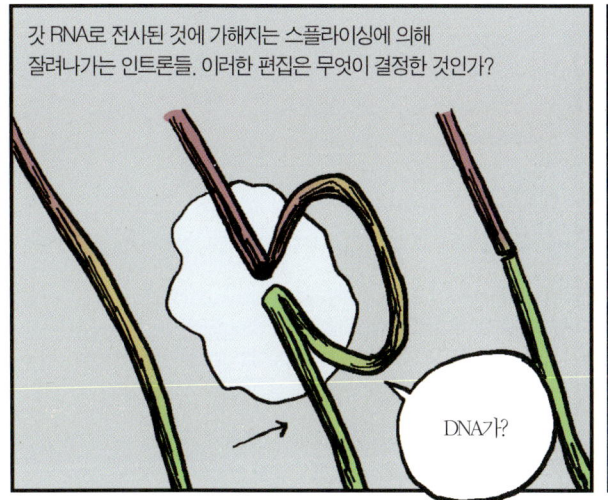

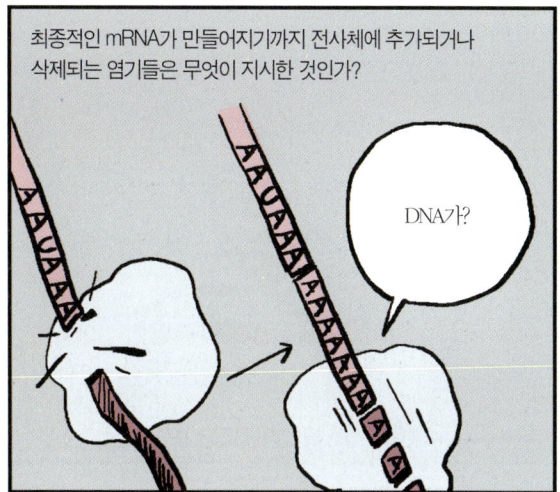

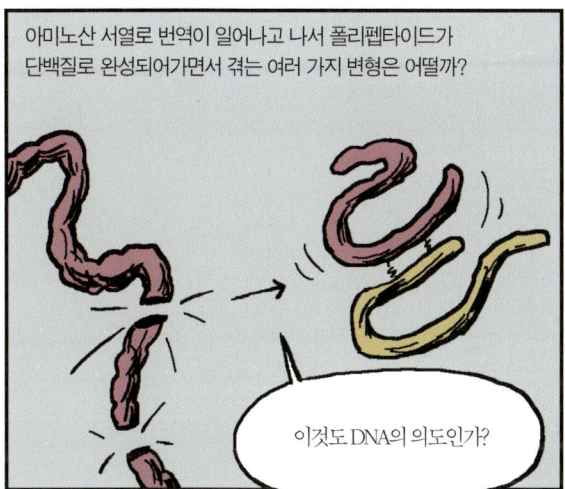

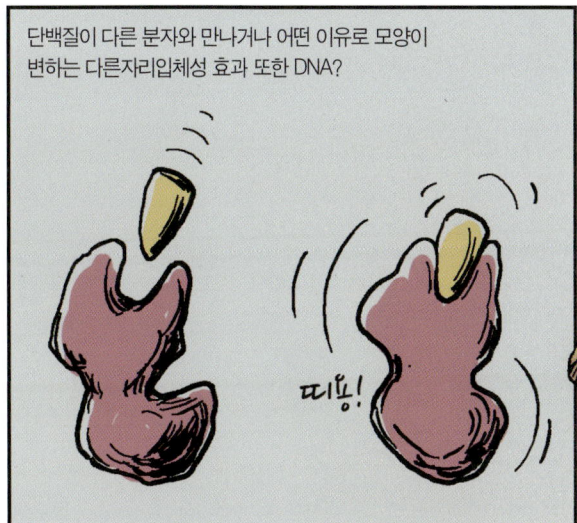

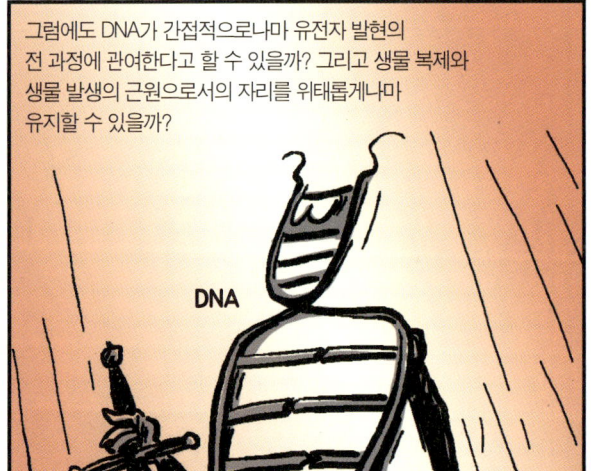

그럼에도 DNA가 간접적으로나마 유전자 발현의 전 과정에 관여한다고 할 수 있을까? 그리고 생물 복제와 생물 발생의 근원으로서의 자리를 위태롭게나마 유지할 수 있을까?

DNA를 지휘자의 지위에서 끌어내려야 한다면 그 자리에 다른 무엇을 올려놓을 수 있을까?

mRNA? 단백질? 아니다. 이들도 마찬가지로 DNA에 서로에게 의존하고 있기에 DNA와 같은 상황에 있으며, DNA처럼 세대간으로 직접 전달되는 물질도 아니니, 유전자의 자격은 역시나 없다.

어쨌거나 부모로부터 전달된 것도 나고, 발생의 첫 방아쇠를 당긴 것도 내가 아닌가?

결론부터 얘기하자면 이것도 옳지 않다.

DNA가 출발점이라는 인식은 생물학자들의 초기 관찰에서 다소 성급하게 만들어진 관념일지도 모른다. 생물학자들은 수정 과정을 관찰한 결과, 수정과 동시에 난자와 정자의 DNA를 만나면서 깨어난다고 당연한 듯 단정지었다.

정자는 실제로 거의 순수한 DNA 덩어리에 가깝다.

수정은 DNA와 DNA의 만남이며 이때가 생명체 탄생의 시작이다.

그 후에 단백질들이 만들어지고 단백질과 유전체는 상호작용하여 거대한 단백질 생성 네트워크를 형성해나가고, 그것은 세포의 분화, 생물의 발생으로 이어진다.

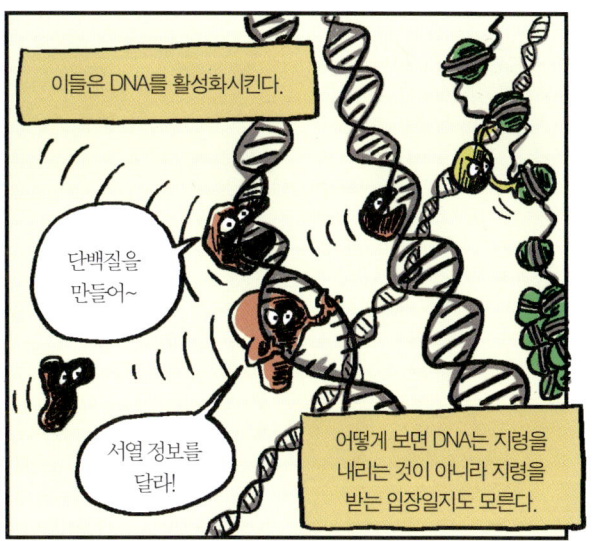

모노와 자코브의 유전프로그램 자체가 틀렸다는 것이 아니다. 유전프로그램은 단백질이 발현되는 우아한 메커니즘이고 그 자체로 옳다.

문제는 생물체의 유전 현상과 조직화 현상에서 유전프로그램과 DNA가 차지하는 위치다. 유전프로그램은 그것이 생물 발생의 가장 근본에 위치하고, DNA는 핵심적인 위치에 있다고 말한다. 유전프로그램의 이러한 주장에 대해 다시 생각해볼 필요가 있다는 것이다.

유전자, 근본, 지위, 이런 것들을 다 잊고 DNA 분자 그 자체만을 보자.

DNA는 분명히 허상이 아니다. 존재한다.

그러나 그간 필요 이상의 의미가 부여되어 감당 못할 무게를 짊어지고 있었던 것은 아닐까?

생물의 발생 과정이 DNA에서 개체로, 아래에서 위로 향하는 일방향적인 인과관계이며 가장 깊숙한 곳에 DNA가 있다는 생각은 무리였을지도, 아니, 틀렸을지도 모른다.

극단적으로 말하자면 **DNA에는 그 자체로 질서가 거의 없다.** DNA는 생물 발생 과정을 지시할 수 없다.

난 그저…

DNA일 뿐이야.

유전은 DNA의 전달이 아니다. 유전은 DNA만으로는 불가능한, 무수히 많은 것들이 참여하는 훨씬 거대한 무엇이다.

DNA를 지금까지와는 다른 눈으로 보자. 생물의 발생에서 DNA를 중심에 둔 유전프로그램을 기능적인 하위 프로그램 정도로 보는 것이다.

DNA 서열의 일부는 단백질의 기본적인 정보(아미노산 서열)를 가지고 있는 데이터베이스 역할을 하고,

다양한 단백질들의 농도 변화가 제공하는 신호를 처리하는 스위치의 역할을 한다.

277

오해를 일으키는 컴퓨터 비유를 이쯤에서 버리는 것이 낫겠다···

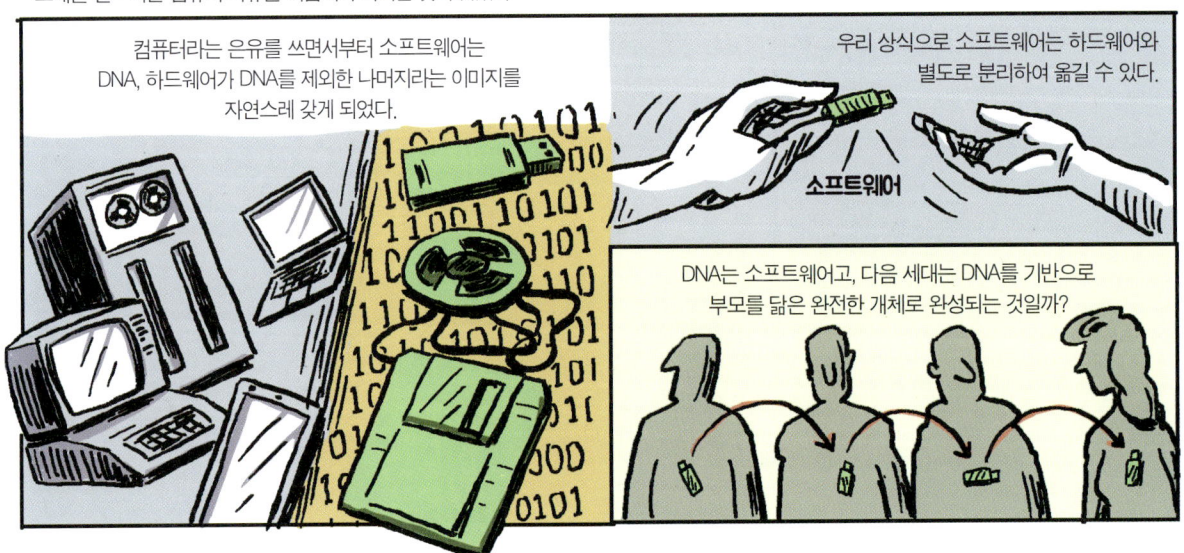

지금까지 많은 사람들이 작게 더 작게 파고들었고, 유전자를 찾아 극한의 미세한 세계까지 도달했다.
DNA를 발견했고, 유전자프로그램의 원리를 알아냈다

GENOME
EXPRESS

CHAPTER
10

바닥에서 마주한 진실

그곳에는 거의 아무것도 없다

여러 사항을 그럴듯하게 연결시켜 놓긴 하지만, 이를 통해서 진리를 얻는 건 아니거든요.
이 세상은 과학이 허용하는 것보다 훨씬 더 놀랍고 복잡합니다.
— 바버라 매클린톡

모든 구조물이 허물어져 내린 자리에 디지털 서열로 정의한 유전자의 밑바닥이 드러난다.
모든 서열을 빠짐없이 확인하고 나서 알게 되는 것은 무엇일까?

유전자의 비밀을 밝히기 위하여 착수한 *게놈프로젝트는 애시당초 오랜 기간을 염두에 두고 시작한 사업이었다.
사람의 DNA의 무려 30억 개나 되는 문자열을 하나하나 알아낸다는 것은 한참 후에나 달성할 수 있는 목표처럼 보였다.
그러나 예상과 달리 프로젝트는 금세 성과를 거뒀다.
정말이지 놀라운 사건이었다.

놀랍소.
그런데 무척 삭막하군.
빛으로 반짝이는 곳인 줄 알았는데…

대단한 성공이었지만 뉴클레오타이드 염기의 순서를 다 알았다는 것과, 서열의 뜻을 안다는 것은 전혀 다른 문제였다.

30억 개의 염기로 끝없이 이어지는 서열은 단백질 부호를 지닌 영역이든, 단백질 발현을 조절하는 영역이든 전혀 특별날 것이 없고 도드라 보이지 않는다.

서열들을 차례대로 보면서 전진하면 무미건조하게 A, G, T, C가 어떤 특별한 패턴 없이 무작위적으로, 무미건조하게 배열되어 있을 뿐이다.

사실 이것이 슈뢰딩거가 예측한 유전정보의 모습 그대로이다.
이래야 마땅하다.
그 자체로 질서를 가지고 있지는 않을 것이다.

서열 중에는 반갑게도 알아볼 수 있는 부분이 있다.

*게놈프로젝트(Genome Project) : 인간의 전체 유전체에는 약 30억 개의 염기쌍이 있는데, 이 배열 순서를 모두 밝히겠다고 야심차게 시작한 프로젝트. 1990년에 미국을 중심으로 영국, 프랑스, 일본 등이 공동으로 시작하였으며, 당초 예상보다 이른 2001년에 모든 염기 순서를 규명했다.

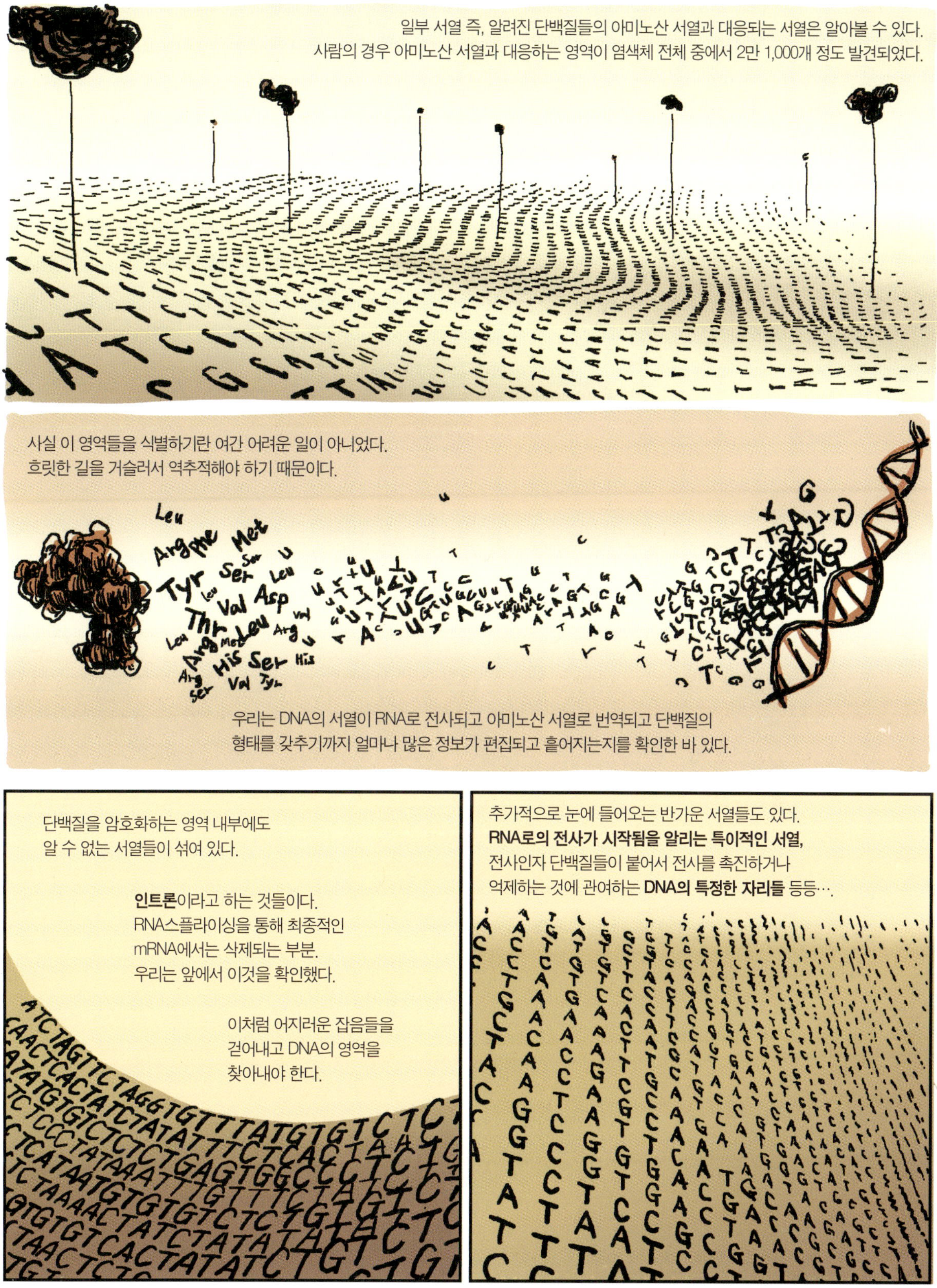

일부 서열 즉, 알려진 단백질들의 아미노산 서열과 대응되는 서열은 알아볼 수 있다.
사람의 경우 아미노산 서열과 대응하는 영역이 염색체 전체 중에서 2만 1,000개 정도 발견되었다.

사실 이 영역들을 식별하기란 여간 어려운 일이 아니었다.
흐릿한 길을 거슬러서 역추적해야 하기 때문이다.

우리는 DNA의 서열이 RNA로 전사되고 아미노산 서열로 번역되고 단백질의
형태를 갖추기까지 얼마나 많은 정보가 편집되고 흩어지는지를 확인한 바 있다.

단백질을 암호화하는 영역 내부에도
알 수 없는 서열들이 섞여 있다.

인트론이라고 하는 것들이다.
RNA스플라이싱을 통해 최종적인
mRNA에서는 삭제되는 부분.
우리는 앞에서 이것을 확인했다.

이처럼 어지러운 잡음들을
걷어내고 DNA의 영역을
찾아내야 한다.

추가적으로 눈에 들어오는 반가운 서열들도 있다.
RNA로의 전사가 시작됨을 알리는 특이적인 서열,
전사인자 단백질들이 붙어서 전사를 촉진하거나
억제하는 것에 관여하는 **DNA의 특정한 자리들** 등등….

그러나 DNA의 사막을 헤집어서 의미를 찾는 과정은 가시덤불에서 바늘 찾기와 흡사하다.

대단히 실망스러운 것은 이런 각고의 노력에도 불구하고, 단백질을 암호화하는 영역이 전체 서열에서 2%가 채 되지 않으며, 그밖에 RNA를 전사하는 영역, 전사 촉진, 억제, 각종 단백질들이 붙어서 상호작용하는 영역을 비롯해 단백질을 암호화하지 않은 영역들을 죄다 끌어모은다고 해도 최대 5% 미만의 영역을 이해할 수 있을 뿐이라는 사실이다.

인트론과 여러 가지 조절 부위들 20% 미만

단백질 정보 및 각종 RNA로 전사되는 영역 1.5%

나머지는 완전히 미지의 영역이다.

사람의 DNA 서열만으로는 한계가 있다. 하지만 다른 생물들의 DNA 서열들을 최대한 밝혀서 비교해보는 방법을 통해 미지의 영역에 있는 DNA들의 의미를 발견할 수 있게 되었다.

처음에는 DNA 서열을 판독하는 속도가 참으로 더뎠지만 나날이 발전하는 기술을 통해 걷는 속도에서 로켓의 속도로 개선되었다. 덕분에 수많은 종들의 전체 게놈 서열은 하루하루 늘어가고 있다.

많은 종들에서 공통으로 자주 보이는 DNA 서열은 뭔가 중요한 것일 가능성이 있다. 이는 수많은 서열 중에서 범위를 좁힐 수 있다는 것을 의미하고, 일은 훨씬 수월해진다.

오호라! 이 서열을 좀 봐.

***바버라 매클린톡**(Barbara McClintock, 1902~1992): 미국의 유전학자. 움직이는 유전자 개념을 제안했지만 오랫동안 인정받지 못했고, 뒤늦게 1983년 탁월한 선견성을 인정받아 노벨 생리의학상을 수상했다.

DNA 서열 비교는 관점을 어디에 두느냐에 따라 다양한 결과를 얻을 수 있다. **생물 종 간 DNA 서열 자체의 유사성이** 어느 정도인지, 특정 단백질을 암호화하는 영역을 **얼마만큼 공유하고 있는지,** 각각의 종에 **특이적으로 존재하는 서열이 무엇인지** 여러 가지를 비교할 수 있다.
이 모든 노력들이 DNA에서 의미를 찾기 위함이다.

여전히 미지의 영역은 광대하다.
이 알 수 없는 서열들이
의미하는 것은 도대체 무엇일까?

생물체의 정보와 DNA의
서열 정보를 짝짓지
못하는 것일까?

이 연구의 끝에는 DNA의 나머지 영역들이
뜻하는 바를 전부 알게 되는 것일까?
그것이 아니라면, 정말 말 그대로
황무지 같은 의미없는 노력일 뿐인 것일까?

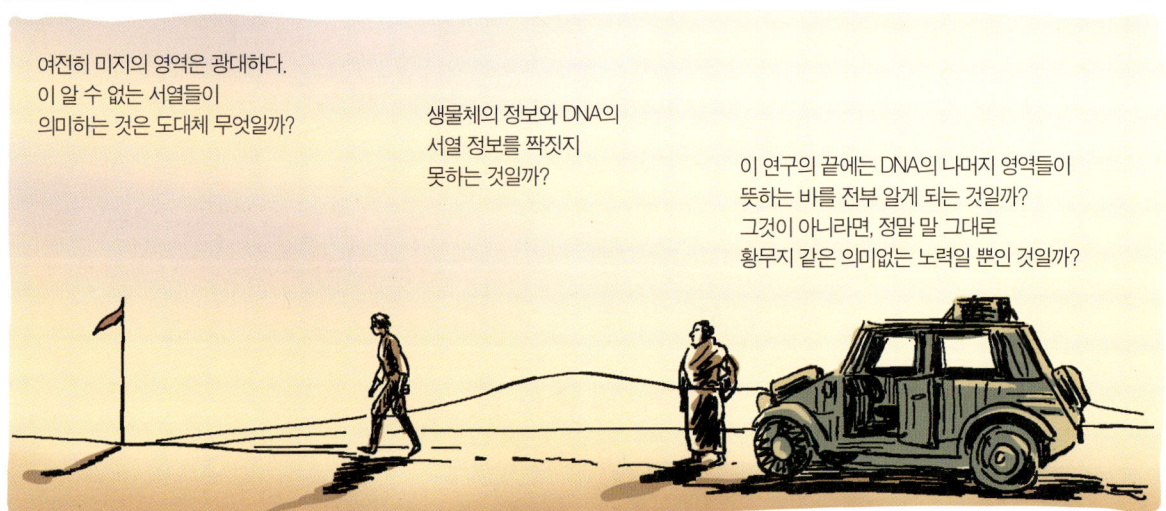

생물체의 질서와 DNA 서열 정보가 다른 영역에 속한다니?

이건 우리 원정팀에게는 벼락 같은 말이 아닐 수 없다.

매클린톡이 게놈프로젝트로 밝힌 여러 생물종들의 서열 비교에 대한 이야기는 다음과 같다.

침팬지와 인간은 DNA 서열이 거의 99%까지 일치한다.
침팬지와 인간이 우리가 볼 때는 꽤나 다른 것을 감안할 때 이러한 근소한 차이는 당황스럽기까지 하다.

사람과 고양이는 95%가 같다.

바나나와 사람의 DNA 서열은 60%가 같다!

사람들 사이에서도 DNA 서열에 평균적으로 0.1%의 차이가 있다.

질문들이 떠오른다.

고작 0.1%의 차이로 이렇게나 다양한 사람들이 생긴단 말인가?

침팬지와의 1% 서열 차이가 침팬지와 사람만큼의 차이를 만드는 것일까?

형

저리 가!

서열의 유사성과 차이는 무엇을 뜻하는 것일까?

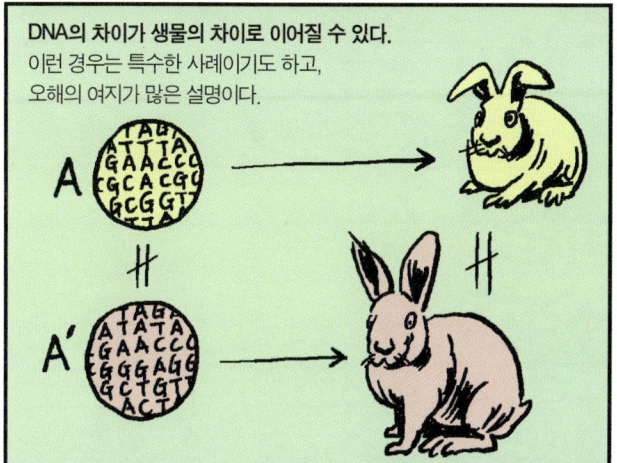
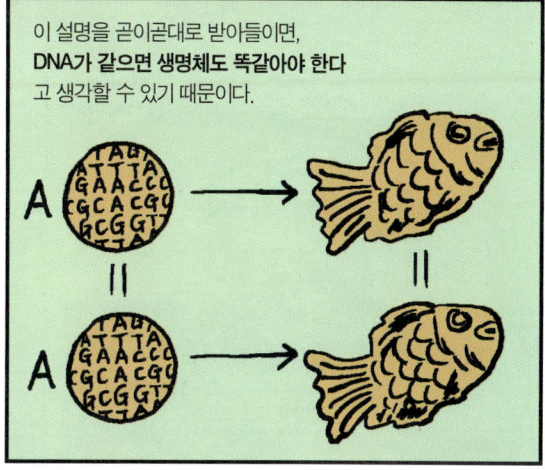

유전체가 같다고 그것을 가진 생물체도 같아야 한다는 논리는 의외로 쉽게 망가진다. 다음 이야기를 들어보자.

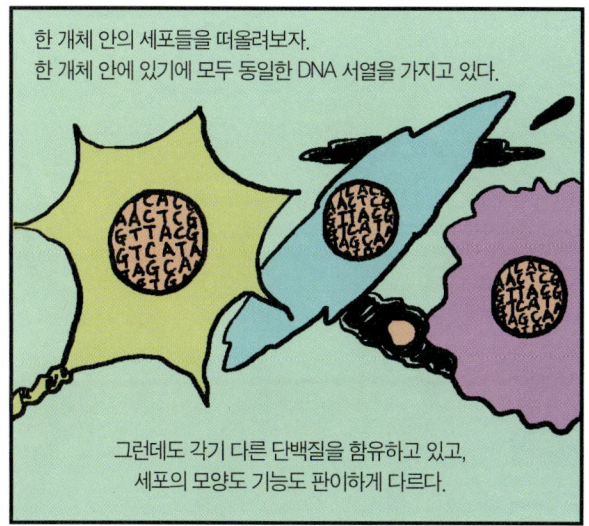
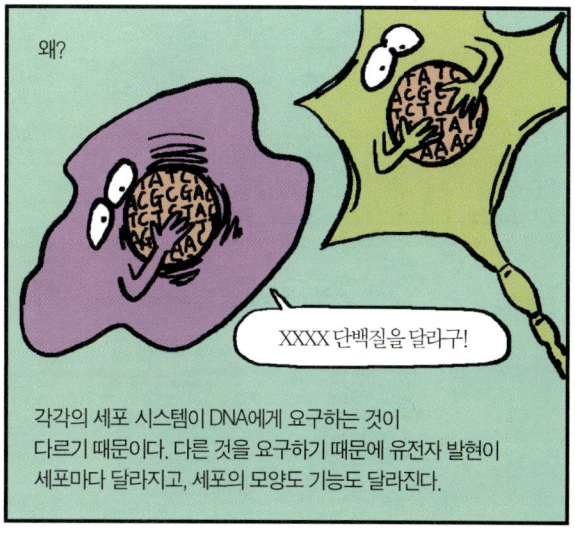

돌리가 태어나기 위해서 DNA만 필요한 게 아니었어요.
양의 난자가 필요했고, 양의 자궁이 필요했어요.
돌리가 자라려면 젖을 먹기도 해야겠죠.
이것 말고도 정말 많은 조건이 필요해요.

돌리의 근원을 DNA에만 한정하는 것은 명백히 잘못된 거예요.
돌리라는 존재는 무수한 전제 조건에서 나타나는 대단히 특이적인 것이죠.
돌리뿐만 아니라 이 세상 모든 생명체가 그렇겠지요.
생물들은 저마다 수많은 조건들을 밟고, 그 위에 서 있는 겁니다.

긴 시간을 말하고 있고, 끝없이 전해오는 이야기도…

슈우우우…

나 매클린톡은 이런 것들에 빠져서 이렇게 사막을 휘저으며 다니고 있습니다.

사실 난 생물을 연구한다기보다는 DNA를 연구하고 있는 거예요.

복잡하게 생각 말고 DNA 자체를 보기만 한다면 문제는 단순화되고, 전혀 다른 세상을 볼 수 있어요.

GENOME EXPRESS
CHAPTER 11

탈출
사라진 유전자

만물은 유전한다.
- 헤라클레이토스

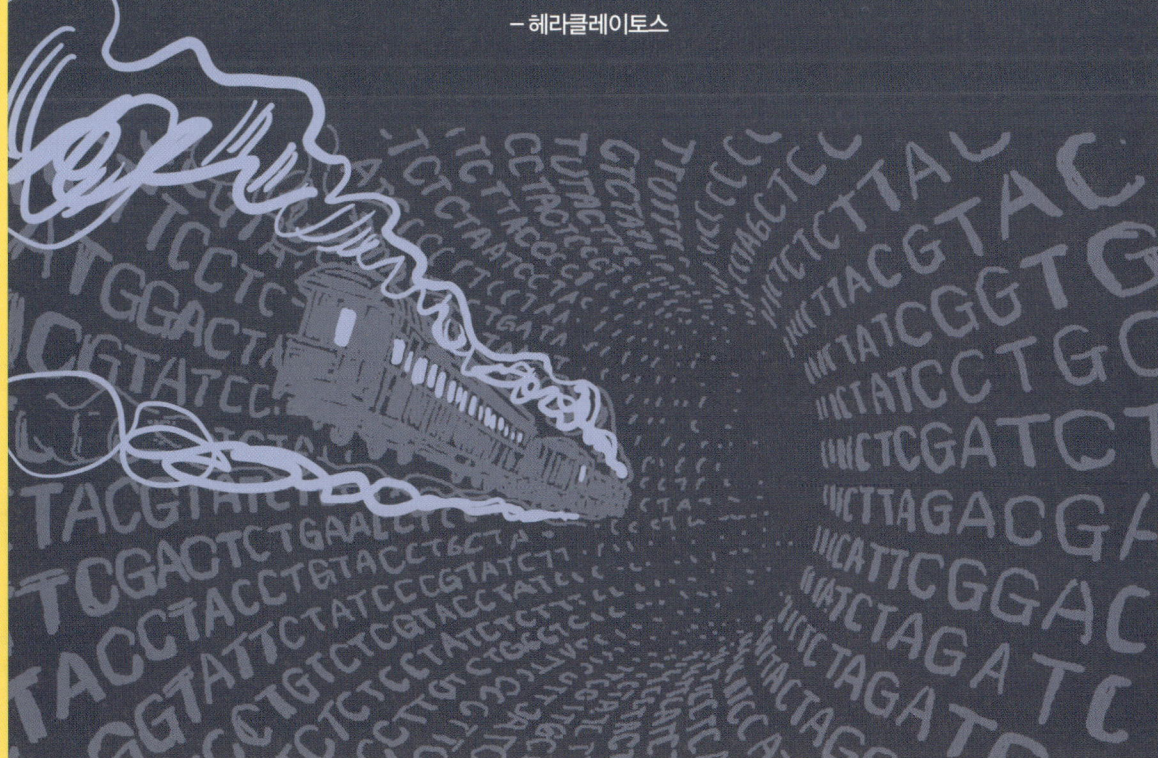

무언가 단단히 잘못되었다. 유전자는 끝이라 여겼던 그곳에 있지 않았다.
지나온 모든 길에 존재했었고, 우리가 모르는 다른 곳에도 퍼져 있는 것 같다.
지금부터는 잘못 들어선 길을 되돌아 나가, 지긋지긋한 이곳을 탈출한다.
무엇이 오류인지를 알아야 한다. 깊고 어두운 분자의 세계에서 벗어나야 한다.

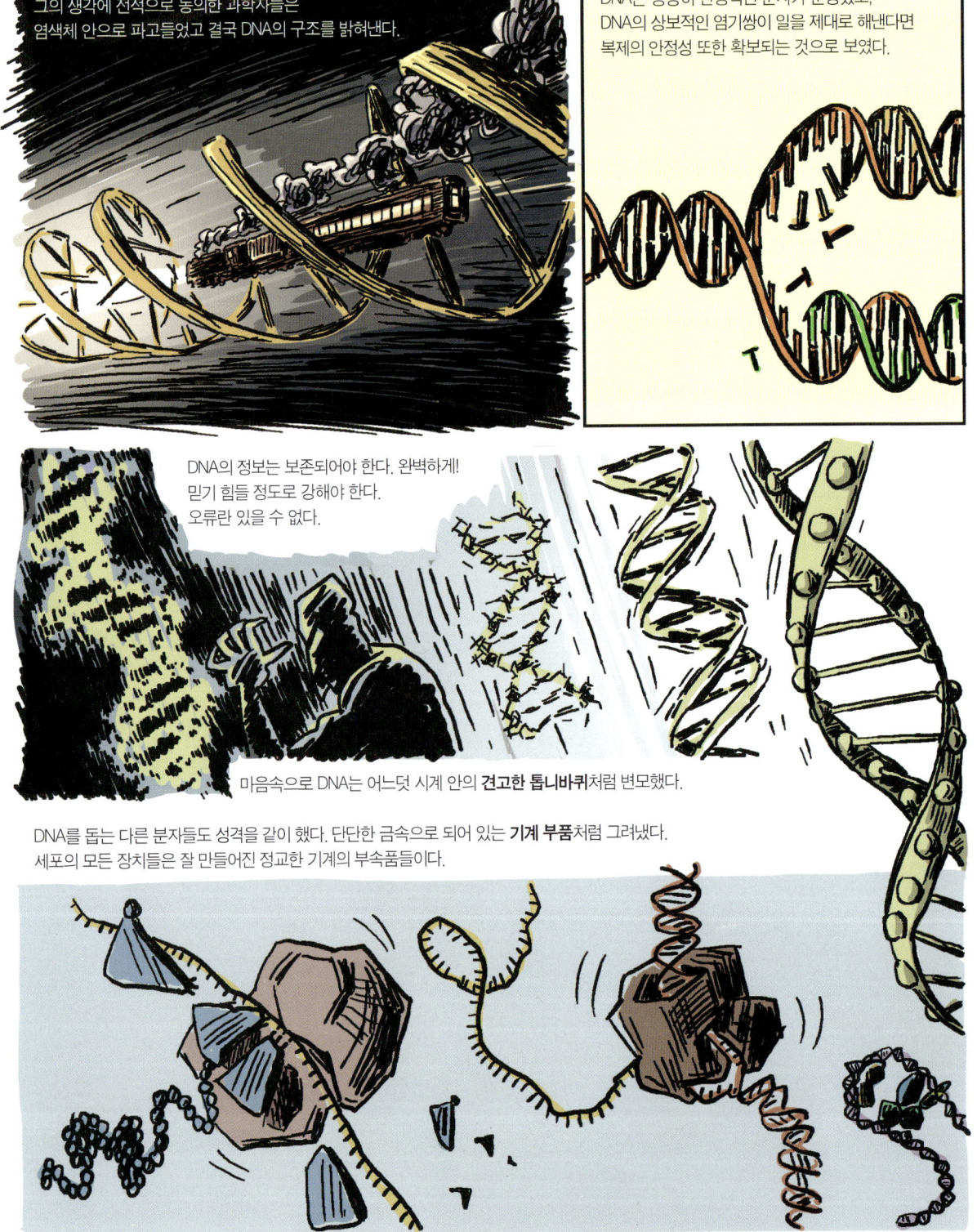

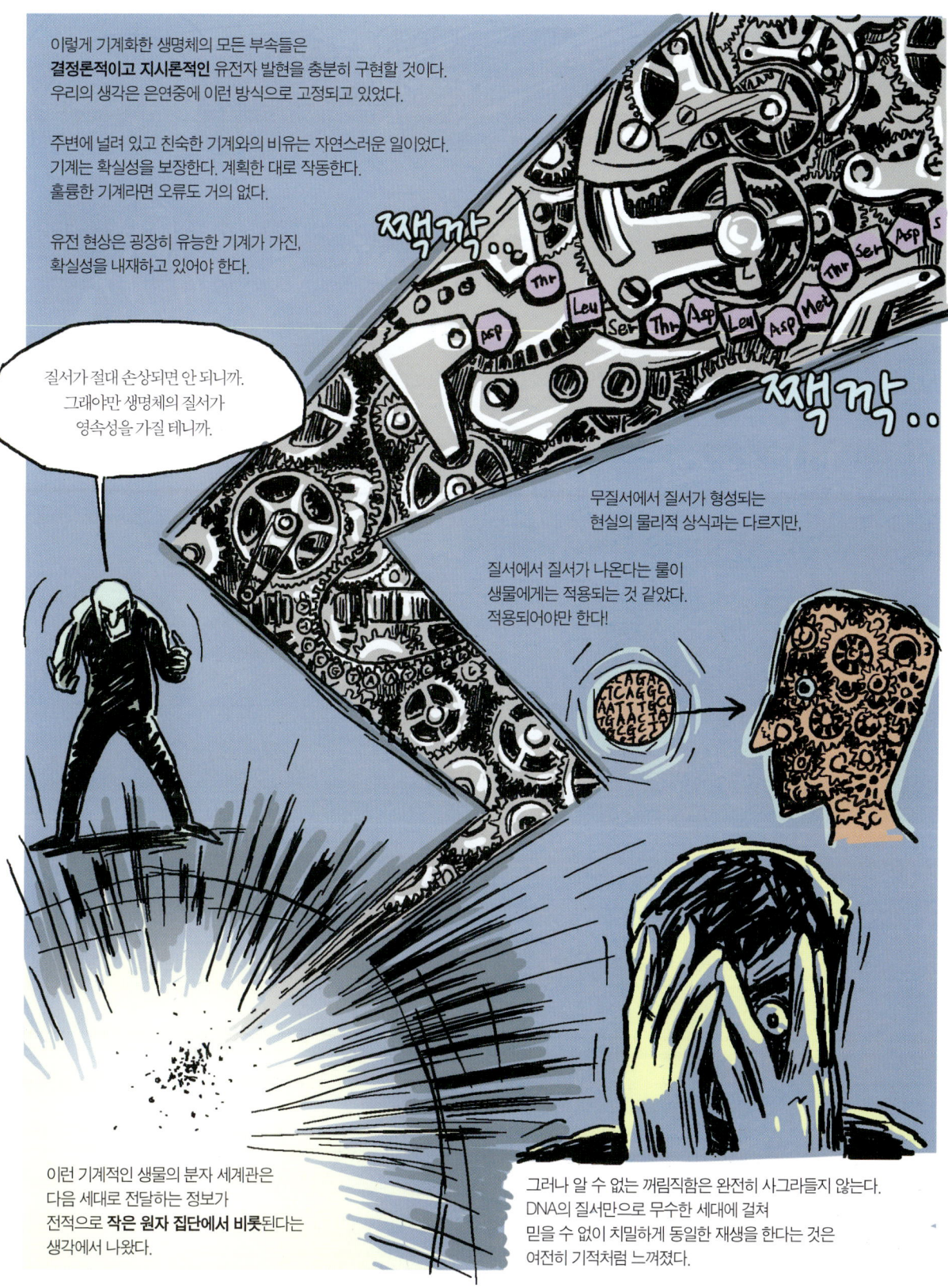

정보가 많다는 것, 그리고 **안정하다는** 것.
동일한 대상이 이 두 가지를 동시에 갖추기란 힘들다.

이제는 현실을 직시하려고 한다.

강박증에서 벗어나야 한다.
질서에서 질서가 나오는 것은
불가능하다는 것을 알고 있지 않은가.

세포 안이라고 전혀 다른 물리법칙으로 돌아가는 것이
아니다. 그 안에 모든 원자들, 분자들의 움직임은
세포 밖과 똑같다.

흩어진 원자 집단들이 보이는 불확실성을 보다 큰 확실성으로
극복한 것이 분자다. 분자는 특이적으로 정해진 틀로 존재하는
확실한 형태다.

하지만 거기까지다. 안정한 분자일지라도
그것이 생명체를, 아니 세포의 체계를 견고하고 안정적으로
지휘할 수 없다는 것이다.

DNA도 단백질도 예외일 수 없다.

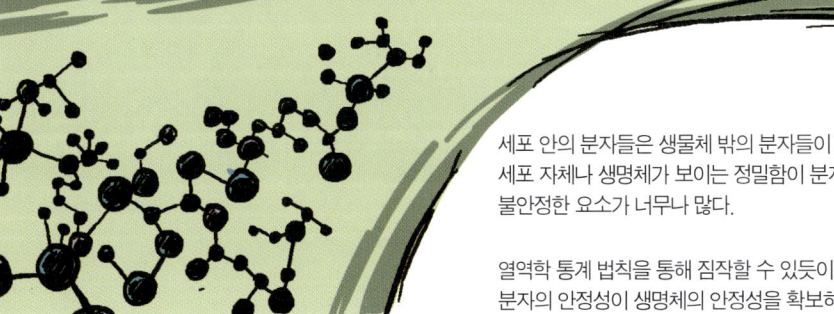

세포 안의 분자들은 생물체 밖의 분자들이 안정한 만큼만 안정하다.
세포 자체나 생명체가 보이는 정밀함이 분자의 안정성 때문이라기엔
불안정한 요소가 너무나 많다.

열역학 통계 법칙을 통해 짐작할 수 있듯이 질서의 방향은 일방적이다.
분자의 안정성이 생명체의 안정성을 확보하는 방식으로 역행하지 않는다.

자, 생명체 분자 세계의 불완전성을 인정하고 다시 한 번 질문을 던져보자.

**생명체는, 세포는 어떻게
분자 세계의 불확실성을 극복하고
보란 듯이 한 세대의 특질을 변함없이
다음 세대에게 전달하는가?**

DNA는 어떻게 이토록 정교하게 복제하고,
RNA로 전사하는가.
아미노산 사슬은 어떻게 이토록
엄격한 규칙성을 유지하는가?

또 DNA와 단백질들은 어떻게 오류없이
상호작용하는가.

열거하기 불가능할 정도로
세포의 모든 요소들은 우리가 만든 어떤 기계보다도
정확하게 작동하면서 분자들보다 큰 세포라는
거대한 질서를 형성한다.

무수한 세포들은 서로 상호작용하면서,
생물체의 발생을 차곡차곡 빈틈없이 전개해나가고,
보다 거대한 개체의 질서를 확보한다.

어떻게 이것이 가능한 것인가?

질서를 완벽히 보존하는 견고한 유전자 DNA가 틀렸다면…
DNA에게 그럴 능력이 없다면…

유전자라는 물질이 혹시 없다면…

**대체 무엇이
이런 철통 같은 견고함을
유지하게 하는가.**

"잠깐,
저기로요."

315

생명체가 만드는 확률 게임

미시 세계는 무질서가 지배한다.

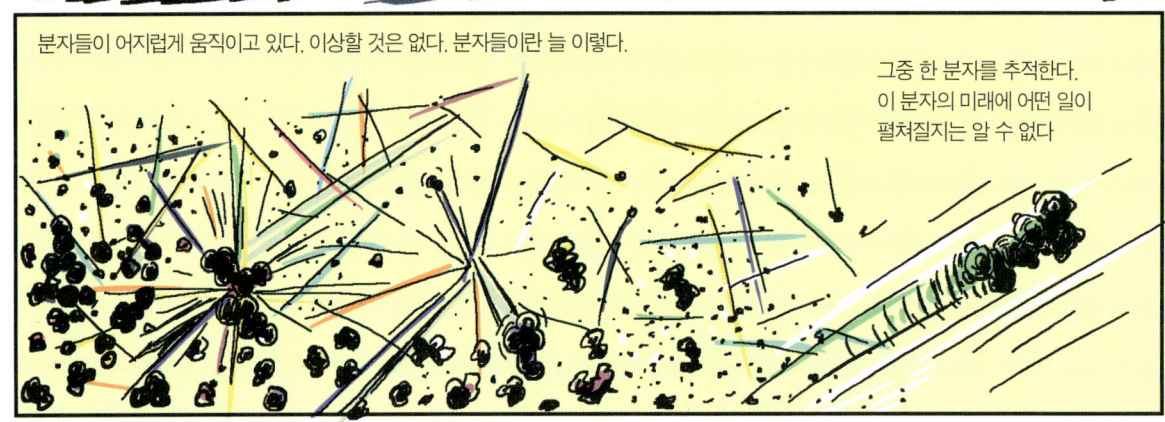

분자들이 어지럽게 움직이고 있다. 이상할 것은 없다. 분자들이란 늘 이렇다.

그중 한 분자를 추적한다. 이 분자의 미래에 어떤 일이 펼쳐질지는 알 수 없다

하지만 이 분자가 수없이 많다면, 그리고 충분한 시간이 주어진다면 흥미로운 사건이 일어난다.

여러 분자들과 의미없는 충돌을 반복하다가

마침 어떤 분자와 모양이 잘 들어맞고, 전기적으로도 조화가 되면서 그 둘은 좀 더 오랫동안 결합하게 된다.

분자들 간의 결합은 서로를 변화시킨다.

변형된 모습은 그 전까지는 마주할 수 없는 다른 사건을 일으키는 촉발제가 된다.

정확히 말하면 이어지는 연쇄적인 **사건의 확률이 높아진 것이다.**

커피를 좋아하는 이 사람이 오늘 점심 식사 후에 커피를 마실지는 확실하지 않다.

하지만 일주일 동안 한 동네에서 누군가 커피를 마시는 사건이 일어날 확률은 대단히 높다.

분자들은 개별적으로는 무작위적이지만

분자들이 관여한 거시적인 레벨에서는 예측할 수 있는 평균적인 반응이 나온다.

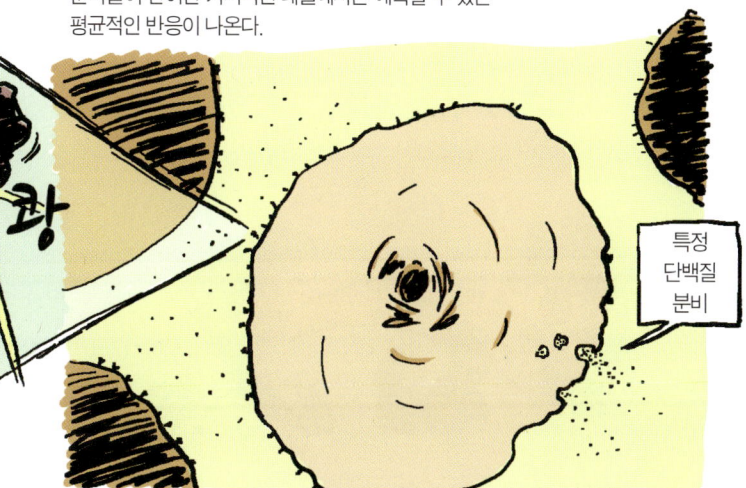

이것이 확률 게임이다. 생명체가 불확실한 요소들을 이용해서 필연을 잡아채는 방법이다.

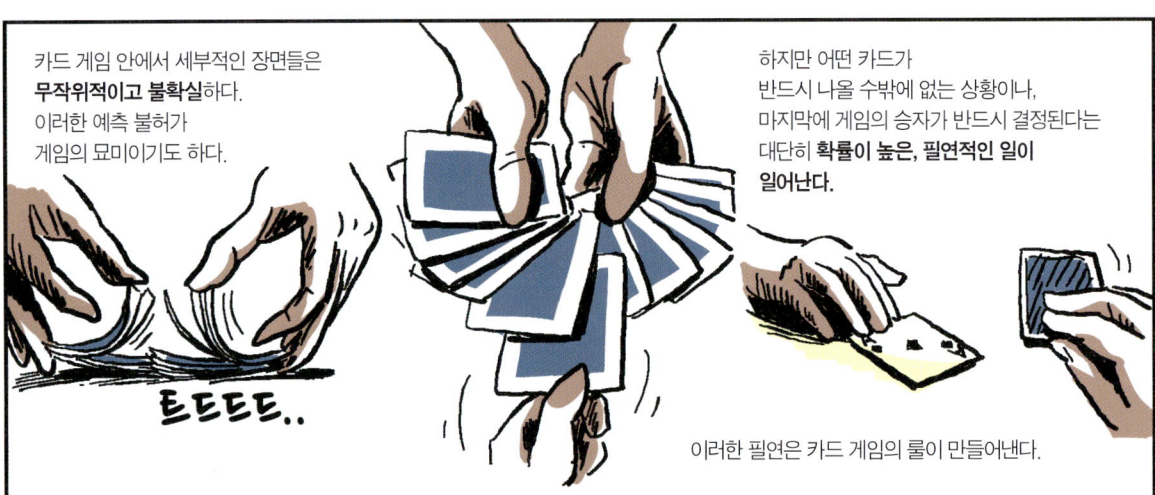

세포는 다양한 방법을 동원해서 화학반응의 확률을 높인다.

진핵세포가 특정한 단백질들을 막 구조물 내에서 필요에 따라 구획하는 것도 역시 특정한 화학반응의 확률을 높이는 방법이다.

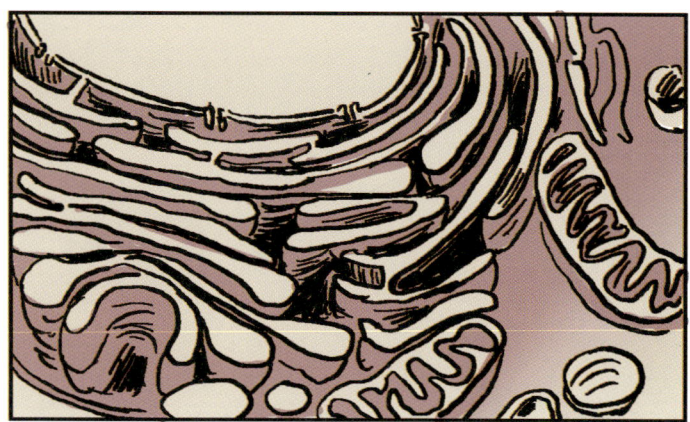

세포는 혼돈에서 질서를 만드는 재주를 가졌다.

게임의 룰을 창조하는 천재적인 작가!

생물의 발생 과정을 이렇게 이해해보자. 분자 레벨에서 만들어진 확실성을 발판삼아, 상위 레벨에서 다시 한 번 공고한 체계를 만드는 식으로 개체로까지 확실성의 체계를 구축해 나가는 것이다.

필연은 이렇게 차곡차곡 만들어진다.
이 과정은 새로운 세대가 발생할 때마다 거의 똑같이 반복된다.

319

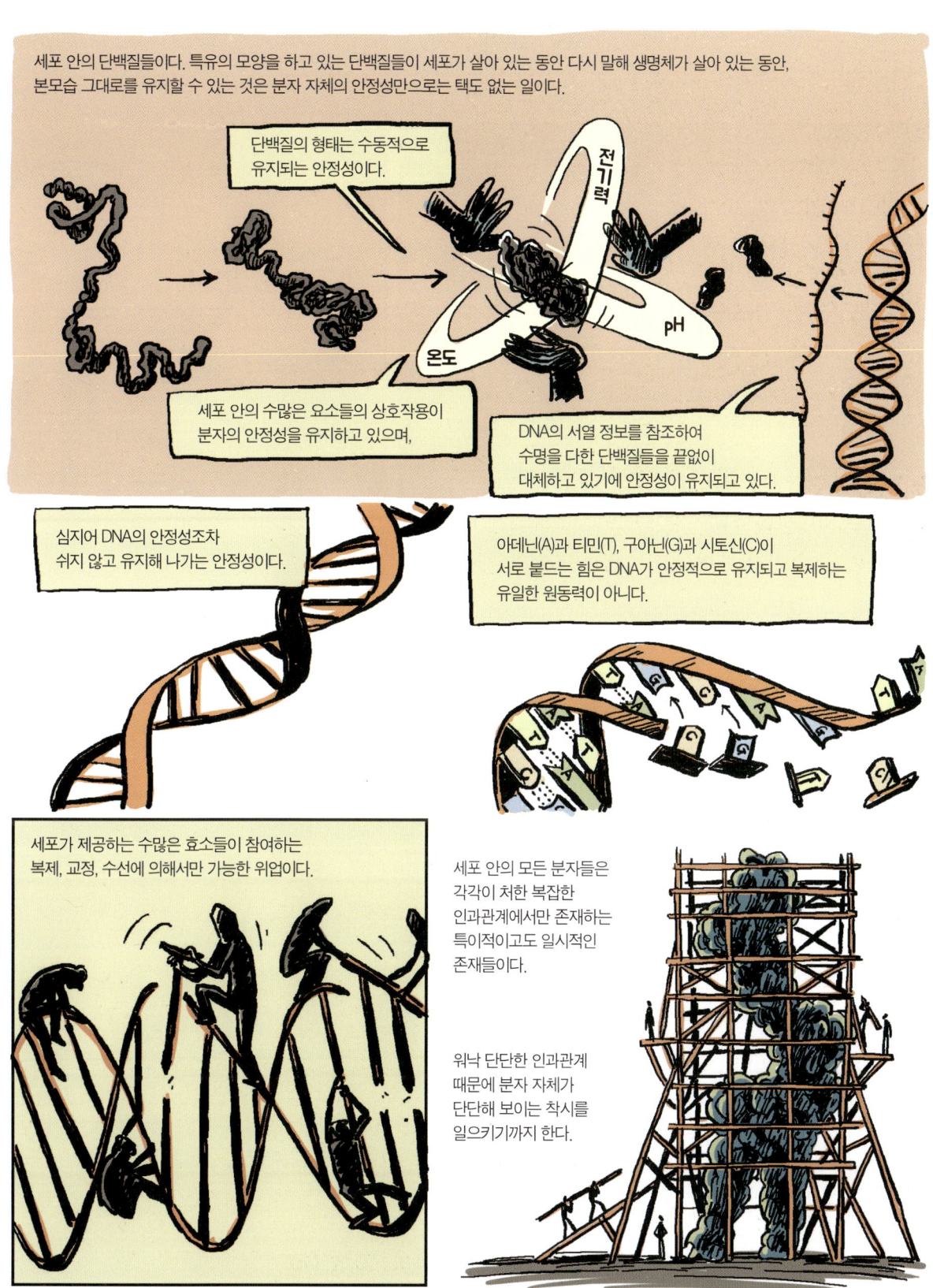

이처럼 생명체의 모든 요소들은 그 자체로는 나약하고 부서지기 쉽지만, 이들이 모여서 만드는 시스템은 강하고 공고하다.

중요한 점은 세포와 생명체의 안정성이 유전 시스템을 공고하게 하는 순환체계가 역으로는 성립하지 않는다는 것이다. 유전물질의 안정성이 세포와 생명체의 안정성을 보장하는 것은 아니라는 것이다.

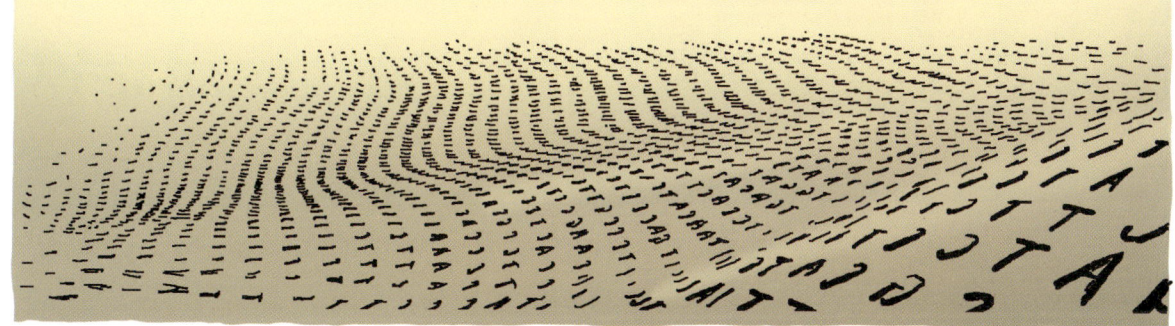

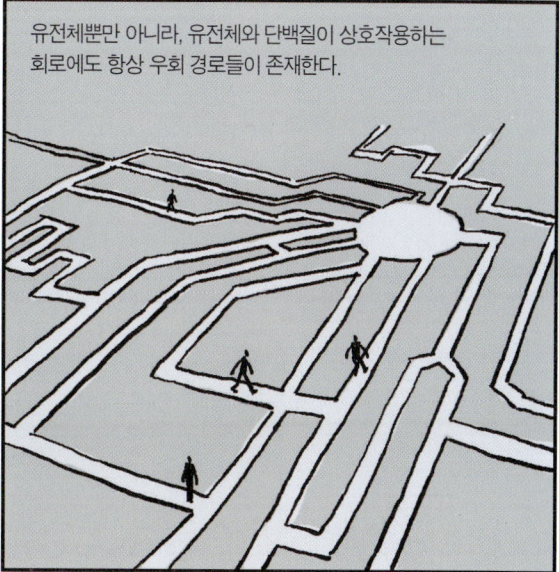

***모듈**(module): 공학에서 나온 용어로, 하나의 부품(유닛)의 단위를 모듈이라 한다. 모듈 단위로 독립된 기능을 가지고 있고, 모여서 전체를 이루어 시스템을 형성한다.

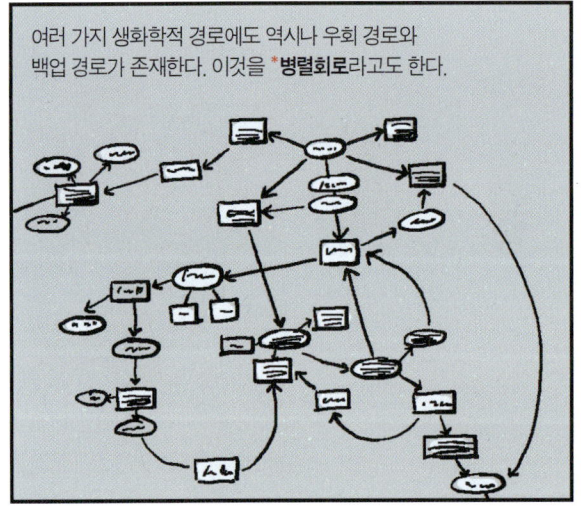

모듈 구조와 병렬회로는 유전자, 생화학시스템, 나아가서 세포가 운용되는 기본 원리다.

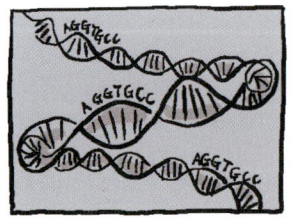

생물의 조직들은 수많은 세포로 이루어진 병렬식 구조물이라고 볼 수 있다.

이러한 조직들 또한 모듈식 구조를 이루어서 기관을 형성한다.

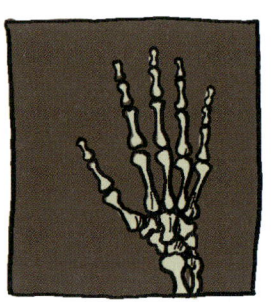

생물 자체는 겹겹이 쌓여 있는 모듈식 구조다.

* **병렬회로**(parallel) : 기계공학적으로 여러 개의 장치가 동시에 정보를 처리하는 것.
* **직렬회로**(serial) : 병렬처럼 동시에 작동하지 않고, 전후 관계를 가지면서 순차적으로 처리하는 것.

병렬 시스템과 **모듈식 구조**를 지닌 생물체는 정말 끝내주는 유연함을 갖추게 된다.
오류를 전체에 미치지 않고 **국지화함으로써** 위험을 최소화하고

항상 **대체할 수 있다.**

발생 과정에서 이러한 융통성 있는 시스템은
크고 작은 사고, 무수한 오류를 만나더라도 우격다짐으로
성체라는 골문을 통과해낸다.

간혹 크고 작은 오류가 견딜 수 없는 파국을 초래하는
일부 경우를 제외하고는 어떻게든 복잡하고 정교한
유기적인 시스템을 완성해내고야 마는 것이다.

발생 과정이 안정적으로 유지되는 이유는
고도의 유연성 외에도 많다. 그중 하나가
전체 시스템 안에 존재하는 수많은 시스템들의
균형을 유지하는 완벽한 ***되먹임**이다.

단백질 합성이든 그 무엇이든 과하거나 부족하지 않도록 적절한
양이 유지되게 하는 작용의 이면에는 완전한 자기 조절이 존재한다.

모든 요소들은 되먹임 관계 안에서
서로를 철저히 견제하고 있다.

이것을 **피드백**(feedback)
이라고 부르기도 한다.

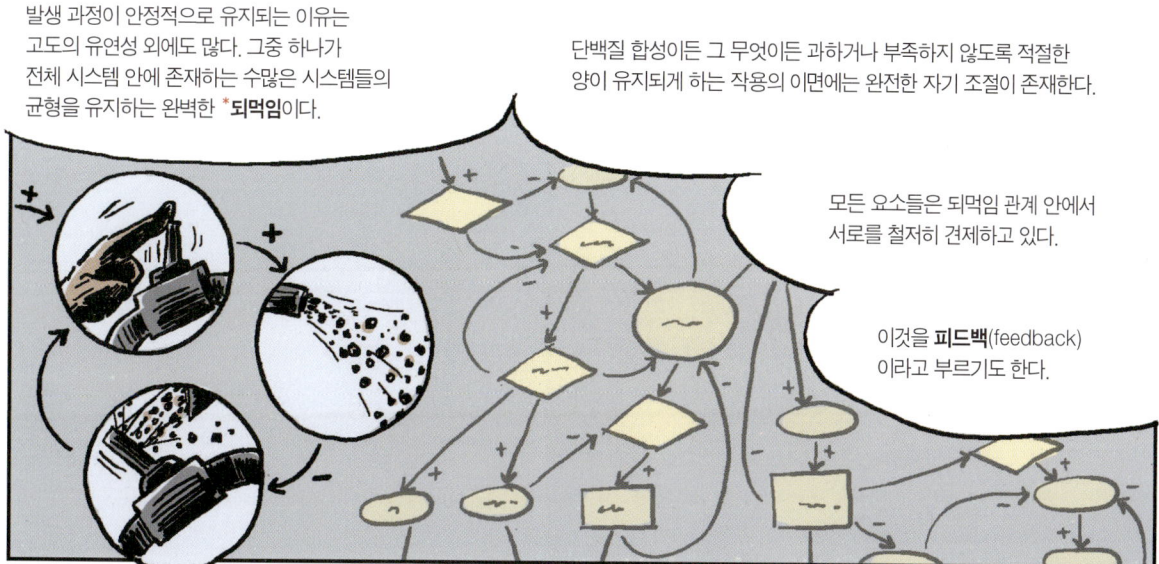

***되먹임**(feedback) : 어떠한 원인에 의해 나타난 결과가 다시 그 원인에 작용해 결과를 줄이거나 늘리는 자동적인 조절 현상을 말한다. 집안의 난방 조절 장치를 생각하면 된다. 낮아진 온도라는 원인이 보일러를 작동시키는 결과를 낳고, 보일러 작동과 온도 상승이라는 결과는 보일러의 작동에 영향을 주는 식의 고리 관계를 형성한다.

더 신기한 부분은 발생 과정을 보면 일방적으로 펼쳐지는 것이 아닌, **자극이 오면 반응하는 방식**이라는 것이다.

DNA와 단백질의 상호작용을 예로 들면,

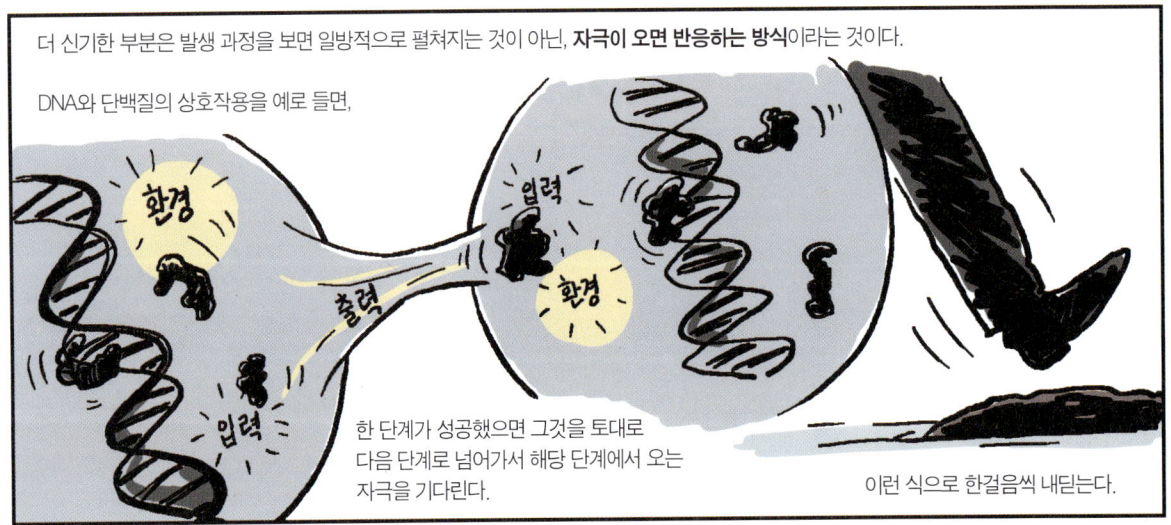

한 단계가 성공했으면 그것을 토대로 다음 단계로 넘어가서 해당 단계에서 오는 자극을 기다린다.

이런 식으로 한걸음씩 내딛는다.

DNA와 단백질뿐만 아니라 생명체의 모든 레벨에서 자극에 따른 반응이 일반화되어 있다. 굉장히 신중한 방식으로 발생의 안정성과 직결된다.

발생은 일종의 **학습**처럼 보인다.

항상 자극을 기다린다. 먼저 나가지 않는다.

어린아이가 새로운 환경을 마주하고, 환경에 반응하고, 실패도 하고 성공도 하면서 조금씩 자신을 적응시키고 적응을 토대로 다시 새로운 환경과 마주할 준비를 하는 것처럼 말이다.

발생 과정의 각 단계들을 보면 새로운 환경으로부터의 자극은 스스로 만든 것이다. 스스로 만든 자극, 즉 스스로 만든 환경에 반응한다. 이 점은 사실 상당히 심오하면서도 이해하기 어려운 개념이다.

생명체는 기계와는 본질적으로 다른 방식으로 발생하고 작동한다.
최소한 현재까지의 인간 기술로 만든 기계들과는 다르다.

유전물질은 딱딱한 마이크로칩처럼 견고하지 않고,

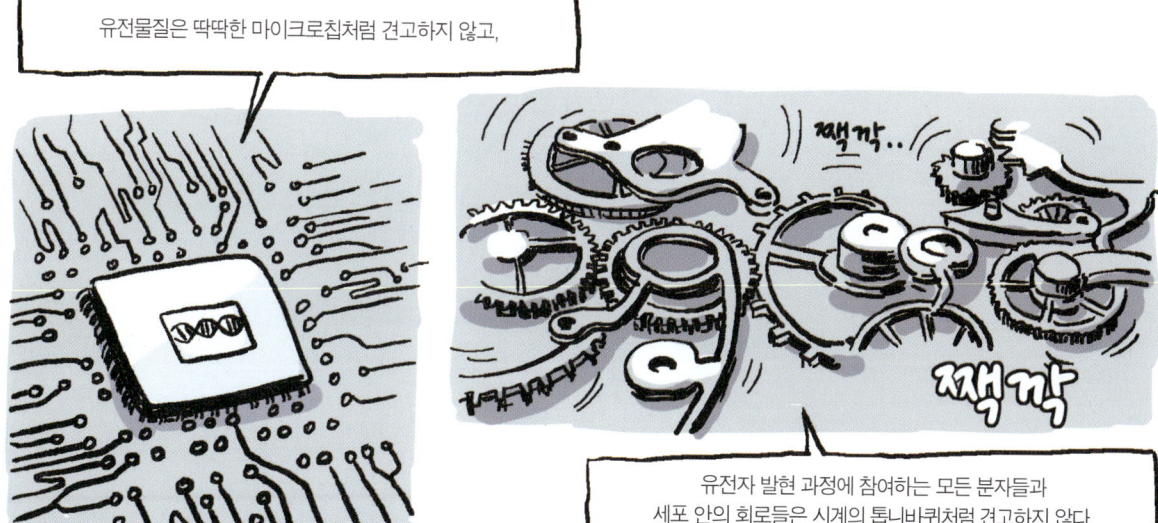

유전자 발현 과정에 참여하는 모든 분자들과 세포 안의 회로들은 시계의 톱니바퀴처럼 견고하지 않다.

우리에게 친숙한 기계와 같은 이미지로 생물체의 발생 과정을 이해하려고 했기 때문에 실체에 다가서지 못했던 것이다.

진실이 아니였어.

무슨 소리야. 그럼 지금까지 봤던 DNA 복제, 전사, 번역 같은 분자들의 작동은 다 뭐란 말인가.

모노, 지금까지 본 모든 것이 사실이야. 다만 빙산의 일각에 불과하다는 것을 몰랐던 것이지.

생물체가 진정으로 견고한 원인은 DNA나 단백질 같은 분자의 견고함으로 환원할 수 없는 다른 차원의 것이다.

생물의 발생 자체가 견고한 것이라면, **정보는 도대체 무엇으로부터 오는 것일까?**
생명체의 의미로 넘쳐나는 정보 말이다.
이제 어렴풋이 떠오르는 이미지가 있다.

컴퓨터 세대에 살고 있는 우리는 수많은 문서, 자료, 그림 등의 정보들을 작은 메모리 카드에 암호화하여 저장할 수 있다.
놀랍지도 않다. 워낙 익숙하니.

그래서 생물체의 전체 정보가 이처럼 디지털 코드로 암호화될 수 있다는 것은 현대인에게 의외로 쉽게 이해된다.
이런 방식이 정확히 슈뢰딩거의 유전자다.

부모로부터 물려받는 코의 모양, 눈의 색깔, 혈액형 등등, 나를
구성하는 여러 속성들은 정자와 난자의 염색체에
DNA 염기 서열이라는 디지털식 정보로 압축되어 있고,
전달되는 실체도 바로 이것이다.
그동안 우리가 믿고 추적했던 개념이다.

DNA가 유전물질이라는 데에는 의심의 여지가 없어 보인다.

네 개의 단어로 되어 있는 문자이지만 충분히 길게 늘어서 있는 서열의 가짓수는 천문학적인 수가 될 것이고,
그 수는 전체 생물의 조직화에 충분히 대응할 수 있을 것이기 때문이다.

이어서 결론을 섣부르게 내린다.

네 개의 단어로 되어 있는 문장을
잘 해독만 한다면 생명체의 비밀을 밝힐 수 있다.
문법을 찾는 것은 성배를 찾는 것이다.

처음에 DNA의 뉴클레오타이드 서열 질서와 아미노산 서열 질서
사이의 관계를 해독할 수 있는 문법, 유전암호를 발견했을 때,
이 생각이 옳았음에 더할 나위없이 기뻤다.

앞으로 추가적인 문법을 더 발견해야겠지만,
디지털 암호의 위력을 이미 확인하였기에
앞으로의 여정을 낙관했다.

하지만 당황스럽게도
진정한 유전자를 거머쥐었다고 생각한 지
얼마 지나지 않아서,
안개 속에서 제자리를 맴돌게 된다.

**무엇이 문제일까?
유전자에 대한 생각이
혹시 근본적으로
틀렸던 것일까?**

사실 초반부터 결정적인 실수가 있었다.
문제를 지나치게 단순화한 것이다.
정보의 양에만 초점을 맞추었고
정보의 의미를 간과한 것이다.

알아갈수록 DNA 서열 정보는 항상 부족하면서 불명확한 정보라는 것이 드러났다.

그것을 바라보는 것만으로는 추가적으로
어떤 의미도 찾을 수 없었으며,

단백질까지 도달하는 과정에서
서열 정보는 마구 찢기고 잡음으로 훼손되었다.

수확이 있다면 DNA 서열은
단백질이 **필요할 때마다 빼다 쓰는
단백질 데이터베이스**와
같았으며,

DNA 주변의 여러 단백질이나 화학물질의
농도가 말해주는 메시지를 처리하는
연산장치 역할을 하고 있다는 것이다.

세포 전체가 주도하는
세포 역학에 의해서만 의미가
드러나는 **수동적인 존재**였다.

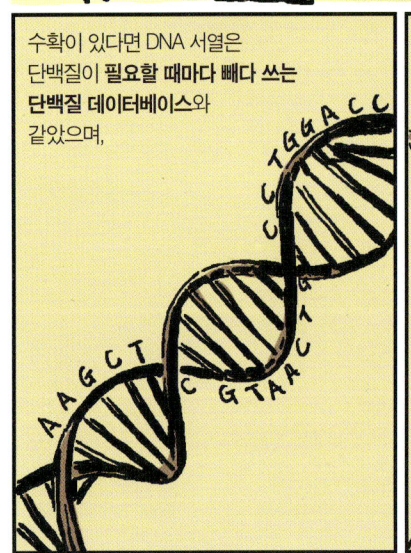

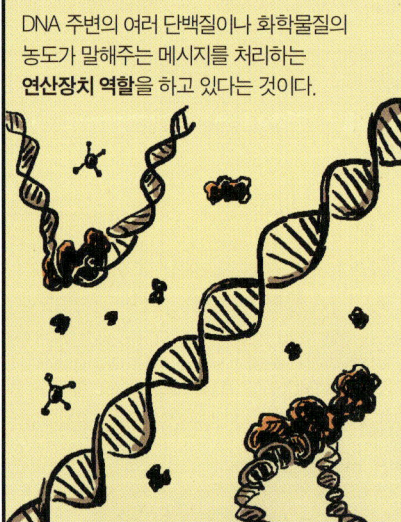

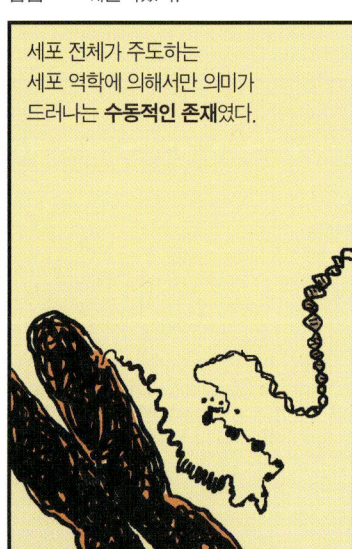

DNA가 생명체에게 무언가를 지시하기는커녕,
자신의 제한적인 일만 묵묵히 수행하는 듯
보인 것이다.

DNA는 바깥에서
무슨 일이 벌어지는지조차
모르는 것 같았다.

현실을 직시한 과학자들은 슈뢰딩거의 생각을
지탱하기 위해서 유전체의 범위를 확장할 필요가
있다고 느꼈다.

따라서 단백질과 DNA의 상호작용을 뭉뚱그려서 **유전프로그램**이라고 이름짓고, 생물체의 전체 질서를 지시한다고 생각하기 시작했다.

유전자의 범위를 DNA에 한정 짓지 않고 확장한 것이다.

그렇다. 이 논리대로라면 수정란에 있는 DNA 서열과 DNA를 작동시키는 초기 단백질의 모든 목록을 알기만 하면 생물체의 전체 조직화를 계산해낼 수 있다!

특정한 타이밍에 특정한 부위의 DNA 서열이 단백질에 의해 활성화되고, 새로운 단백질들이 연쇄적으로 만들어진다. 그리고 특이적인 세포들이 만들어지고, 그 뒤로는 정해진 도미노게임처럼 생명체의 완성까지 이어질 것이다.

유전프로그램이 유전자다.

그런데

이내, 유전프로그램만으로는 설명하기 어려운 지점을 눈치챈다. 유전자 발현은 DNA와 단백질의 상호작용만으로 설명할 수 없다.

유전자 발현에는 RNA, 지질, 메틸기, 아세틸기 등등 각종 화학물질이 관여하며,

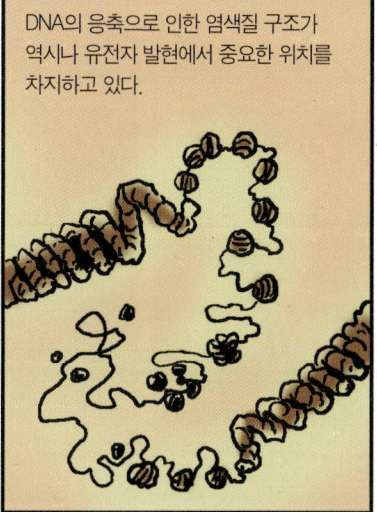

DNA의 응축으로 인한 염색질 구조가 역시나 유전자 발현에서 중요한 위치를 차지하고 있다.

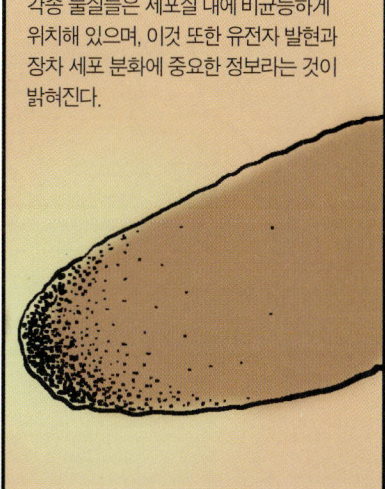

각종 물질들은 세포질 내에 비균등하게 위치해 있으며, 이것 또한 유전자 발현과 장차 세포 분화에 중요한 정보라는 것이 밝혀진다.

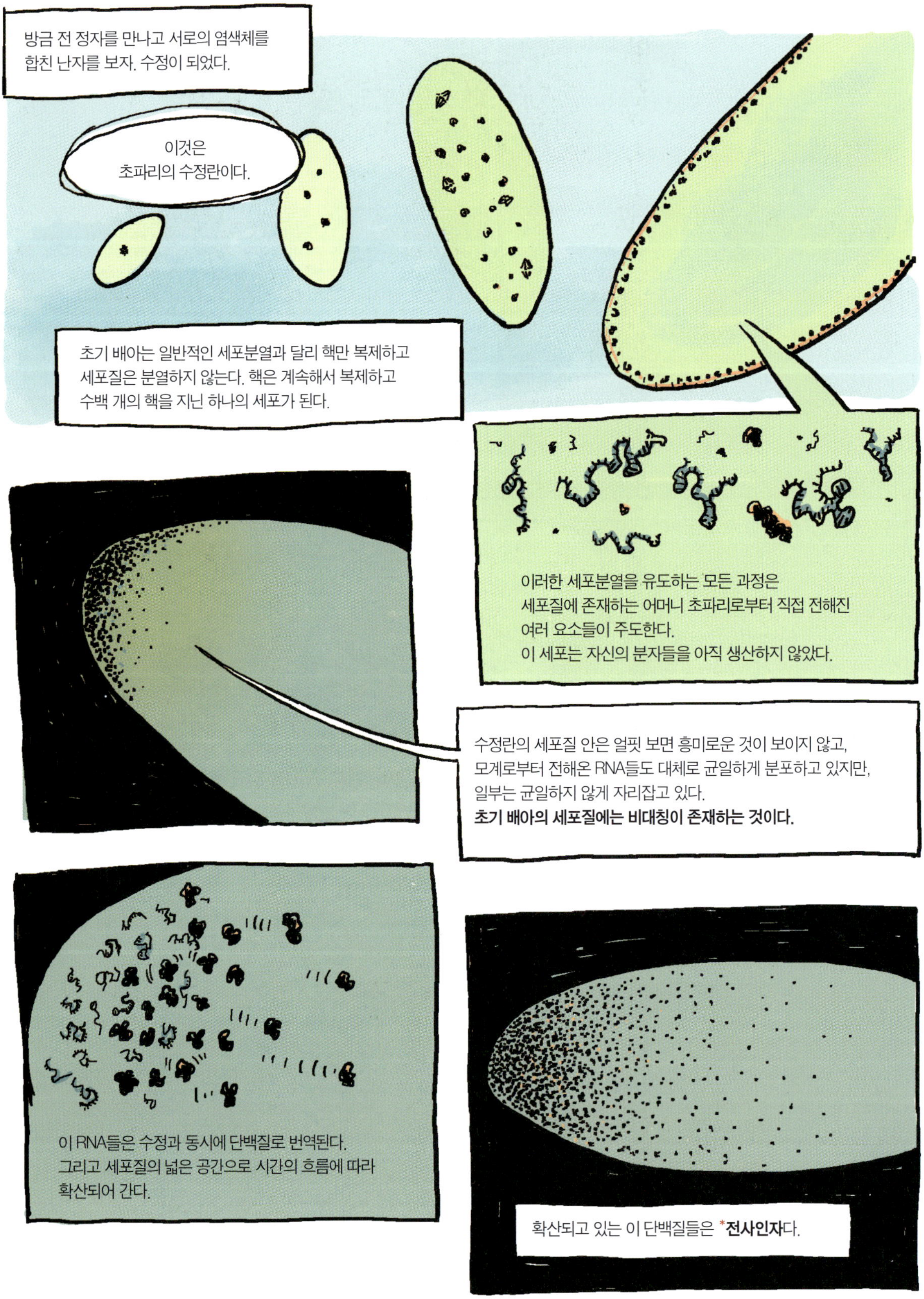

방금 전 정자를 만나고 서로의 염색체를 합친 난자를 보자. 수정이 되었다.

이것은 초파리의 수정란이다.

초기 배아는 일반적인 세포분열과 달리 핵만 복제하고 세포질은 분열하지 않는다. 핵은 계속해서 복제하고 수백 개의 핵을 지닌 하나의 세포가 된다.

이러한 세포분열을 유도하는 모든 과정은 세포질에 존재하는 어머니 초파리로부터 직접 전해진 여러 요소들이 주도한다.
이 세포는 자신의 분자들을 아직 생산하지 않았다.

수정란의 세포질 안은 얼핏 보면 흥미로운 것이 보이지 않고, 모계로부터 전해온 RNA들도 대체로 균일하게 분포하고 있지만, 일부는 균일하지 않게 자리잡고 있다.
초기 배아의 세포질에는 비대칭이 존재하는 것이다.

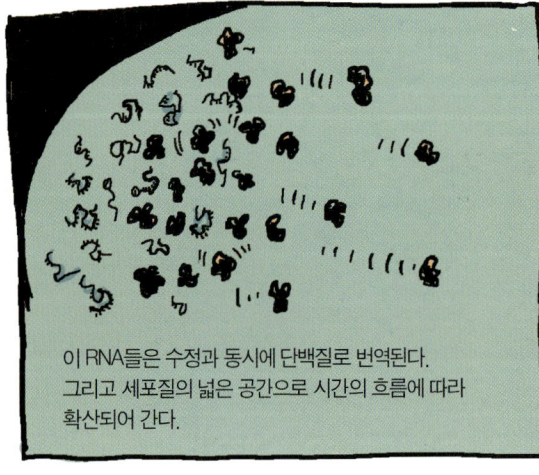

이 RNA들은 수정과 동시에 단백질로 번역된다. 그리고 세포질의 넓은 공간으로 시간의 흐름에 따라 확산되어 간다.

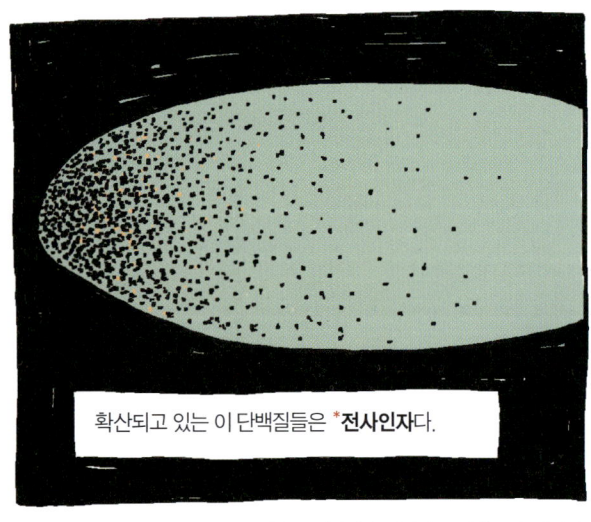

확산되고 있는 이 단백질들은 ***전사인자**다.

*	**전사인자**(transcription factor) : 특정 유전자의 전사 조절 부위 DNA에 특이적으로 결합하여 그 유전자의 전사를 활성화시키거나 억제하는 전사 조절 단백질. RNA중합효소의 활성을 제어함으로써 유전자 전사를 조절함.

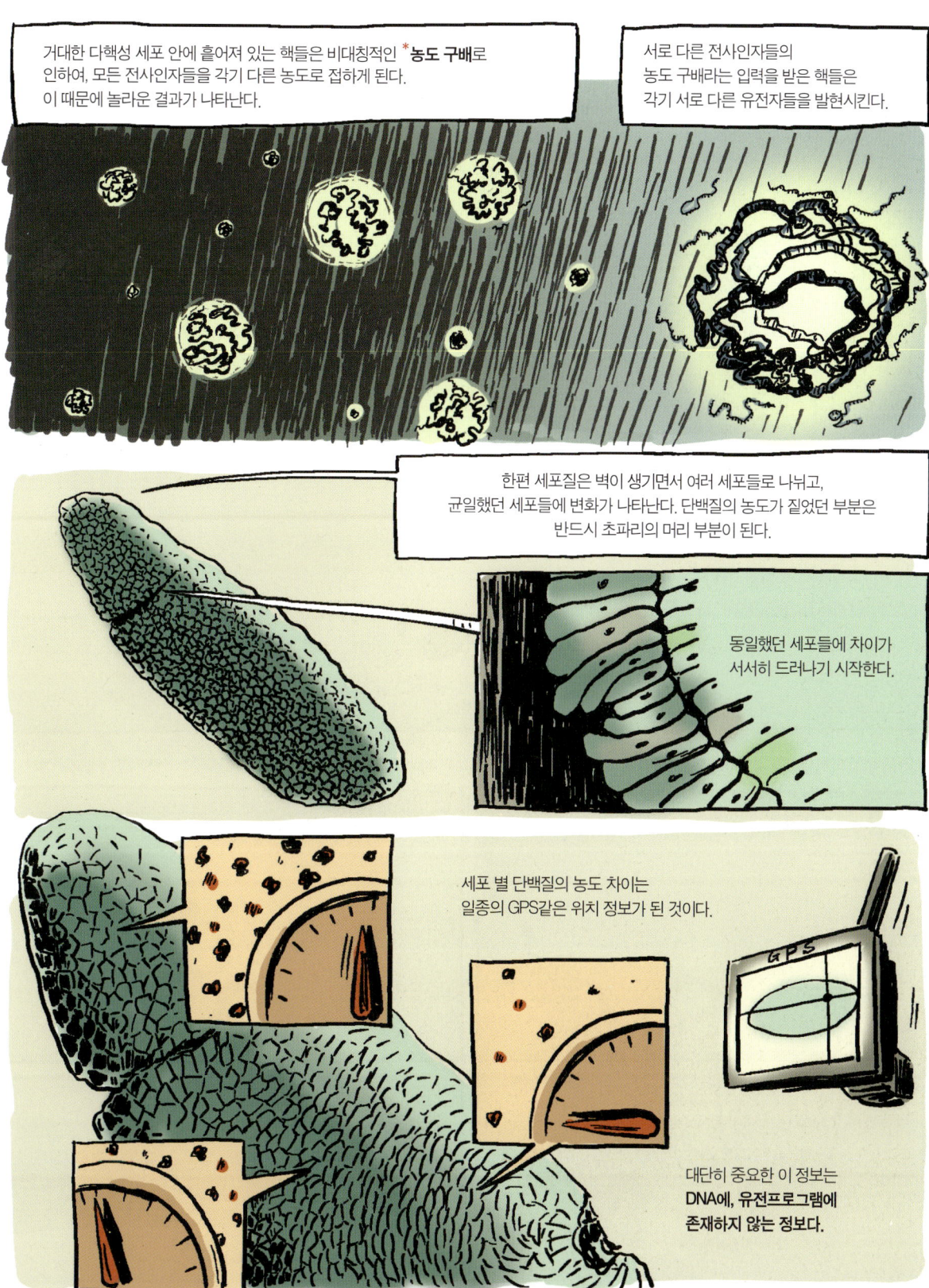

유전프로그램이 수행하는 선택적인 유전자 발현으로
세포 특이적인 단백질이 만들어지면서
세포들의 모양과 기능이 달라진다.
우리가 보았듯이 이런 식으로 세포는 달라진다.

모든세포의 염색체 DNA가 같아도
세포는 달라지게 되는 것이다.
이것이 **세포 분화**이다.

발생 과정에서 다세포생물의 한 세포가 특정 유형의
세포로 분화하면 그 정체성을 유지하게 된다.
세포가 분열하면서 복제하더라도 딸세포는 모세포와 동일하다.
예전의 초기 배아 상태처럼 어떤 다른 세포로도 분화할 수 있는
유동성이 사라진다는 말이다.

유전자 발현의 변화가 고정되는, 즉 각인되는 이유는 여러 가지다.

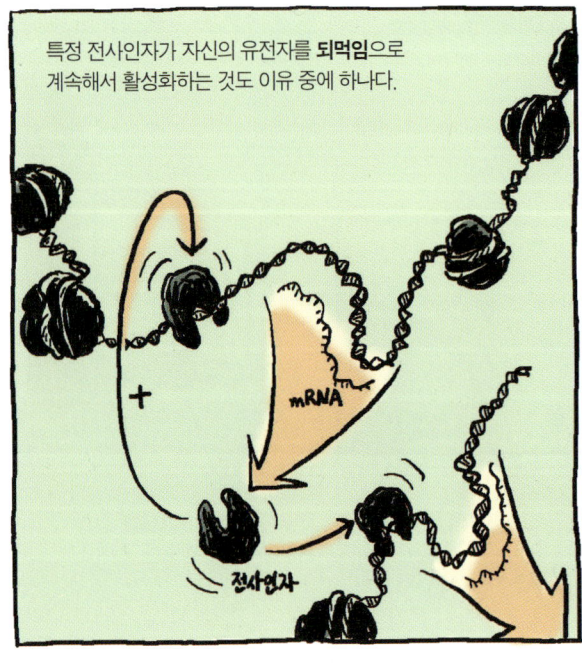

특정 전사인자가 자신의 유전자를 **되먹임**으로
계속해서 활성화하는 것도 이유 중에 하나다.

세포 분열을 하면서 딸세포가 모세포의
염색질 구조를 완벽하게 물려받는 것도 이유다.

특정한 염색질의 구조는 전체 유전자 중에서
특정 유전자들만 발현시킨다.

발생과 동시에 각양각색으로 분화한 세포들은 DNA나 유전프로그램 레벨에서는 상상하기 힘들었던 새로운 차원의 세계를 연다.

세포들의 대화다. 처음에는 속삭임에서 어느덧 아우성으로 변화한다.

어떤 세포들은 표면의 물리적 성질로 인하여 서로 들러붙고, 어떤 세포들은 반대로 미끄러져 흘러가게 된다.

이러한 현상은 단순해 보이지만, 다세포생물이 점차 개체로서의 전체적인 모습을 갖추는 데 중요한 요인이 된다.

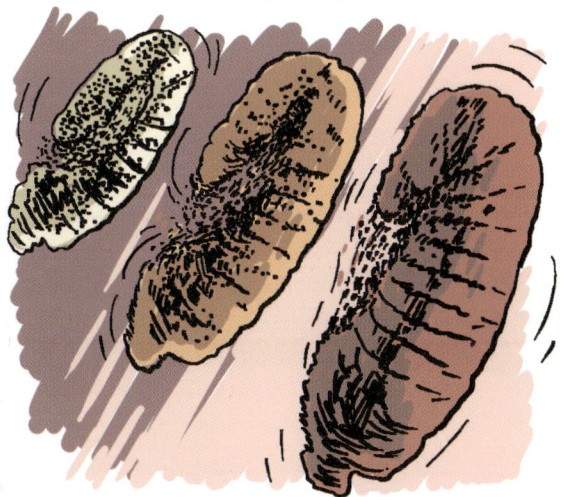

여러 세포들의 집단인 조직은 그 안의 세포들이
서로 어떻게 접촉하고 있는가라는 미세한 차이로
인해 세포들을 달라지게 하기도 한다.

이러한 상호 위치 정보는 유전프로그램에서,
또는 수정란이 미처 예측할 수 없는
대단히 국지적인 정보이다.

세포들에게는 밀착해 있지 않고 먼 곳에 떨어져 있는
세포에게 메시지를 전달할 수 있는 방법이 있다.

세포 사이의 신호 전달은 세포가 내보내는 ***신호분자**와
그것을 받는 다른 세포의 ***수용체** 사이에서 일어난다.

세포 표면에는 수천 종류의 수용체가 있다. 이에 반해 적은 종류의 신호분자들은
수많은 충돌 후에 자신과 꼭 들어맞는 수용체에 잠시 들러붙게 되고

세포 내부로 복잡한 연쇄 작용을
일으키면서 신호의 릴레이가 펼쳐진다.

***신호분자**(ligand) : 특정 수용체에 특이적으로 결합하는 분자. 수용체의 어떤 정해진 부위(리간드 결합 부위)에 특이적으로 결합한다.
***수용체**(receptor) : 세포 표면에서 일반적으로 볼 수 있는 분자로, 세포 외부로부터 화학 신호를 받는다. 이러한 외부 물질들이 수용체와 결합하면 뭔가를 하도록 세포에게 지시한다.

하지만 이것은 한 단편일 뿐이다. 세포는 수많은 신호를 동시에 받게 되는데, 세포 안의 수많은 신호 릴레이는 복잡하게 상호작용한다.

그리고 세포는 결국 신호를 통해 정보를 종합하고 해석한다.
마치 뇌의 신경세포망처럼 복잡한 자극들을 해석하여 복잡한 반응을 만들어내는 것이다.

어떤 의미에서 세포는 진정으로 **생각**하고 있는 것이다.

그리고 제각기 반응한다.

생존할 것인지, 복제할 것인지, 모양을 변형시키거나 움직일 것인지, 어떤 단백질을 합성할 것인지와 같은 다양한 반응을 하게 된다.

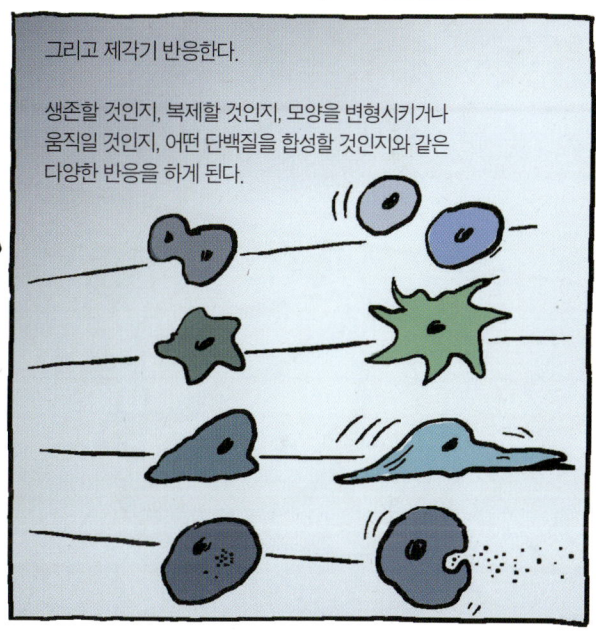

세포 사이의 복잡한 대화, 그로 인한 세포들 자체의 변화.
이러한 과정에서 무수한 새로운 정보가 창조된다.
세포들의 리그에서 만들어지는 정보다.

이러한 정보 탄생에 DNA와 유전프로그램이 관여하는 것은 분명하지만,
이들이 전부를 이끌고 있다고 생각하는 것은 너무 과하다.
그것은 **다양한 세포들과 그들의 복잡한 대화가 만들어낸
새로운 차원의 정보인 것이다.**

세포의 수는 성체가 될 때까지 마냥 늘어나지만은 않는다.
발생 과정을 보면 무수한 세포가 죽어나가는데, 그 양은 놀라울 정도이다.
새로 생기는 것에 버금가는 수의 멀쩡한 세포들이 죽고 있는 것이다.

*세포예정사(Programmed cell death)

이렇게 소모적으로 보이는
세포의 죽음은 실로 대단히
창조적인 과정이라는 것을
알게 된다.

죽음은 정교하게
조절되고 있고,
개체로서의 윤곽을 점차
또렷하게 잡아간다.

세포가 성장할지, 분열할지, 그리고 죽을지는 역시나
세포 내의 프로그램과 다른 세포에서 전해오는
신호가 복잡하게 얽혀서 결정된다.

누구의 사주냐?

나도 모른다.
진짜 모른다.

이러한 세포의 죽음은, 막 수정한 초기의 세포 안의 DNA나, 유전프로그램에서
애초에 계획한 것이었다고 상상하기 힘들다. 발생 과정에서 일어나는 일련의 여러 사건들 속에서
적절한 타이밍에 국지적으로 순간순간 만들어지는 사건인 것이다.

생명체는 계속해서
성체로서의 모습을 갖춰간다.

부모의 모습을 닮아간다.

*세포예정사(Programmed cell death) : 세포가 외부 또는 내부로부터의 신호 자극에 반응하여 스스로를 파괴하는 메커니즘. 아포토시스(apoptosis)라고도 함.

자칫 발생 과정을 세포들이 벌이는 그들만의 잔치라고 오해하기 쉬운데, 다음의 장면들을 보면 생각이 또 바뀐다.

세포막에 구멍이 생기고 구멍을 통해서 다량의 물이 쏟아져 들어온다.
물론 사고로 생기는 구멍은 아니고, 어김없이 정교한 조절에 의해서 일어나는 일이다.

 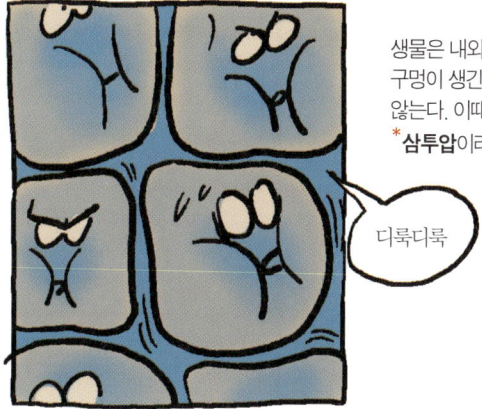

생물은 내외부가 온통 물로 차 있기 때문에 구멍이 생긴다고 해서 물이 쏟아져 들어오지는 않는다. 이때 물이 들어오게 하는 원동력은 ***삼투압**이라는 물리적인 동력이다.

염분이 높은 쪽으로 물이 이동하도록 하는 것이 삼투압이라는 힘이다.

세포 안으로 들어온 물로 인해 세포는 팽창한다.
팽창은 세포분열이나 세포 생장 같은 방법보다 조직의 부피를 키우는 손쉬운 방법이 된다. 이런 현상도 엄연히 발생의 한 과정이다.

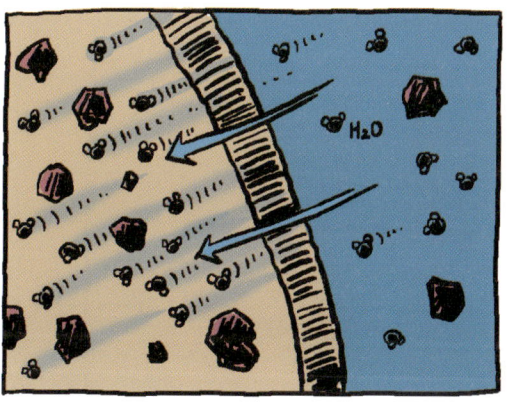 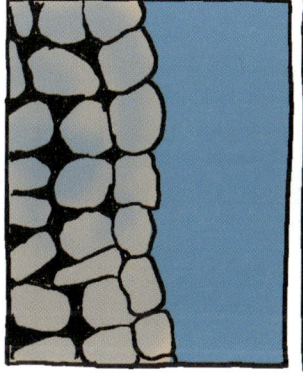 

유전체도 수정란도 삼투압에 관한 한 바보다.
그것이 아니라면 삼투압이라는 물리 현상이 있다는 가정 아래 모든 계획을 수립했을 정도로 천재다.

물에 대해서 잠시 얘기해보자. 사실 생물은 물이라는 분자에 절대적으로 의존하고 있다. 거의 모든 생화학 반응은 물이 존재해야만 가능하기 때문이다.

물은 너무나 흔해서 그렇지 독특한 화학적 속성을 가진 분자다.
극성이 있어서 서로 잡아당기는 힘이 크고, 이 성질 때문에 쉽게 기화하지도 액화하지도 않는다.

***삼투압**(osmotic pressure): 농도가 다른 두 액체를 반투막으로 막아놓았을 때, 용질의 농도가 낮은 쪽에서 농도가 높은 쪽으로 용매가 옮겨가는 현상에 의해 나타나는 압력이다. 배추를 소금에 절일 때, 배추의 물이 소금으로 인해서 배추 밖으로 빠져나가게 하는 힘을 생각하면 된다.

말하고자 하는 것은,

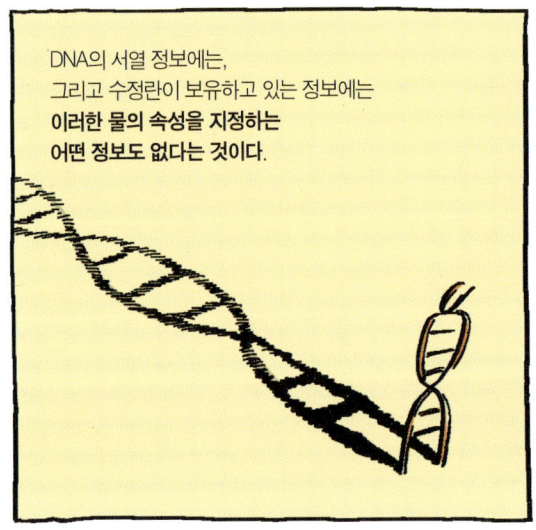

DNA의 서열 정보에는,
그리고 수정란이 보유하고 있는 정보에는
**이러한 물의 속성을 지정하는
어떤 정보도 없다는 것이다.**

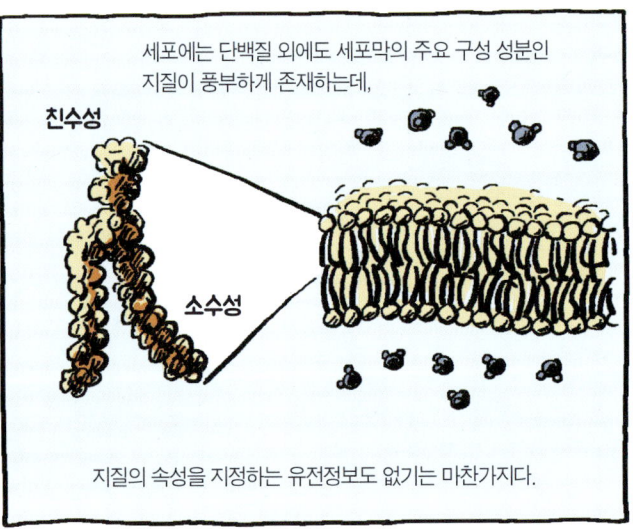

세포에는 단백질 외에도 세포막의 주요 구성 성분인
지질이 풍부하게 존재하는데,

친수성
소수성

지질의 속성을 지정하는 유전정보도 없기는 마찬가지다.

온도도 중요하다.
발생은 적절한 온도에서만 진행된다.

이 외에도 생명체가 지닌 정보는 수없이 많다.

특정한 환경. 더 넓게는 지금과 같은 물리 화학적 법칙까지 모두
생명체라는 정보를 완성하기 위한 필수 조건들이다.

**이러한 생명체의 모든 정보를 DNA나 수정란에
모두 우겨 넣을 수 없는 것이다.**

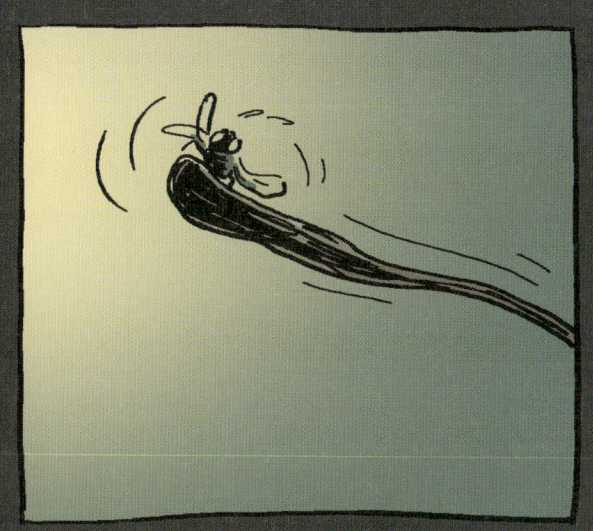

후르릅..

꿀꺽..

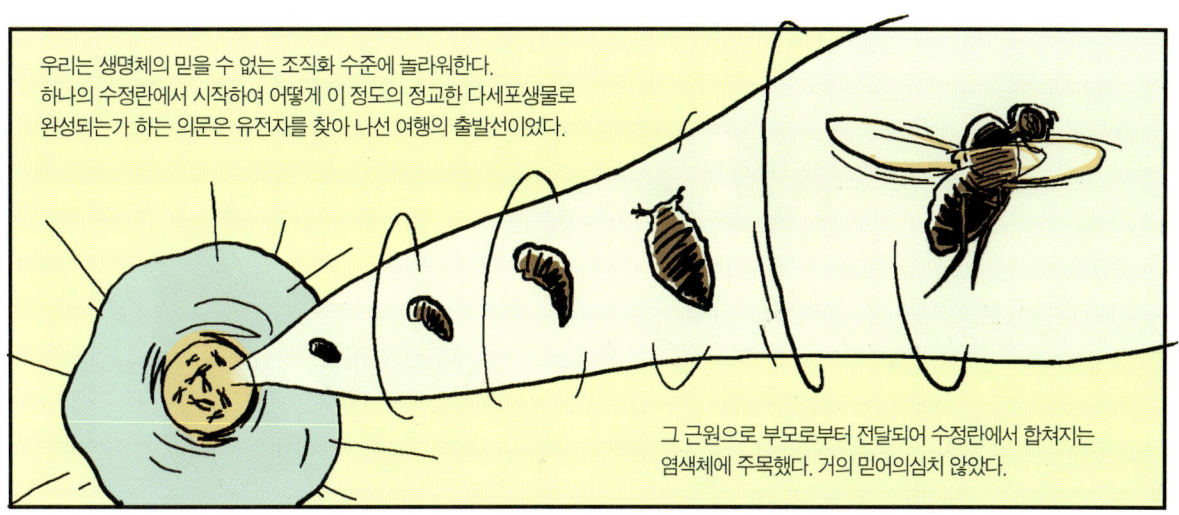

우리는 생명체의 믿을 수 없는 조직화 수준에 놀라워한다.
하나의 수정란에서 시작하여 어떻게 이 정도의 정교한 다세포생물로 완성되는가 하는 의문은 유전자를 찾아 나선 여행의 출발선이었다.

그 근원으로 부모로부터 전달되어 수정란에서 합쳐지는 염색체에 주목했다. 거의 믿어의심치 않았다.

염색체 안에서도 DNA에 배열된 염기의 서열 정보에만 집중했다. 단백질의 아미노산 서열 정보가 유전암호로 연결되어 있다는 것을 알아냈을 때 그 짐작이 옳았다고 확신했지만 사실상 그 후의 이야기는 혼란과 회의로 가득하다.

애써 부정했지만 DNA에서 단백질로 가는 기본적인 과정에서조차 DNA의 서열 정보는 온전히 전달되지 않았고, 원본의 정보는 흩어지고 온갖 잡음만 뒤섞였다.

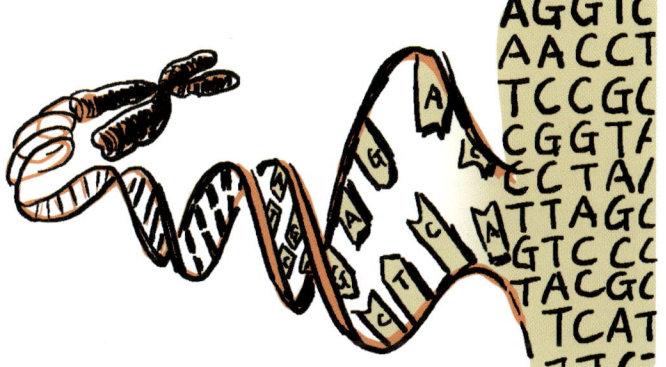
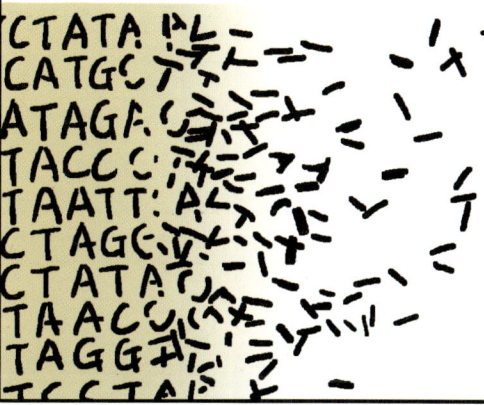

지금은 이것이 정보가 흐려지는 것이 아니라, **새로운 정보를 창조하는 과정**이라는 것을 알고 있다.

DNA나 유전프로그램에게 조종당하는 입장이 아니다.
생물체의 발생 과정은 매 단계마다 항상 한계를 뛰어넘으려는 시도로 비춰진다.

우리는 여기에서 생명체의 **창발성**에 주목하게 된다.

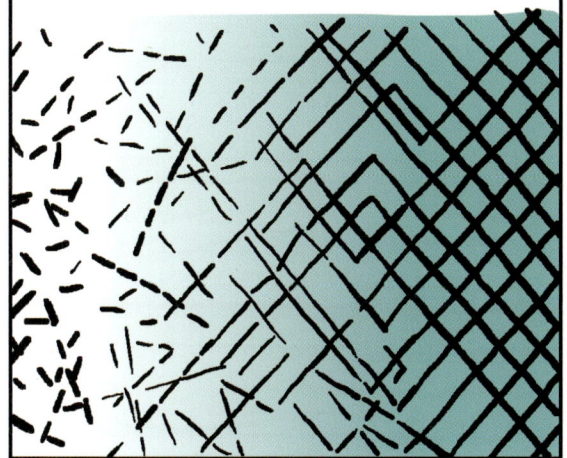

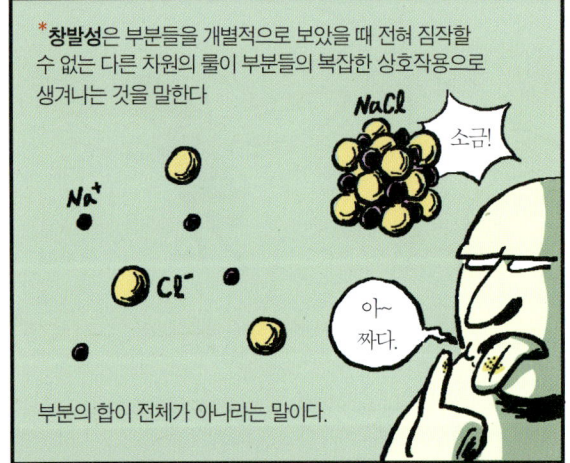

유전자 발현의 결과물이 단백질이고, 단백질이 세포의 특성을 결정하고, 세포들은 조직을, 조직은 기관을, 결국 개체를 결정짓는다는 인과 사슬은, 생물의 창발성을 무시하고 지나치게 단순화시키는 논리다.

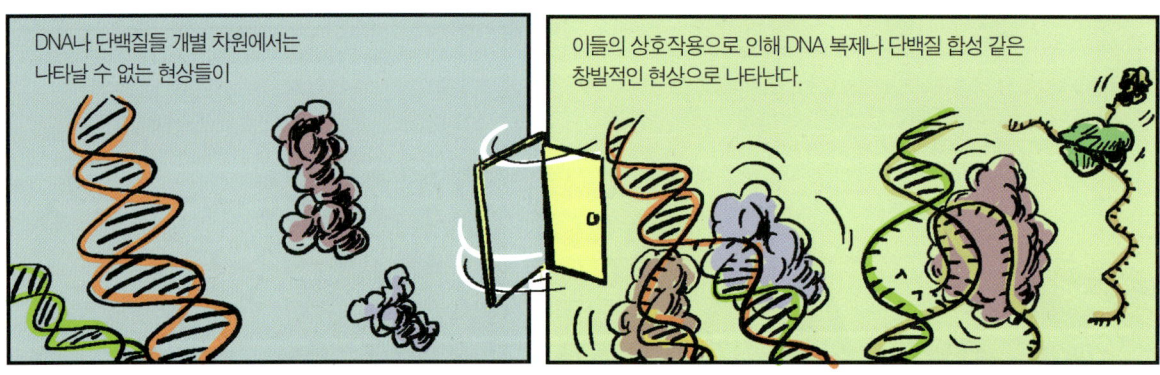

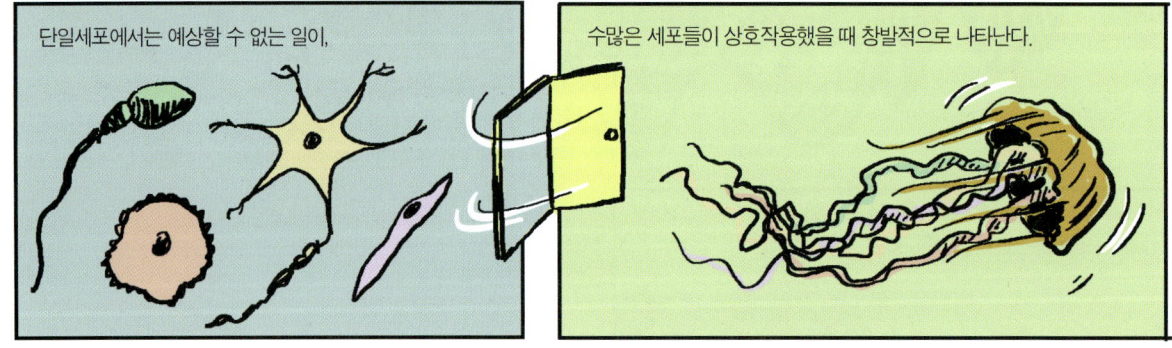

DNA나 DNA와 단백질의 상호작용인 유전프로그램을 멀리 떠나서, 수정란조차 잊게 만들 정도로 온갖 새로운 사건, 새로운 대화들이 생겨난다. 겹겹이 쌓여진 레벨들에서 그 레벨에 어울리는 이야기가 생겨난다.

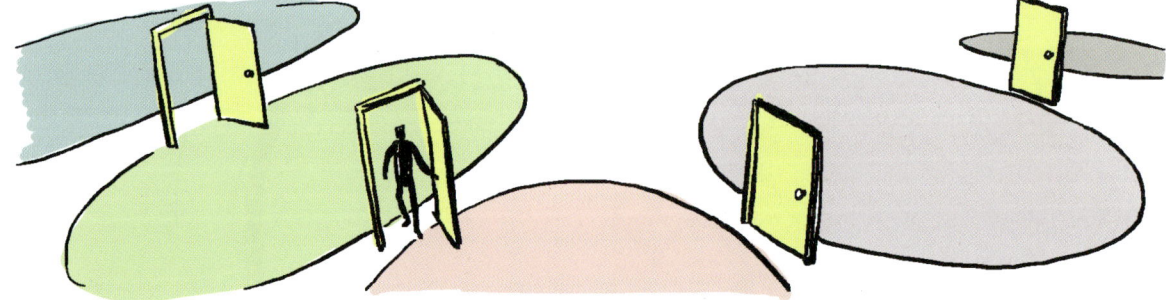

*창발성(emergent properties, 創發性) : "역학적 반응과 화학적 반응을 안다고 해서 생명에 대해 예측할 수 없다"(S. Alexander, 공간, 시간 그리고 신 Space, Time, and Deity 1920) 이 말이 창발성을 표현하고 있다. 조직과 같은 일정 레벨에서 실체를 설명하는 성질은, 그보다 낮은 차원에서 발견되는 성질로부터 예측하기가 어렵다. 자기 조직화의 능력을 가진 생명체를 보면 전체는 부분들의 합보다 크다는 것을 깨닫게 된다. 전체를 구성 요소로 나누어 분석하는 환원주의만으로는 구성 요소들의 끊임없는 상호작용을 통해 나타나는 창발성을 설명하기 어렵다.

상위 레벨과 하위 레벨이 별개라는 뜻은 아니다.
DNA를 완전히 떠난 세포는 있을 수 없으며,
세포를 떠난 개체는 있을 수 없다.
하위 레벨은 든든하게 상위 레벨을 떠받치고
그런 토대 위에서만 존재하는 새로운 논리이며
이것이 하위 레벨에서 예측할 수 없는 자유를 제공한다.

상위 레벨은 하위 레벨에 신세만 지고 있는 것은 아니다.
세포라는 상위 레벨은 하위 레벨인 DNA나 단백질의
견고함을 지탱해주고 있다.

부분은 전체에게, 전체도 부분에게 강한 인과관계를
형성하고 있다. 서로에게 필수적인 도움을 주면서도
전혀 그 사실을 모르는 요상한 관계이다.

생명체는 창발성이라는 거대한 벽이 각각의 체제들을
마치 서로 다른 차원처럼 나누어놓고 있다.

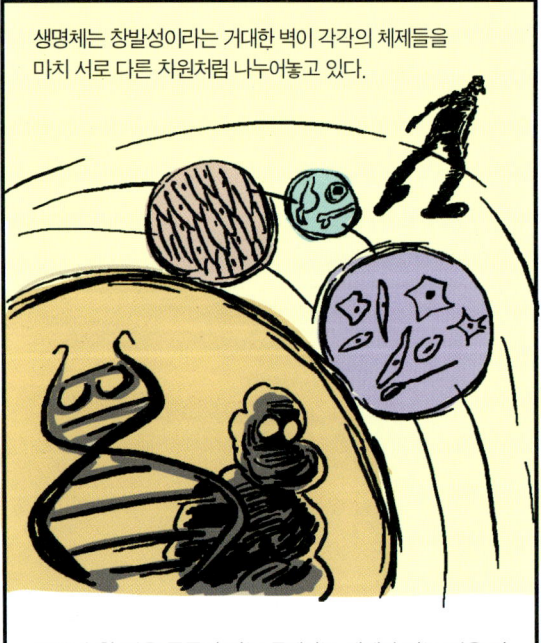

DNA가 할 일을 묵묵히 하는 곳에서는 개체가 하는 일을 짐
작조차 할 수 없다. DNA는 우리의 코 모양을 모르고, 쿵쾅거
리면서 걷게 하는 다리를 알지 못한다.

**우리는 '유전자는 DNA 또는 수정란이다'와 같이 유전자가 생물
체의 정보를 압축한 정보 덩어리라고
착각하지 말아야 한다.**

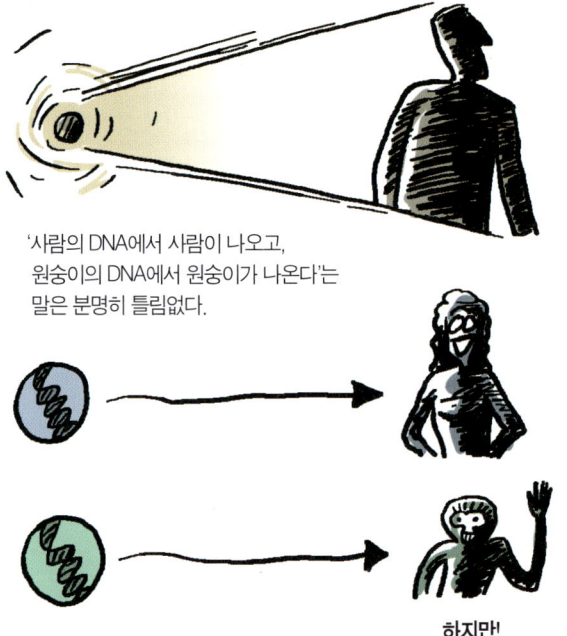

'사람의 DNA에서 사람이 나오고,
원숭이의 DNA에서 원숭이가 나온다'는
말은 분명히 틀림없다.

하지만!

사람, 원숭이, 바나나의 DNA만 놓고 보면 어떤 쪽이 사람다운 DNA인지 구별할 수 없다. 그런 시도는 그다지 의미도 없다.

사람의 **수정란**에도 사람다움이란 없다.

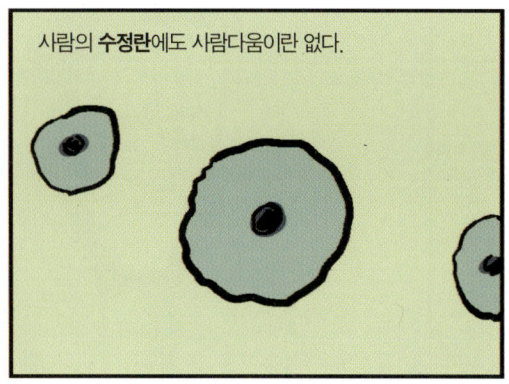

사람을 사람답게 만드는 것은, 사람의 **발생 과정**에서 하나하나 창발적으로 만들어지고, 사람으로 완성되고 나서야 사람임을 인정할 수 있는 것이다.

세상에…

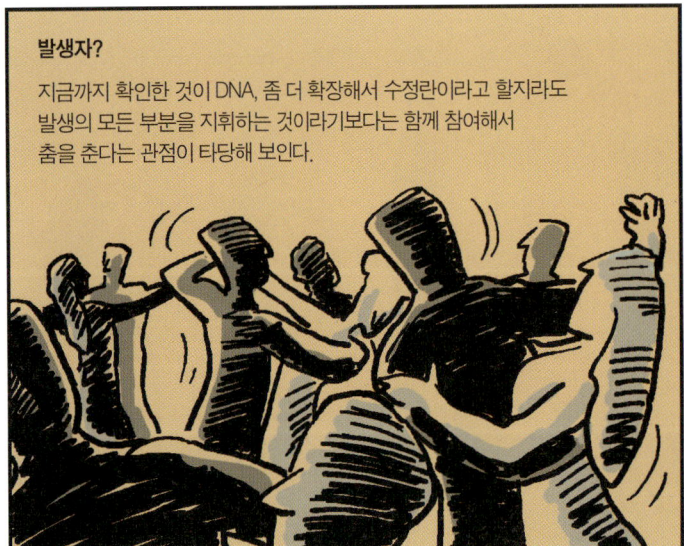

발생자?
지금까지 확인한 것이 DNA, 좀 더 확장해서 수정란이라고 할지라도 발생의 모든 부분을 지휘하는 것이라기보다는 함께 참여해서 춤을 춘다는 관점이 타당해 보인다.

단백질, 세포, 개체는 모두 일시적으로 살아 있을 뿐 결국 죽어 없어지는 것들이고, 유전물질 안의 정보만이 영원불멸하다는 생각 역시…

잘못된 생각이다.

서열 정보는 계속 복제되면서 정보를 유지한다.

세포 또한 계속 복제된다.

개체도 계속 복제하면서 정보를 유지한다.

유전자가 복제하면서 영원히 산다고 주장한다면, 단백질도 세포도 개체도 영원히 산다고 하는 것이 옳다.

죽는다는 것을 심각하게 고려하는 것은 우리 안의 뇌가 만드는 감정일 것이다.

난 죽잖아~~

생명체를 보는 시각을 달리 해보자.

먼저 **세대에서 세대로 정보가 전달되는 유전**과…
새로운 세대가 만들어지는 발생을 별도로 보지 않는 것이다.

유전과 발생을 동시에 수행하는 유일한 유전물질,
또는 생명의 작은 부분집합은 없다.

유전자라는 물질 자체를 지워버린다.

유전을

물질이 아닌 현상으로 본다.

우리의 시공간에서 펼쳐지는 물질과 에너지가 만들어내는
특별하면서도 거대한 과정으로 본다.

GENOME EXPRESS

GENOME EXPRESS
CHAPTER 12

돌아가는 길에서…
생명체의 정보란 무엇인가

생명이란 문제를 해결하는 것이고 살아 있는 생물은
이 우주에서 문제 해결을 하는 유일한 복합체이다.
- 칼 포퍼

생명체의 정보를 죄다 담고 있는 작은 물질. 처음에 이렇게 가정했던 유전자는 원래부터 존재하지 않았다. 유전은 거대한 현상이며 흐르는 과정이지, 물질에 한정되지 않는다. 어떻게 보면 실패로 끝난 여행. 이 여행의 끝에서 우리는 자연스럽게 근본적인 질문과 마주한다.

유전자를 물질로 규정했을 때 빠지게 되는 함정이 있다.
유전자를 생물체의 거의 모든 정보를 담고 있는 물질로 여기는 순간, 우리는 자연스럽게 오류와 마주치게 된다.

완벽한 DNA 서열만 알고 있다면, 생물체를 재현할 수 있다! 뭐 이런…

많은 영화에서 다루는 단골 소재 중 하나가 DNA 서열을 이용해서 공룡이나, 인간을 재현하고 서열을 조작하여 어떤 우월한 개체를 임의로 탄생시키는 등의 이야기이다.

이것이 사실이라면 서열 정보는 엄청나서 우주 어딘가에 있는 외계인에게 전송하더라도 서열 정보가 말하는 개체를 재현할 수 있다는 것을 뜻한다.

하지만 제아무리 명석한 외계인도 DNA 서열 정보만으로는 그 무엇도 재현할 수 없다.

그럼 얼음 속에 얼어 있는 매머드의 유전자 서열 정보를 추출하여 살아 있는 매머드를 만든다는 시도는 어떨까?

가능하다. 다만 매머드를 생존해 있는 코끼리와 대단히 흡사하다고 가정할 때의 이야기이다. 코끼리를 통해 나머지 정보를 메꿀 수 있는 것이다.

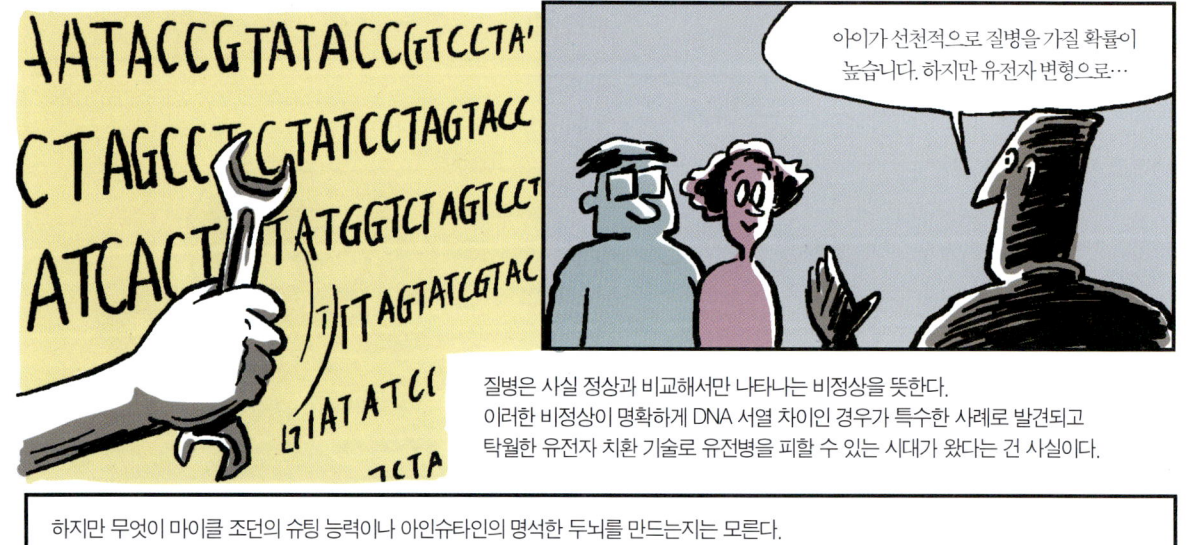

유전 현상을 조금이나마 이해한 지금, 어떤 것이 비교적 쉬운 일이고, 어떤 일이 대단히 난해한 일인지 구분할 수 있다.

유전자를 물질로 규정하면 마주치게 되는 오류는 또 있다.

사람들은 DNA나 유전암호를 알기 전에도, **부모에게 물려받는 것**과, **스스로 만들어내는 것**. 이 둘이 구별할 수 있다는 생각을 어느 정도는 하고 있었다. 부모와 쏙 빼닮은 겉모습이나 내적인 기질, 특정 분야의 재능 등과 환경이나 노력에 의해서 부모와 달라지는 부분을 눈치채고 있었던 것이다.

선천과 후천에 대한 이야기를 하고 있는 것이다.

그런데 부모로부터 받은 유전자, 물질로서의 유전자를 알게 되면서부터 과거와는 다소 다른 방향으로 생각의 변화가 생긴 것 같다.

그중 하나가 선천과 후천을 그 전보다 명확히 구분하려는 생각이다.

유전자가 견고한 물질이기에 유전자는 변치 않는 것이며, 후천적인 것은 유전자 이외의 것이다.

유전자는 뼛속까지 박혀 있는 것! 내가 어찌 해볼 수 없는 것!

이러한 선천과 후천의 이분법적 논리는 심지어 어떤 표현 형질, 예를 들어 동성애 성향이나 특정한 유전병 같은 표현 형질이 나타나는 데에 유전적인 기여도가 40%, 환경적인 기여도가 60%와 같은 식으로 정량화하는 데까지 뻗어나간다.

그러나 지금까지 지나오면서 마주친 생물의 발생 과정은 **어디까지가 선천적인 것인지, 어디부터가 후천적인지를 구분할 수 없다**고 말하고 있다.

근본적으로 선천적인 것과 후천적인 것은 구분할 대상이 아니다.
생물의 발생 과정은 환경으로부터의 **자극에 기존에 있는 것이 반응**하는 방식으로 한 단계씩 나가기 때문이다

DNA의 의미는 단백질 같은 주변의 자극에 의해서 켜지고 꺼지는 방식으로 나타난다.

DNA와 단백질의 상호작용 외에도 발생의 모든 과정이 이런 식으로 환경의 자극에 의해서 나타나는 방식이고,

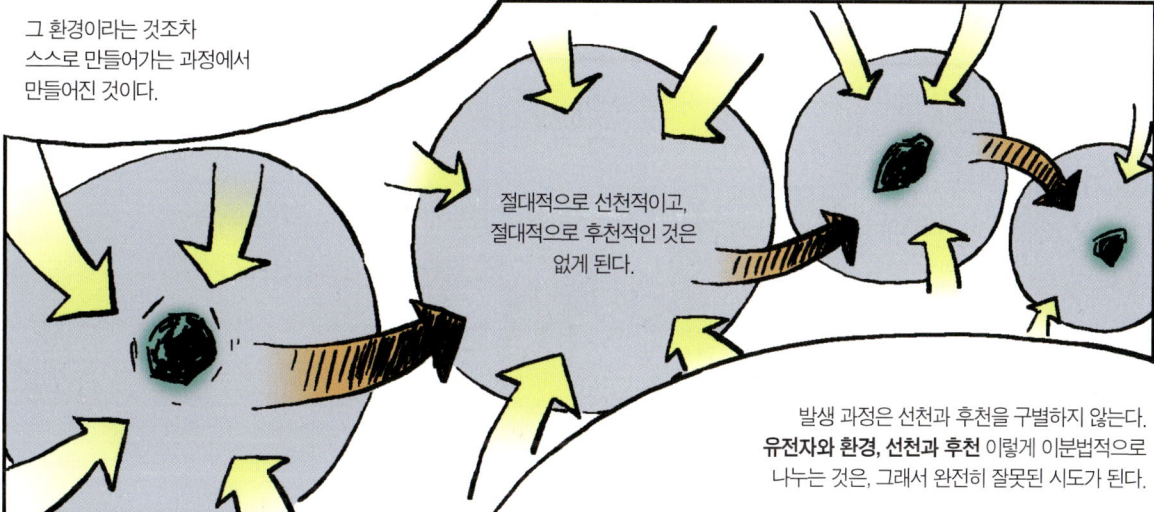

그 환경이라는 것조차 스스로 만들어가는 과정에서 만들어진 것이다.

절대적으로 선천적이고, 절대적으로 후천적인 것은 없게 된다.

발생 과정은 선천과 후천을 구별하지 않는다. **유전자와 환경, 선천과 후천** 이렇게 이분법적으로 나누는 것은, 그래서 완전히 잘못된 시도가 된다.

선천과 후천을 구별하기보다는 어떤 형질이 얼마나 고정적인 것인지, 아니면 가변적인지 구분하는 것이 그나마 타당하다고 할 수 있다.

선천과 후천은 지워버리자.

혈액형이나 눈 색깔, 손가락 개수처럼, 죽을 때까지 크게 변치 않는 것이 있다면 이것은 상당히 고정적인 형질이다

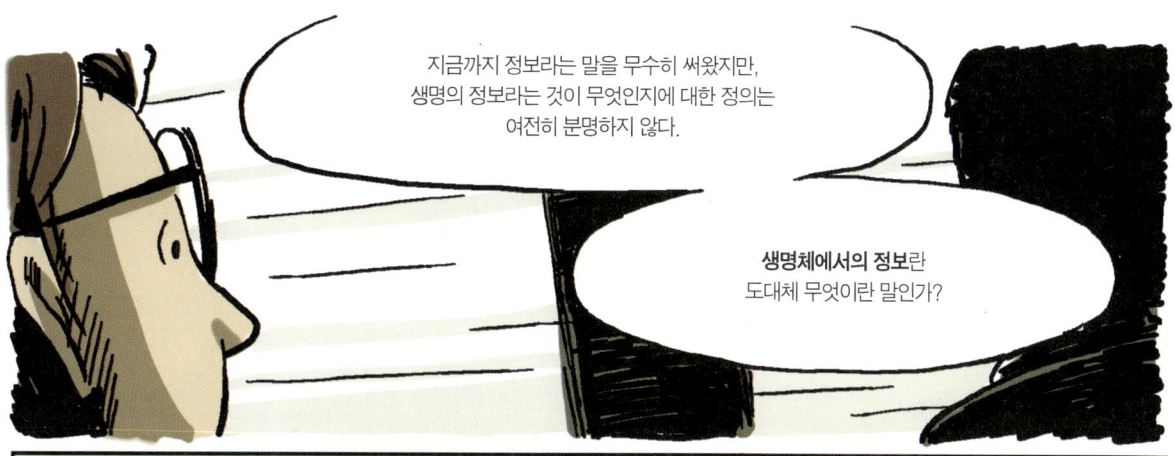

반면 세탁기 안에서 돌아가는 옷가지들과 어지럽게 움직이는 세제 분자들에서는 질서나 패턴을 찾기가 거의 불가능하다.

그러하기에 **복잡하다**고 표현할 수 있다.

보통은 이렇게 **복잡하면 무질서하다**.

복잡함과 질서는 대체로 서로 양립하기 힘들고, 어울리지 않는 개념들인 것 같은데 묘하게도 생명체에게는 복잡함과 질서가 양립한다.

생명체는 무엇이 특별하기에?

넌 뭐냐…

잠깐! 생명체만이 유일하게 복잡하면서도 질서를 가진 것이 아닌 것도 같다.

우리 주변에는 개별적으로는 *카오스적이지만, 집단적, 거시적으로 패턴을 만드는 예가 의외로 많다.

***카오스**(chaos) : 카오스라는 말은 흔히 '혼돈'이라는 의미로 자주 사용되는데, 초기 조건을 모두 알더라도 장래를 예측할 수 없는 불안정한 현상을 뜻한다.

개별적인 요소들은 불확실하고 무작위적

전체적으로는 정연한 질서 상태

새들은 자기들이
고래를 만들고 있다는 것을
알기나 할까?

태풍 역시 부분적으로 복잡함뿐이지만,
거시적 규모에서는 조화로움을 만들고 있다.
질서는 복잡함 속에서도 어떤 조건, 이유 등으로 인해
일정한 패턴을 만들어낸다.

과르릉

그렇다면 태풍과 생명체는 비슷하다고 봐야 할까?

생명체는 조금 다르다.
굉장히 **조직화된 복잡함**을 가진다.

생명체가 조직화되어 있다는 뜻은
모든 요소들이 **전후 관계를 형성**하고 있다는 것이다.
매우 특정화된 전후 관계 말이다.

이런 전후 관계에서 우리는 흥미로운
이야기들을 발견한다.
이런 이야기들은 서로 어우러져서
수많은 의미들을 만들고 있다.

생물학적 정보, 생명체를 둘러싼 모든 것들과의 특이적인 전후 관계,
발생 과정과 이후의 생명 활동에서 수없이 만들어지는 특이적인 전후 관계,
그런 관계 속에서 의미가 만들어진다. 그 어딘가쯤에 생물의 정보가 있다.

저기 사람이 있어요!

악

우리의 이야기는 여기까지다. 유전자라는 실체를 확인하고자 하는 여행은 이렇게 끝난다. 굉장히 허무한 결론을 남기고…

허무한 기분은 가려움 같은 것으로 이어진다.
그 가려움은 마음속에서 꿈틀거리는 한 가지 질문 때문이다.

이 문제는 하나의 개체가 수정란에서 성체가 되기까지의
비밀을 밝히는 것보다 훨씬 거대해 보인다.

과연
세대를 잇는 생명의 과정은…
어떻게 생겨난 것일까?

언제부터 생명체가 있었는지는 모르겠지만
억겁의 시간 동안 이어지는 생명의 대서사시는
어떻게 생겨날 수 있었는가?

어떻게 하나의 개체가 자라날 때까지의
혼돈의 파국을 수많은 시간 동안 이겨내면서
고도의 질서를 유지하는 시스템이
자발적으로 생겨날 수 있을까?

아니요. 집으로 갑니다.

GENOME EXPRESS

EPILOGUE

그렇다면 그 많은 유전자는 무엇인가?

유전을 물질에 가두지 말고 과정 그자체로 보자. 문제의 핵심이다.
우리는 생명체를 묘사하면서 높은 레벨의 기관이나 개체, 낮은 레벨에 있는 단백질이나 DNA 같은 표현을 자주 썼다.
과학에서는 이렇게 여러 레벨로 분류하는 것이 버릇처럼 되어 있다. 그리고 DNA 같은 낮은 레벨의 물질은 인과론의 사슬을 따라
높은 레벨의 개체에 이르는 조직화의 근원이 된다는 느낌을 갖게 된다.

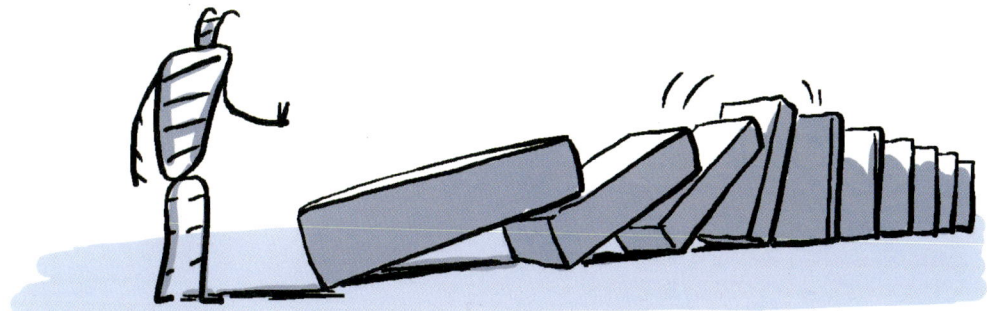

이러한 생각은 과학자들, 아니 보통의 사람들까지 은연중에 가지고 있는 선입견일 것이다.
지금까지 보았듯이 유전자는 특정 위치에 놓여 있어서 손에 잡히는 그런 것이 아니었다.
거듭 추적했지만 정확한 무엇으로 규정할 수 없었다. 유전자는 생명체 전체에 퍼져 있는 것만 같았다.
이런 결과의 원인은 우리에게 있다.

은유로 세상을 이해하는 인간의 속성이 오류를 낳은 것이다.
우리는 이제껏 유전자를 원자에 비유하기도 했고, 컴퓨터 프로그램에 비유하기도 했다.
어떤 경우든 유전자를 정자와 난자에 담겨 있는 *객체로 인식했다.
따라서 이 객체가 생명체의 복제와 발생을 지시한다고 생각할 수밖에 없었다.

은유는 유용하지만 한계가 명백하며, 과학에서는 특히나 치명적인 경우가 많다.
왜? 자연은 인간으로부터 생긴 것이 아니다.
인간은 한낱 하나의 일원이며, 우주 속의 작은 현상이기 때문에,
자연은 우리가 이해하기 편한 대로 놓여 있지 않다.
자연은 우리에게 관심이 없다. 관심 있는 쪽은 인간이다.

어쨌거나 유전 현상의 실상은 처음의 직관과는 많이 달랐다.
이쯤되면 과학은 왜 물질에 그토록 집착할까를 고민해야 할지도 모르겠다.
우리가 경제, 영화, 음악 등을 설명할 때를 떠올려보자.
이런 분야를 이야기할 때는 어떤 물리적인 객체를 내세우지 않는다.
이들을 설명하기 위해서는 어떤 통합적인 과정을 들먹이는 것이 보통이며,
그냥 그 자체로 이해한다.

***객체**(Object, 客體) : 주체에 반대되는 말로서, 객관적 대상을 지칭함

유전자도 비슷한 맥락으로 이해하는 것이 옳다.
DNA나 단백질 같은 물리적 객체가 유전의 유일한 원인이 아니며, 유전을 절대 대표할 수 없다.
유전은 하나의 거대한 현상이고 과정이며, 그 자체이다.

오늘날 우리는 매일처럼 수많은 유전자들과 만나고 있다.
이름만 가지고는 정체를 짐작하기 어려운 '무의미 유전자, 반복 유전자, 위성 유전자' 등을 비롯해서
간암 유전자, 알츠하이머 유전자, 암 유전자와 같은 질병을 지칭하는 유전자도 많다.
각종 미디어에는 유전자에 대한 자극적이고 흥미로운 기사도 넘쳐난다.
언어 유전자, 비만 유전자, 폭력 유전자, 동성애 유전자….
대체로 언어, 비만, 폭력 등의 현상은 문화나 환경에서 인과관계를 찾았었는데,
거기에다가 유전자라는 단어를 붙임으로써 이러한 특질이
직접적으로 대물림되는 것이라는 인식을 은연중에 강요하기도 한다.
어찌되었든 유전자는 참으로 많고, 앞으로도 유전자의 목록이 늘어갈 것은 분명하다.

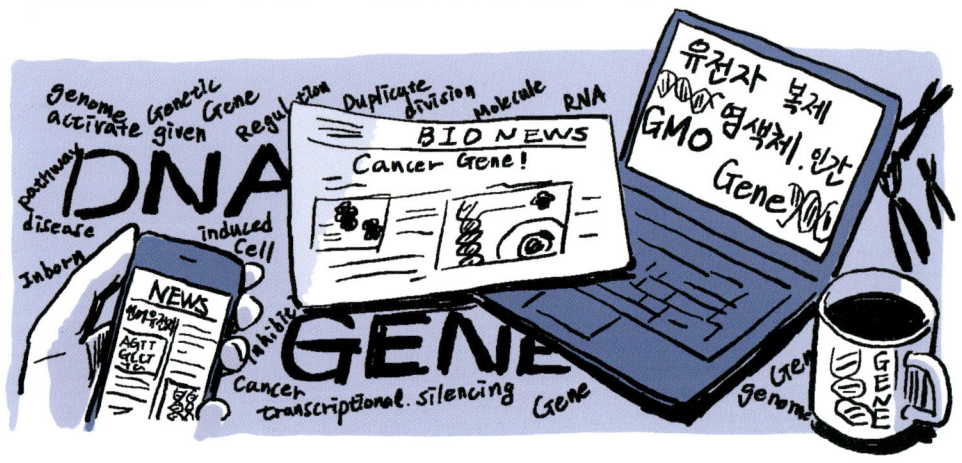

이 유전자들은 도대체 무엇일까?

**알겠는가? 위에 열거된 많은 유전자들은
우리가 애초에 가정한 유전자와 다르다.**

**우리가 가정한 유전자는
'개체의 정보를 담고 있는 실체'였다.**

우리가 가정한 유전자와 달리 많은 유전자들은
심지어 서로 다른 대상을 가리키고 있다.

대부분의 질병 유전자, 비만, 동성애, 언어 장애 등과 같은 형질들은
보통은 비정상을 뜻한다. 압도적으로 많은 다수의 형질,
평균적인 형질과 비교했을 때 나타나는 두드러지는 차이를 뜻하며,
대개는 정상적인 생활을 방해하는 좋지 못한 형질들이다.

과학자들은 이러한 비정상적인 형질에 대한 이유를 찾아나선다.
단것을 많이 먹거나 포화지방산을 많이 섭취하는 것과 같은 이유도 있겠지만, 과학자들이 흥미를 갖는 것은
평균적인 다수가 공유하는 동일한 뉴클레오타이드 서열과 비교했을 때 변칙적인 서열이 있는지의 여부다.
만약 그러한 서열을 발견하고, 비정상적인 형질과 확률 통계적인 개연성이 의미있게 나타나면,
학계에 보고를 하고, 해당 서열에 'XX유전자'라는 이름을 붙인다.
이처럼 **특정한 서열의 차이**라는 개념은 모건이 말한 유전자와 사실상 거의 같다.
모건에게 유전자는 염색체상의 특정 위치였지만, 과학자들의 유전자는 게놈상의 특정 서열의 차이다.
둘은 동일한 것을 지칭한다고 할 수 있다.

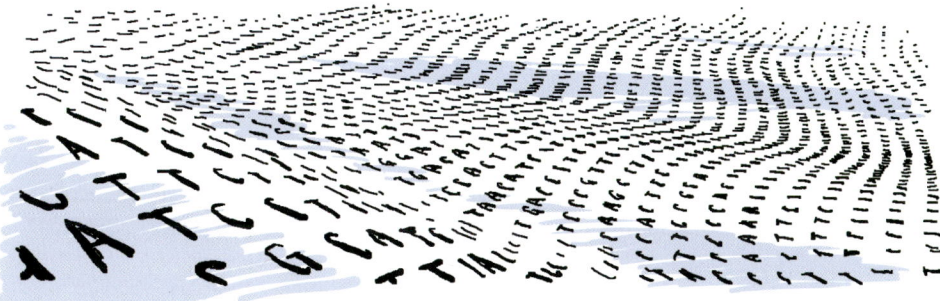

게놈프로젝트 후에 인간의 유전자가 대략 2만 1,000개라고 말할 때,
이때의 유전자는 특정한 아미노산 서열로 변역되는 뉴클레오타이드의 **염기 서열**을 말한다.
이들 서열은 단백질을 만드는 기초 자료가 되고
분자 레벨에서 기능하고 의미를 갖는 무엇이라고 할 수 있다.

과학 성과 중에 많은 경우에 어떤 유전자를 말할 때
알고 보면 **mRNA 서열**을 지칭하는 경우도 많다.

조절요소, 프로모터, 인핸서 등도 유전자라고 부르는데,
이때의 유전자는 뉴클레오타이드 서열이지만
단백질을 암호화하는 서열이라기보다는 전사인자와 같이
단백질과 상호작용하여 전사 조절에 관여하는
기능적인 대상이라고 할 수 있다.
역시나 분자 레벨에서 기능하는 서열 정보이다.

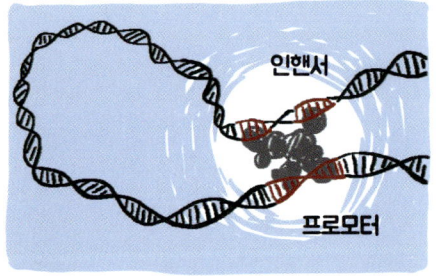

어머니와 아버지로부터 유전자를
절반씩 받았다고 말할 때의 유전자는
염색체를 뜻한다고 이해하면 된다.

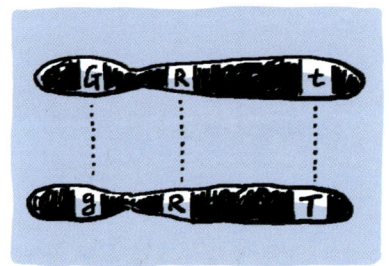

대립유전자라는 용어에서의 유전자는 어머니로부터 온 염색체와
아버지로부터 온 염색체, 즉 상동염색체 상의 같은 위치에 존재하면서
서로 다른 특정 형질과 연관되어 있는 **자리, 또는 염기 서열** 정도로
이해하면 된다. 그러나 이해하기 솔직히 쉽지 않다.

휴~ 여기까지 하는 것이 좋겠다.
어쨌든 이처럼 유전자라는 단어는 무수하게 다른 대상을 가리키고 있다.

유전자는 한 단어로 깔끔하게 정의할 수 있는 물질이 아니며, 그 역할과 형태가
많아도 너무 많고 달라도 너무 다른 존재다.
한 개 이름의 유전자가 맥락에 따라 여러 가지 뜻으로 존재하기도 한다.
굳이 공통점을 찾자면, 대물림되는 그 무엇이라는 정도이다.
물론 세포도 개체도 대물림되는 실체이다.
그렇다. 우리는 더 이상 '유전자는 무엇이다'라고 정의하려는 노력을
굳이 할 필요가 없다는 것을 느낀다.
유전자는 여러 의미로 쓰일 수 있는 대단히 융통성 있는 단어였던 것이다.

우리가 쓰는 일상의 단어들 중에도 상황과 맥락에 따라서 다른 의미를 내포하는 경우가 아주 많다.
유전자라는 단어도 역시나 맥락에 따라 다른 의미를 가진다고 할 수 있는데, 일상적으로 쓰는 단어들과 비교했을 때
다소 많은 의미를 가지고 있다는 것이 특징이다.
우리가 쓰는 일상 단어와의 차이점이라면 단어가 무엇을 내포하는지를 일반인은 도무지 알 수 없다는 점뿐이다.
특정한 연구와 그 맥락을 잘 아는 사람들만 이해할 수 있는 다소 괘씸한 단어이다.
이럴 거면 아예 유전자라는 단어를 버리고, 그때그때 다른 이름을 붙여주는 것이 나을 것 같다.

그것이 아니라면 유전자를 다소 다르게 해석하는 것도 방법이다.

유전자를 생물의 대물림과 연관된
'특정한 문제에 대한 특정한 문제 풀이'라고
여기는 것이다.

과학자들은 질문을 던진다.
예를 들어 '가계도상에서 계승되는 것으로 보이는 질병이 있다면
염색체상의 특정 염기 서열의 차이가 질병을 유발하는 것이 아닐까?'라고
문제를 만든다. 그리고 문제 풀이를 시작할 것이다.
각고의 노력 끝에 한 군데의 변칙적인 서열에 주목하고,
개연성을 확인하고, 유전병과 관련이 있음을 선포한다.
'XXX유전자'라는 답을 내놓은 것이다.

어떤 다른 과학자는 동물의 사지 발달을 유도하는 것이
무엇인가에 대한 질문을 한다. '파리의 사지를 유도하는 것과 사람의 사지를
유도하는 것은 다를까? 같을까?(실제 질문은 좀 더 구체적이겠지만)' 그는 문제를 풀어나간다.
초파리의 DNA에 인위적으로 돌연변이를 만들고,
겉으로 나타나는 표현형적 돌연변이를 살펴보는 것을 돌파구로 삼는다.
실로 무수한 반복을 해야 하는 길고 지루한 사투가 계속 되었을 것이다.
유독 사지 형성과 관련된 DNA 서열을 발견하고, 과학자는 다른 사지 동물의 염기 서열을 추적하고
동일한 서열이 있음을 발견한다. 동물들은 많은 염기 서열을 공유하고 있음을 이미 알고 있었기에
여기까지는 그다지 놀라지 않았겠지만, 파리의 다리 형성과 관련된 DNA 서열이 쥐의 다리 형성에도
관여하고 있다는 것은 대단히 흥미로운 사실이었다. 문제 풀이로 확장되고, 사지 형성과 관련한
특정 서열은 전사인자를 암호화하고 있는 부분이며, 이 서열에 호메오 유전자라는 이름을 붙인다.
이 과학자가 내린 답은 호메오 유전자이다.

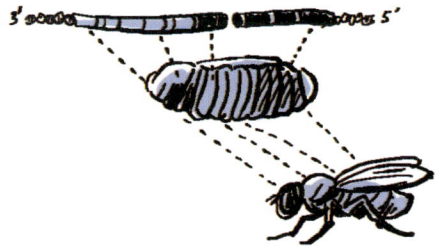 

부모로부터 전달되면서, 어떤 특정 형질과 연관이 있는 그 무엇을 알아내고자 하는 과학자들의 질문은 다각도로 펼쳐진다. 답을 풀어가는 길도 다를 수 있고, 답도 다를 수 있다. 그 답은 그들의 유전자가 되는 것이다.
유전자는 특정 질문에 대한 특정한 답이라고 할 수 있다.
무엇을 질문하고 어떻게 풀어가며 무엇을 답하느냐에 대한 이야기인 셈이다.

물리학자 *파인만이 제시한 일반적인 문제 해결법이 있다. 파인만 알고리즘이라 불리는 것인데,

파인만 알고리즘: 1. 문제를 쓴다. 2. 열심히 생각한다. 3. 답을 쓴다.

'싱거운 파인만 씨…' 하고 피식 웃을 수 있지만, 이 알고리즘은 생각보다는 심오한 면이 있다.
특히 첫 번째 항목인 문제를 제대로 쓰기 위해서는 문제가 정확히 무엇인지 알고 있어야만 한다.
연구에 진전이 없는 많은 경우가 답을 풀어가는 과정보다는 첫 번째 단계, 풀어야 할 문제가 무엇인지 정확히 규정하지 못할 때 발생한다. 하지만 유전학에 대한 지식은 날로 늘어나고 있다.

고도로 발전하는 탐구법과 장비들은, 세포 아래의 분자 세계에 대한 미지의 세계를 매일 새로 열고 있고 문제 쓰기를 구체화할 수 있는 기회를 제공한다. 과학자들은 새로 열린 신세계에서 유전 현상과 관련된 문제를 새로 만들고 있다. 이어서 파인만 알고리즘의 다음 단계 즉, 열심히 연구하고 답을 쓰는 과정을 거듭하고 있으며 이 과정을 통해 해답을 찾아내고 새로운 유전자가 정의되는 것이다. 유전학과 생물학을 포함한 모든 **과학은 답을 찾는 과정이라기보다는 새로운 문제를 쓰는 과정일지도 모른다.**

*****리처드 파인만**(Richard Phillips Feynman, 1918~1988): 미국의 이론물리학자. 1965년 노벨 물리학상 수상. 거시적 세계를 다루는 물리학에 아인슈타인이 있다면 미시적 세계를 다루는 물리학에는 파인만이 있다.

모든 가설과 추측이 오류와 잘못된 판단이었음을 확인해야 했던
유전자 여행에서 우리는 값진 보물들을 건진다.
먼저 **생명체는 창발성의 정수가 어떤 것인가를 가르쳐준다**는 것이다.
발생의 밑바닥부터 위로 올라가다 보면, 분자들의 복잡한 상호작용에서 그보다 큰 레벨인
세포라는 시스템으로 창발하고, 세포의 복잡한 상호작용은 개체라는 보다 큰 레벨로 창발한다.
개체의 상호작용으로 나타난 더 큰 레벨도…

창발하는 모든 단계에 놓여 있는 요소들은 수정, 발생, 죽음으로 이어지는 끝없이 돌아가는 쳇바퀴 안에서
자신의 정보를 철저하게 보존해야만 하는 숙명을 갖고 있다. 큰 레벨의 상위 시스템은 하위 레벨을 일정한 틀 안에
구속한다. 하위 레벨의 요소들은 시스템 안에 놓여 있어야만 존재하는 것들이다.
생명체 내의 다른 분자들과 마찬가지로 DNA 분자는 보다 높은 상위 시스템이 성공적으로 자기를 조직화할 수 있는
정보를 잘 보존함으로써 자신의 존재를 유지한다. 세포 또한 개체가 성공적으로 조직화하도록
자신의 기능과 정체성을 유지함으로써 생존할 수 있다.

분자에서 세포라는 높은 수준의 조직화가 생겨나는 과정에서 이전에는 없었던 새로운 인과관계가 형성된다.
한 번 만들어진 인과관계는 매우 굳건해서 돌이킬 수 없다. 이렇게 만들어진 세포 사이의 상호작용은 더 높은 수준의
조직, 기관, 개체로 창발하고 새롭게 만들어진 시스템으로 인하여 또 다른 인과관계를 형성한다.
생명체의 요소들, 모든 레벨 사이의 관계는 창발성이라는 블랙홀을 건너 굉장히 얼기설기 이어져 있으며,
모든 요소들이 서로의 목숨줄을 쥐고 있는 굉장히 복잡하고 신기한 관계를 형성하고 있다.

지금까지 개체 수준을 가장 상위 수준으로 한정했지만,
개체를 뛰어넘어서도 생명체의 활동이 연장되고
창발성이 존재하며 모종의 인과관계가 구축되고 있다는 것을
어렴풋이 느낀다.
사회의 조직이 있고, 경제가 있고, 기술이 있고, 문화가 있다.

이러한 거대한 시스템들은 사람들을 어떤 식으로든 구속하고
압박하고 있다. 사회를 유지하는 거대 시스템은 한번 구축되면
기록이라는 방식을 통해 대대로 유전되며
새로운 창발을 기다리고 있음이 분명하다.

우리가 얻은 또 다른 보물은 생명체가 결정되어 있으면서, 결정되어 있지 않은 존재라는 결론이다.
DNA 없이는 생명체가 발생할 수 없다. 하지만 한 생명체의 완성이 DNA나 다른 국한된 물질에 의해 결정된다는
'유전자 결정론'은 옳다고 할 수 없다. 그러나 또 분명한 것은 사람을 포함하여 **생명체라는 것이 원래부터
결정되어 있는 무엇**이라는 거다. 대단히 '**특이적으로 결정되어 있음**'이 생명체의 본질적인 특징인 것이다.
우리는 결정되어 있는 유전암호로 단백질을 만들며, 두 다리로 걷도록 결정되어 있다.

하지만 생명체는 도미노게임이나, 태엽이 풀리면서
일정하게 움직이는 장난감처럼 일방향적으로
지시하는 관계를 가진 시스템과는 거리가 멀었다.

수정란에서 성체로 완성되는 과정을 보면, 분명히 결정된 과정이지만,
확인에 확인을 거쳐 강박적일 정도로 신중한 태도로 답을 내놓는다.
그리고 똑같은 풀이 과정과 똑같은 답을 내놓고, 매 세대마다 이것을 똑같이 반복한다.
이러한 생물의 편집증적인 결정 과정은 대단히 소모적이고 힘겹게 느껴진다.

하지만 이 부분에서 우리는 생명체의 엄청난 전략을 엿보게 된다.
문제를 지겹게 반복해서 푸는 과정에서 파멸로 가는 오류가 다반사 일어나겠지만, 간혹, 아주 작은 확률로
예상치 못한 **이득을 주는 변이**가 생겨날 수 있다. 그리고 생명체는 기가 막히게 이것을 잡아채서
기록하고, 또 다음 세대에 그 기록을 대물림하는 유전 시스템을 갖추고 있다.
생물은 길게 보면 고정되어 있지 않고 변한다는 뜻이다.

생명체의 유전 현상은 그저 부모와 똑닮은 자손을 만들어내는 현상이 아니다.
반복되는 유전 현상 안에는 기계와 다른 틈이 존재한다.
그 틈은 뭔가를 계속 시도하고 탐색할 기회가 된다.

생명체는 **혁신을 선호하고 능동적이다.**
결정되어 있음에 만족하지 않고 새로운 인과관계를 만들기 위해 기꺼이 투쟁한다.
생명체는 결정되어 있는 존재지만 항상 그것을 밟고 넘어서서 새로이 펼쳐지는
게임의 룰을 만드는 데 기꺼이 투자할 여지를 가진 시스템이다.

생명체의 결정적 과정은 마치 이렇게 말하고 있는 듯하다.

**최선을 다해 굳건한 자리를 만들어놓았으니,
그 토대 위에서 무엇이든 시도해보고,
그 위를 날 수 있으면 날아봐라. 진심으로 원하는 바다.**

유전 시스템은 발생 과정에서 우연히 만들어지는 새로운 인과관계를 기록해서 후손에
전달하는 방식으로 부모와 다른 생명체를 만드는 유연한 시스템이라는 것을 알았다.
결국 우리는 유전의 끝에서 진화를 마주하게 되는 것이다.

유전 현상을 분자에서 세포 개체까지 조망했지만, 조금 생각해보면
굉장히 당황스러운 구석이 있다. 유기 분자 세계의 논리를 아무리 공부해도
왜 DNA가 존재하는지, 왜 20가지 아미노산들이 존재하는지를 설명할 수 없다.
DNA를 잘 알고, 단백질을 잘 안다고 할지라도, 왜 DNA와 단백질이 그러한 유전암호로
관계를 맺게 되었는가를 묻게 되면, 그 이유는 잘 보이지 않는다.
세포를 잘 알지라도, 왜 세포가 산소와 유기분자를 사용하여
ATP라는 특정 화학에너지로 전환하는지를 알지 못한다. 그 이상의 레벨에서도 사정은 똑같다.
인간을 포함하여 현재와 같은 생명체는 그 자체로 어떻게 작동하는지,
왜 지금과 같은 방식으로 유전되고 발생하는지 존재의 원인을 알아낼 길이 요원하다.

그래서 우리는 유전 현상을 길게, 아주 길게 늘여놓고, 이러한 조직화가 만들어진 개연성이 존재하는지, 아니면 머나먼 과거에 어떤 믿기 힘든 사건들이 일어났는지를 찾아볼 수밖에 없다.
필연일까? 우연일까? 아니면 둘 사이의 뒤범벅일까… 생명체의 진화라는 영역으로 들어가야만 하는 이유다.

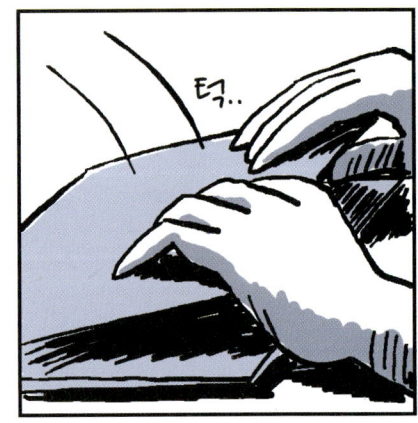

글을 맺으며

그 어떤 소설보다 흥미로운 실패의 여정

'유전자란 무엇인가?', '유전자에는 실체가 있는가?', '실체가 있다면 어떤 형상인가?' 이러한 물음의 해답을 찾기 위해 떠난 여행이 종착역에 다다랐습니다. '유전자는 DNA의 염기서열이다'라는 결론의 문턱에서 모든 이야기는 마치 모래성처럼 허무하게 무너져 내리지요. 여행의 후반부는 혼란과 좌절로 얼룩져 '그래서 유전자란 무엇인가' 명확한 해답을 얻기가 힘듭니다. 보통 여러분이 알고 있는 명쾌한 유전자와 뭔가 다른 느낌이지요?

인간이 생명의 유전 현상에 대해서 과학적으로 접근한 역사는 매우 짧습니다. 중력이나, 물질, 전기 등등 여타의 분야와 달리 길게 잡아야 100년 정도입니다. 사람을 포함한 모든 생명체는 매순간 새로운 개체를 낳고, 보란 듯이 부모의 판박이로 자라나 역시나 자신을 닮은 자손을 낳습니다. 유전 현상은 우리가 지겹도록 경험하는 가장 환상적인 마술입니다. 개에서 개가 나오고 사람에게서 사람이 나오는 규칙이 무너지지 않으면서도, 완벽하게 똑같은 개체는 나오지 않으며 격세유전과 같은 들쭉날쭉한 지점들도 있습니다. 질서 안에 무질서가 혼재되어 있지요. 이래서야 만유인력의 법칙이나, 전자기력의 법칙 같은 룰을 찾을 수나 있을까요? 과학이 개입되기에는 참으로 막막한 분야였던 것이죠. 하지만 인간이 누굽니까. 기어코 실타래같이 꼬여 있는 수수께끼의 실마리를 찾아내고야 맙니다. 첫 번째 단서는 어떤 특정한 형질이 유전되는 패턴을 본 것입니다. 멘델이 그걸 보았죠. 그것이 구체적으로 무엇을 뜻하는지는 모건이 알아챘습니다. 이름하야 염색체! 현미경의 출현으로 이전에는 발견하지 못했던 미시 세계를 들여다보는 것이 가능해지면서 인간은 세포를 보기 시작했고, 그 안에 존재하는 염색체를 발견하게 됩니다. 이때의 과학자들은 당연히, 유전의 비밀을 담고 있는 물질은 바로 염색체일 거라는 확신을 하게 됩니다. 고성능 현미경으로 볼 수 있는 가장 작은 단위가 염색체였기 때문이죠. 그 너머의 탐험을 위해서는 좀 더 강력한 탐색 장치가 필요했는데, 이때 등장한 학문이 분자생물학입니다. 왓슨과 크릭은 염색체를 이루는 DNA의 분자 구조를 세세하게 밝힘으로써 가장 먼저 승리의 나팔을 불게 됩니다. 그들이 발견한 것이 DNA의 염기 서열 즉, 문자나 모스부호, 컴퓨터의 이진법 암호와 같이 염기 서열이 DNA에 1차원적으로 길게 늘어선 정보라는 것이지요. 이때부터 DNA의 염기 서열은 '생명의 정보를 지닌 설계도다', '인간 정보를 수록한 책이다', '인간의 유전을 관장하는 프로그램이다'라고 불리게 됩니다. 사람의 염색체 46개에 있는 DNA 염기 서열은 대략 30억 개의 문자열인데, '말도 안 되게' 이 역시 금방 해독됩니다. 사람 외에 다른 많은 종의 염기 서열 역시 빠르게 해독되지요. 동시에 생명체의 모든 요소들이 작동하는 원리를 분자 수준에서 규명하는 일 역시 엄청난 가속도로 진행되었습니다. 그야말로 생물학의 전성기를 맞이한 것이지요. DNA를 조작하여 생명체를 변형하는 수준의 기술이 확보되고 이렇게 만들어진 유전공학은 실제 생활에 깊숙이 파고들었습니다. 이쯤 되자 유전자라는 것은 더 이상 추상적인 것이 아니라 물리적 실체이며, 유전자로 인해 인간의 훨씬 많은 부분이 결정된다는 생각을 가지게 됩니다. 이러한 인식은 유전자를 확보하여 공룡을 재생한다든지, 외계 행성으로 가서 문명을 건설한다든지, 완벽한 유전자로 완벽한 인간을 만드는 시대가 도래한다는 등의 영화로 이어지고, 이런 이야기는 대중에게 유전자 결정론을 더욱 공고히 합니다. 사실일까요? 맞기도 하고 틀리기도 합니다. 왜 그런지는 이 책과 함께한 여행에서 일부 소개가 되었지요.

유전 현상은 당초 생각보다 훨씬 복잡하고, DNA와 세포, 생명체에 이르는 인과관계도 결코 단순하지가 않았습니다. 과학의 역사를 보면 어떤 패러다임이 군건해지고 그것이 깨지기까지 일정 시간이 필요했는데, 유전자 이론은 황금기를 구가하자마자 바로 허물어집니다. 모노와 자코브는 단백질과 DNA의 상호작용이라는 유전프로그램을 만들어 본인들의 이론을 회생하려 노력해보지만 그마저도 금방 힘을 잃습니다. 오히려 생명체의 유전과 발생은 깔끔한 이론으로 정리될 성격의 것이 아니라는 것을 깨닫게 됩니다. 대중의 인식과 달리 게놈프로젝트로 DNA의 염기 서열을 밝힐 때조차 과학자들은 그것을 전부 해독한다고 해도 뭐가 크게 나오지 않을 것이라는 예상을 이미 하고 있었습니다. 하지만 유전자의 패러다임 곧 DNA의 유전정보는 RNA로, RNA의 유전정보는 단백질로 전달되며 이러한 정보 전달이 생명체를 형성한다는 '센트럴도그마'는 완전히 틀렸다고 할 수 없습니다. 대신에 보편적인 원리라기보다는 특수한 경우에 적용되는 프로세스라는 쪽으로 재해석되었고, 유전 현상은 '훨씬' 복잡하다는 것을 알게 되었지요. 생명체가 발생하고 활동하는 원리에는 복잡하면서도 기발한 정보 처리 방식이 얼기설기 얽혀 있었습니다. 이러한 정보의 얽힘은 실로 생물학, 정보학, 컴퓨터공학, 심지어 철학에조차 많은 가르침을 줍니다. 〈터미네이터〉라는 영화에는 미래에서 온 로봇의 일부를 통해 공학에서 비약적인 발전을 이끌어내는 대목이 등장합니다. 하지만 제 생각에는 군이 그 정도 고철덩어리보다는 지금 눈앞에 있으면서 모르는 게 아직 훨씬 많은 생명체가 주는 가르침이 더 많을 것 같습니다. 유전학을 조금 자세히 공부하다 보면 철학적인 사고로 이어지기도 합니다. 이러한 기적같은 생명체는 도대체 어떻게 형성되었으며, 꼭 현재와 같은 상태로 형성되었어야 하는가 하는 의문이 생기는 것이지요. 여기에 종교적인 관점이나 과거의 '생기론' 같은 것을 대입하고 싶지는 않은데, 틀리기 때문이라는 말은 하고 싶지 않아요. 제 생각에는 그러한 문제 해결법은 '재미가 없습니다.' 설명해내기 어려운 장벽에 가로막혔다고 해서, 그것을 '신의 섭리' 또는 '무생물과는 다른 원리'로 결론짓는 것은 참으로 쉬운 일일 겁니다. 진정 그렇게 덮어두고 싶은가요? DNA 유전자 모델은 사실상 실패했지만, 그 실패로 인해 주옥같은 정보들을 많이 알게 되었고, 새로운 지평에 눈을 뜨게 되었습니다. 유전 현상에 대한 물음은 곧 생물의 진화에 대한 물음으로 이어집니다. 멘델이 완두콩 밭에서 보았던 유전의 질서는 생명체의 거대한 흐름, 진화였던 것이지요.

그런데 과학 분야에서의 흐름과 달리, 유전자라는 100년도 더 묵은 단어는 아직까지 살아남아 사람들의 인식에 커다란 위력을 발휘하고 있는 것 같습니다. 많은 과학자들 역시 여전히 '유전자'라는 용어를 큰 고민 없이 즐겨 쓰곤 합니다. 하지만 어떤 경우에는 자신이 쓰는 유전자 염기 서열 중 어떤 특정 서열의 차이, 단백질을 암호화하는 염기 서열, mRNA 등을 대단히 구체적으로 지칭하는 경우가 있습니다. 논문을 쓸 때가 대표적이지요. 이때의 유전자는 특정 연구 맥락에서 이해되는 전문 용어입니다. 대중에게 유전자는 보통은 우아한 이중나선 DNA를 연상케 합니다. 우리의 상당 부분을 결정하는 꼬인 사닥다리! 현재 학교에서 생물 과목을 가르치고 있는 교사가 볼 때에도, 교과서에 나열되어 있는 유전자가 학생들을 혼란스럽게 한다는 것을 잘 압니다. 대립유전자, 단백질암호화유전자, 조절유전자 등등이 도대체 무엇인지를 거의 제대로 알려주지 않는 불친절은 엄청납니다. 이것을 이해시키는 것은 상당히 어려운 일이며, 실제로 학생들이 가장 어려워하는 개념 중 하나입니다. 학생들이 교과서에서 배우는 꼬인 사닥다리 이미지는 유전자의 개념을 이해시키는 어려움을 가중시키고 있습니다. 후성유전학이라고 해서, DNA와 달리 유전되는 다른 것들을 다루는 분야에서조차 '유전자'라는 용어는 여전히 살아 있습니다.

《게놈 익스프레스》를 타고 다녀온 여행을 통해서 '유전자란 구체적인 실체라기보다 상당히 추상적인 개념이구나', '인간이 만들어낸 모델에 가깝구나'라고 이해하셨다면, 더 나아가 '유전은 생각보다 훨씬 거대한 현상이구나', '유전 현상을 이해한다는 것은 참 어려운 일이구나'라고 이해하셨다면 저로서는 뿌듯하겠습니다. 명쾌하지 않고 어렵다는 것은 나쁜 것은 아닙니다.

생명체의 정보를 암호화된 디지털 코드, 즉 DNA 염기 서열의 형태로 압축하여 세대에서 세대로 전달한다는 생각은 아까도 언급했듯이 하나의 '모델'이라고 보시면 됩니다. '사실이 아니고 모델이라고?' 그렇습니다. 유전 현상을 설명하기 위해서 사람이 만든 모델이지요. 모델과 사실은 일치한다고 할 수 없습니다. 과학에서 말하는 '사실'에 대해서는 의견이 분분한데요. 과학자들이야 과학이란 객관성을 추구하고, 사실을 논한다고 말하고 싶겠지만, 절대적인 사실과 진리가 정말 존재하기는 한 것일까요? 사람은 눈과 머리로 볼 수 있는 것만 봅니다. 그럼에도 불구하고 우리가 보고 생각한 것으로 모델을 만들고 그것을 딛고 세상을 보는 것 말고 어떤 대안이 있을까요? 유전자 모델은 다소 허물어졌지만 다음 단계로 넘어서기 위한 공고한 바닥이 되고 있으며, 인류가 구상한 가장 멋진 이야기 중에 하나일 것입니다.

이 책은 유전자의 실체를 찾아가는 과학적 탐구에 문학적 상상을 가미하여 지어낸 소설이라고 할 수 있습니다. DNA를 발견하고 DNA의 기능을 추적하는 과정은 과학의 역사에서도 회자되는 험난하면서도 긴박한 여정이었지요. 주인공들이 펼치는 생각의 여정을 보면서, 여느 위대한 탐험가 못지않은 용기와 배짱을 느끼곤 합니다. 《게놈 익스프레스》는 당시 과학자들의 시선을 따라가도록 기획하였습니다. 그렇기에 과정 속에서 무수한 실패와 오류를 만나게 됩니다(유전학을 좀 아는 분이 얼핏 책 중간을 들춰본다면 '이거 틀린 내용인데…'라고 생각하실 수 있습니다). 혼란스러워하고, 좌절하는 것을 반복하지요. 이것이 일반적인 교과서와 다른 부분입니다. 결과만 알려주는 소설이 있다고 해보세요. 얼마나 재미없을까요? 실제로 과학은 대부분 실패이고, 그 실패의 과정은 이상하리만큼 흥미진진합니다. 웬만한 추리소설이나 스릴러를 능가하지요. 저는 과학의 실패를 사랑합니다. 당시에 어째서 그런 잘못된 생각을 할 수밖에 없었는지를 이해하고, 그들의 기분을 공감하는 것은 멋진 경험이거든요. 과학의 스토리는 가감이 거의 없이도 그 자체로 스토리 전개의 좋은 전형이 되는 것 같습니다. 앞으로도 익스프레스를 타고 가는 과학 모험은 계속될 테니, 조만간 또 함께하시지요.

주요 과학자 소개

르네 데카르트(René Descartes, 1596~1650)
지식을 경험에서 찾지 않고, 이성을 통해 찾아야 한다고 주장했고, 그래야만 진리에 도달할 수 있다고 믿었다. 의심할 여지없이 확실한 지식을 얻기 위해서는 모든 것을 의심해보아야 한다고 주장했다. 심지어 자신의 존재 이유도 의심했는데, 결국 가장 믿을 만한 사실은 '의심하고 있는 나'였다. 데카르트의 유명한 말 '나는 생각한다. 고로 나는 존재한다'가 여기에서 나온 말이다. 기하학에 대수학을 접목시킨 해석기하학의 창시자이며, 광학, 기상학 등 여러 분야에서 족적을 남겼다. 합리적이며 기계론적인 세계관을 구축하였는데, 생명체를 보는 시각도 같은 맥락이었다. 생명체의 발생과 작동을 기계적인 시각으로 보았다.

피에르 모페르튀이(Pierre Louis Morean de Maupertuis, 1698~1759)
프랑스의 수학자이자 물리학자인데, 뉴턴에 심취하여 데카르트의 이론들을 부정했다. '최소 작용의 원리'를 최초로 고안했으며, 지구의 곡률을 측정하기 위해 세계를 누비기도 했다. 생명체에 대한 연구에도 흥미를 가지고 있었는데, 생명체의 출현과 멸종에 있어서 환경에 대한 적응 개념을 도입하기도 하는 등, 선견지명을 가지고 있었다.

그레고어 멘델(Gregor Mendel, 1822~1884)
성직자이면서도 생명체에 대한 지대한 관심을 가지고 있었다. 생명체의 유전을 연구하는 데 당시로는 획기적인, 통계적 방법을 동원하였으며, 7년간에 걸쳐 교회 마당에 완두를 가꾸면서 계획된 실험을 진행하였고 결국 '멘델의 유전 법칙'을 발견했다. 이를 자연과학협회에 발표하였으나 알아주는 이가 없었다. 그후 연구를 덮고 수도원장이 되었으며, 정부와 과세법에 대한 문제로 대립하기도 했다. 20세기에 와서야 멘델의 업적은 재발견되었으며, 현대 유전학의 아버지로 칭송받고 있다.

찰스 다윈(Charles Robert Darwin, 1809~1882)
유년 시절 자신의 진로에 관한 문제로 방황하던 찰스 다윈은 박물학자의 신분으로 영국 해군의 비글호에 승선하는 기회를 잡게 되고, 남아메리카, 남태평양, 오스트레일리아 등지를 5년 넘게 탐사하는데, 이것은 젊은 다윈의 일생에 일대 전환기가 된다. 진화라는 현상이 일어나는 메커니즘으로 '자연선택'을 주장해 진화생물학이 엄밀한 과학의 분야로 진입할 수 있는 초석을 마련했다.

아우구스트 바이스만(August Weismann, 1834~1914)
찰스 다윈에 이어 19세기의 가장 중요한 진화론 학자로 평가받는다. 생식세포가 서로 수정을 해서 유전 형질이 유전된다고 주장하였으며, 먼저 발표된 멘델의 유전법칙과 잘 들어맞았다. 유전의 핵심은 염색체라는 것을 일찌감치 알고 있었으며, 후대 생물학자들에게 유전학이 추구해야 하는 방향을 제시하였다.

토머스 모건(Thomas Hunt Morgan, 1866~1945)
초파리의 교배 실험을 통해서 생명체의 유전 현상은 염색체에 기반한다는 것을 확실시했다. 유전 형질을 나타내는 유전자가 쌍을 이루어 염색체 위에 선형적으로 배열하고 있다는 것을 실험으로 증명하였고 더 나아가 초파리의 형질들을 염색체 위에 배열한 염색체 지도를 완성하기도 했다. 실험 방법은 멘델과 비슷하였지만 이것을 훨씬 정교화시켜서 대단한 성공을 거두는데, 유전자가 어떻게 작동하는지에 대한 연구라기보다는, 생물의 겉으로 드러나는 형질들이 어떻게 유전되는지에 대한 연구라고 할 수 있다.

아치볼드 개로드(Archibald Edward Garrod, 1857~1936)
의학자 개로드는 알캅톤뇨증이라는 질병이 유전된다는 것을 밝혔는데, 여기에 멈추지 않고, '유전물질의 기능'이라는 것이 무엇인가에 대해서 파고들었다. 유전물질이 효소 자체거나 효소와 대응하는 그 무엇이라고 가정했고, 유전자의 기능이라 함은 물질대사를 조절하는 것이라고 생각했다.

조지 비들과 에드워드 테이텀(George Wells Beadle, 1903~1989 / Edward Lawrie Tatum, 1909~1975)
붉은빵곰팡이를 실험대상으로 하여 연구한 결과, 세포 내 유전자의 기능이 효소를 포함한 단백질들의 합성을 지시한다고 주장했고, 이것은 1유전자 1효소설을 탄생시켰다. 그들의 주장은 개로드의 생각과 일맥상통한다.

프레드릭 그리피스(Frederick Griffith, 1877~1941)
박테리아의 유전 형질이 완전히 바뀌는 '형질전환' 현상이 일어나는 원리를 연구한 것으로 유명하다. 죽은 박테리아의 어떤 물질이 살아있는 박테리아 속으로 들어가서 유전적인 변화를 준다고 해석했는데, 그 어떤 물질은 '유전물질'을 암시하고 있었다.

오즈월드 에이버리(Oswald Theodore Avery, 1877~1955)
주로 폐렴쌍구균을 연구한 과학자인데, 전염병 문제나 균의 막을 구성하는 화학적인 조성을 연구했다. 그러다가 폐렴쌍구균의 형질 전환 현상에 주목하고, 앞서 그리피스의 실험을 에이버리가 받아서 완성하게 된다. 생화학적 방법을 동원해서 형질전환 물질을 정교하게 분리하는 실험을 했으며, 이것이 DNA라는 것을 알아낸다.

어윈 샤가프 (Erwin Chargaff, 1905~2002)
DNA의 염기를 크로마토그래피를 사용하여 정량적으로 분석하였고, 아데닌(A)과 티민(T), 구아닌(G)과 사이토신(C)의 함량이 같다는 것을 알아냈다. '샤가프의 법칙'으로 알려진 이 같은 사실은 후에 왓슨과 크릭이 DNA의 구조를 밝히는 데 중요한 단서가 된다.

앨프리드 허시(Alfred Day Hershey, 1908~1997)와 마사 체이스(Martha Chase, 1927~)
허시와 그의 제자 체이스의 관심사는 DNA와 단백질 중에서 어느 것이 유전물질인지에 대한 것이었다. 이들은 '박테리오파지'라고 하는 세균을 숙주로 삼는 박테리아를 실험대상으로 삼았다. 박테리아가 세균에게 '유전물질'을 주입하고, 세균 안에서 증식하는데, 이때 주입하는 물질이 무엇인지를 알면 되었다. 정교하게 설계된 실험으로 이 물질이 DNA라는 것을 알게 된다.

라이너스 폴링(Linus Pauling, 1901~1994)
과학의 역사에서 과학 분야와 다른 분야에서 동시에 노벨상(노벨화학상, 노벨평화상)을 받은 유일한 과학자다. DNA의 이중나선 구조를 발견한 제임스 왓슨은 DNA의 구조를 밝히는 과정에서 가장 강력한 경쟁자로 라이너스 폴링을 언급하였다. 왓슨, 크릭과 달리 X선 회절 사진을 제대로 접할 수 없었다는 것이 그가 DNA 구조를 먼저 발견하지 못한 패착이 되었다.

루트비히 볼츠만(Ludwig Eduard Boltzmann, 1844~1906)
원자론적 관점에서 열 이론을 펼쳐나갔는데, 이 과정에서 과학 역사에서 통계역학의 기초를 만들게 된다. 그의 연구는 원자론을 옹호하고 있는데, 이는 당시에 많은 과학자들과 마찰을 빚게 된다. 그의 유명한 '볼츠만방정식'은 열역학 제2법칙의 비가역성을 증명한다. 볼츠만은 에너지에도 원자가 있을 거라고 주장했는데, 이것은 후에 새로이 생겨나는 양자역학을 암시하기도 했다. 볼츠만은 진정 20세기 초반 자연과학의 위대한 혁명가다.

에르빈 슈뢰딩거(Erwin Schrödinger, 1887~1961)
뉴턴이 거시 세계에 통하는 운동방정식을 만들었고, 맥스웰이 전자기학을 다루는 방정식을 만들었다면, 슈뢰딩거는 전자 같은 미시 세계의 운동을 기술하는 방정식을 만들었다. 이 업적이 슈뢰딩거를 대표한다고 할 수 있지만, 그는 생명 현상에 대해서도 큰 관심을 가지고 있었다. 그는 생명체의 본질에 대해서 물리학적으로 해석을 내리고, 특히 유전자에 대해서 곰곰이 생각한 끝에, 유전자에 '정보 개념'을 도입했다. 유전자를 문자와 같은 암호화된 코드로 본 것이다. 슈뢰딩거의 생각은 막 태동한 분자생물학 분야의 젊은 과학자들에게 큰 영향을 주었고, 유전자를 추적하는 데 가이드로서 역할을 한다.

윌리엄 브래그(William Henry Bragg, 1862~1942)
X선 분광기를 만들었으며, X선으로 결정 구조를 해석하는 연구에 큰 공헌을 하였다. 브래그 덕에 만들어진 X선 회절 분석법은 분자생물학의 출현에 지대한 영향을 끼치게 된다. 왓슨과 크릭이 DNA 구조를 밝히는 활동은 캐번디시 연구소에서 진행되었는데, 이때 연구소의 소장은 브래그였다.

모리스 윌킨스(Maurice Hugh Frederick Wilkins 1916~2004)
윌킨스는 물리학을 전공하였고, 영국 국방부에서 레이더를 개선하는 연구도 하고, 미국의 맨해튼 프로젝트에서 원자탄을 개발하는 데에도 역할을 하였는데, 죽음을 부르는 물리학에 염증을 느꼈고, 생명공학 분야로 방향을 바꾼다. 이런 방향 전환에는 슈뢰딩거가 쓴 생명체에 대한 책의 영향도 컸다. DNA의 구조를 밝히기 위한 결정적인 수단이었던 X선 결정 연구에 기여한다.

로절린드 프랭클린(Rosalind E. Franklin, 1920~1958)
로절린드 프랭클린은 윌킨스와 함께 DNA의 X선 사진을 찍는 실험을 진행했고, 최고의 사진을 찍어내는 데 성공한다. 이러한 성공은 사실 윌킨스보다는 로절린드 프랭클린의 노력이 결정적이었다. 그녀의 X선 사진은 DNA가 나선형이라는 것을 명확하게 보여주고 있었다. 하지만 DNA의 구조에 가장 가까이 도달했음에도 불구하고 그녀의 완고한 성격, 엄밀하고 완벽한 실험을 고집하는 자세는 성공의 문턱에서 주저하게 만들었다. 로절린드 프랭클린의 허락 없이 윌킨스는 그녀의 사진을 왓슨과 크릭에게 보여주었고, 이것은 DNA의 구조 발견에 결정적인 역할을 한다.

제임스 왓슨(James Dewey Watson 1928~)
캠브리지 대학교의 캐번디시 연구소에서 크릭을 만나게 되고, DNA 구조를 밝히는 연구를 시작하며, 비교적 빠른 시간 안에 성공한다. 왓슨은 다른 경쟁자들에 비해서 경력도 없었고 아는 것도 별로 없었지만, 특유의 순발력과 추진력, 융통성으로 20세기 최고의 발견 중에 하나를 해낸다. 왓슨의 지식은 라이너스 폴링의 것과는 비교를 할 수 없을 정도로 빈약했고, 로절린드 프랭클린의 화려한 실험에는 근처에도 가지 못했다. 과학의 발견에서는 이처럼 잘 모른다는 것이 문제를 단순화하는 효과를 발휘하고 돌파구를 만드는 경우가 있다.

프란시스 크릭(Francis Harry Compton Crick, 1916~2004)
아시다시피 왓슨과 함께 DNA 구조를 밝혔다. 왓슨은 DNA 구조 발견 이후 이렇다 할 연구를 진행하지 않고, 연구소 소장을 역임하거나 게놈 프로젝트의 책임자 역할을 하는 등 과학에서의 정치가로서 왕성한 활동을 하지만, 크릭은 그 후에도 본연의 연구자로서의 길을 힘차게 걷는다. 유전정보의 해독 메커니즘에 대한 연구, 바이러스 연구, 뇌의 의식에 대한 연구, 심지어 지구 생명체의 외래 도입설에 대한 연구도 진행한다.

조지 가모브(George Gamow, 1904~1968)
초기의 원자핵 이론에 공헌을 했고, 빅뱅 이론에서 중요한 위치를 차지한다. 1965년 우주배경복사(cosmic background radiation)가 발견되어 그의 빅뱅 이론이 옳다는 것이 증명되었다. 과학대중서 저술에도 왕성한 활동을 했는데, 일반 대중을 위한 과학서를 20권이 넘게 저술하였다. DNA의 염기 서열이 단백질 정보와 관련 있다는 소식을 듣고, 생물학에 뛰어들기도 한다. 세 개의 염기서열과 20종류의 아미노산이 대응하는 '다이아몬드 모델'이라는 우아한 수학적 풀이를 하지만, 완전히 틀린 것으로 판명되고 '과학에서 가장 아름다운 틀린 생각'이라는 타이틀을 얻게 된다.

마셜 니런버그와 고빈드 코라나(Marshall Warren Nirenberg, 1927~2010 / Har Gobind Khorana, 1922~2011)
이들은 먼저 시험관 안에서 단백질을 인위적으로 합성하는 데 성공하고, 유전정보를 해독할 수 있다는 자신감을 가지게 된다. 니런버그와 코라나는 네 종류의 염기가 연이어 세 개로 배열되는 64종류의 뉴클레오티드 합성에 성공하고, 이를 이용하여 총 20종의 아미노산에 대응하는 염기서열을 밝혀낸다. 이로써 세 개의 문자로 된 유전암호를 발견한 것이다.

자크 모노(Jacques Lucien Monod, 1910~1976)
자코브와 함께 단백질의 합성을 제어하는 DNA 상의 조절유전자의 존재를 발견하였다. 이것은 오페론(Operon)설로 알려지는데, 모든 세균에 적용될 수 있는 원리였고, 더 나아가 모든 생명체의 유전자 조절 기작의 기본 원리로 확장될 수 있다는 것을 알게 된다. 상황에 따라 단백질의 구조가 바뀔 수 있는 알로스테릭 효과도 발견하였다. 인간을 포함한 모든 생명체는 어떤 목적이나 이유는 없으며, 출현부터 발생까지 순전히 우연한 사건으로 이루어진 것이라는 주장을 했다.

프랑수아 자코브(Francosis Jacob, 1920~2013)
처음에는 대장균이 서로 유전자를 전달하는 '접합'에 관한 연구를 하지만 싫증을 느끼던 참에 연구소의 선배인 모노의 연구에 동참한다. 모노와 함께 조절유전자에 의한 단백질 합성 제어 기구로서 오페론설을 완성하였다. 이 발견은 어떻게 유전자가 시의적절하게 발현되는지에 관한 논리를 최초로 발견한 유전학 역사의 큰 사건으로, 그 후 다세포 생물의 분화는 물론이고, 생명체의 활동을 유전자 차원에서 이해하게 하는 초석이 된다. 그 외에 mRNA라는 이름을 만들기도 했고, 효소 작용의 알로스테릭 효과에 대한 연구도 하였으며, DNA 복제의 조절 기능에 관한 레플리콘설 등 많은 연구를 했다.

이언 윌머트(Ian Wilmut, 1944~)
돌리의 아버지. 양의 난자에서 핵을 제거한 뒤, 다른 양의 체세포로부터 핵을 가져와서 이식하고, 이렇게 인공적으로 만들어진 세포를 또 다른 대리모 양의 자궁에 착상할 계획을 세웠다. 사실 생물의 복제는 돌리가 최초는 아니었다. 양서류인 개구리 복제에는 이미 성공했지만, 포유동물은 무슨 이유인지 복제가 불가능했다. 하지만 이언 윌머트는 여러 가지 기술적 시도를 하고, 결국 성공한다. 276개의 수정란을 대리모 양의 자궁에 착상하는 것에 실패한 뒤에 277번째 성공한 것이 바로 복제양 돌리다. 그 후에 소, 박쥐, 돼지, 개 등등 많은 복제 동물이 탄생하는데, 인간 복제의 가능성으로 논란거리를 제공한다.

바버라 매클린톡(Barbara McClintock, 1902~1992)
옥수수의 낱알들이 다양한 색을 띄는 현상과 유전체의 관계를 밝혔다. 이 연구 과정에서 유전체의 일부들이 본래 있었던 위치에서 다른 위치로 이동한다는 것을 발견하는데, 이러한 이동성 유전자를 '점핑 유전자' 또는 '전이 인자'라고 불렀다. 처음엔 전혀 주목을 받지 못하다가 한참 지난 후에 그녀의 시대를 앞서간 연구의 중요성을 알아차리게 된다. 매클린톡이 유전자를 바라보는 관점 역시 시대를 앞서갔다. 많은 유전학자들이 유전체가 생명체의 기능을 결정한다고 믿었던 데 반해, 생명체의 특징들은 유전체가 세포, 세포의 조합, 그 외 유기체의 모든 요소와의 복잡한 관계 속에서 드러나는 것이라고 생각했다.

참고문헌

- Neil A. Campbell, Jane B. Reece, Lisa A. Urry, et al., Biology, 8th Edition, Pearson Benjamin Cummings
- Burton E. Tropp, 『핵심 분자생물학』, 박영인 등역, 월드사이언스
- 뉴턴코리아 편집부 엮음, 『인체를 지배하는 메커니즘』, 뉴턴코리아
- 뉴턴코리아 편집부 엮음, 『생명의 만능 소재』, 뉴턴코리아
- 뉴턴코리아 편집부 엮음, 『알기 쉬운 비주얼 화학』, 뉴턴코리아
- 뉴턴코리아 편집부 엮음, 『생명이란 무엇인가?: 어떻게 진화해 왔을까?』, 뉴턴코리아
- 뉴턴코리아 편집부 엮음, 『생명과 물질의 차이 생명을 만들 수 있는가? 생명이란 무엇인가?』, 뉴턴코리아
- 뉴턴코리아 편집부 엮음, 『DNA 생명을 지배하는 분자』, 뉴턴코리아
- 데니스 노블, 『생명의 음악』, 이정모·염재범 공역, 열린과학
- 스튜어트 카우프만, 『혼돈의 가장자리』, 국형태 옮김, 사이언스북스
- 프랭크 H. 헤프너, 『판스워스 교수의 생물학 강의』, 윤소영 옮김, 도솔
- 말론 호아글랜드·버트 도드슨, 『생명의 파노라마』, 황현숙 옮김, 사이언스북스
- 안드레아스 바그너, 『생명을 읽는 코드, 패러독스』, 김상우 옮김, 와이즈북
- 제임스 왓슨, 『이중 나선』, 최돈찬 옮김, 궁리출판
- 제임스 왓슨, 『DNA: 생명의 비밀』, 이한음 옮김, 까치
- 에르빈 슈뢰딩거, 『생명이란 무엇인가』, 전대호 옮김, 궁리출판
- 앙드레 피쇼, 『유전자 개념의 역사』, 이정희 옮김, 나남
- 코너 커닝햄, 『다윈의 경건한 생각』, 배성민 옮김, 새물결플러스
- 요아힘 바우어, 『협력하는 유전자』, 이미옥 옮김, 생각의나무
- 매트 리들리, 『생명 설계도, 게놈』, 하영미·전성수·이동희 공역, 반니
- 린 마굴리스·도리언 세이건, 『생명이란 무엇인가』, 김영 옮김, 리수
- 린 마굴리스, 『공생자 행성』, 이한음 옮김, 사이언스북스
- 마이클 머피·루크 오닐, 『생명이란 무엇인가? 그 후 50년』, 이상헌·이한음 공역, 지호
- 자크 모노, 『우연과 필연』, 조현수 옮김, 궁리출판
- 마크 슐츠, 『해답은 DNA』, 김명주 옮김, 서해문집
- 이블린 폭스 켈러, 『생명의 느낌 : 유전학자 바바라 매클린톡의 전기』, 김재희 옮김, 양문
- 이블린 폭스 켈러, 『유전자의 세기는 끝났다』, 이한음 옮김, 지호
- 이블린 폭스 켈러, 『본성과 양육이라는 신기루』, 정세권 옮김, 이음
- 브렌다 매독스, 『로잘린드 프랭클린과 DNA』, 나도선·진우기 공역, 양문
- 페르 박, 『자연은 어떻게 움직이는가?』, 정형체·이재우 공역, 한승
- 페터 슈포르크, 『인간은 유전자를 어떻게 조종할 수 있을까』, 유영미 옮김, 갈매나무
- 리처드 도킨스, 『이기적 유전자』, 홍영남·이상임 공역, 을유문화사
- 마크 핸더슨, 『상식 밖의 유전자』, 윤소영 옮김, 을유문화사
- 폴 데이비스, 『생명의 기원』, 고문주 옮김, 북스힐
- 이언 스튜어트, 『자연의 패턴』, 김동광 옮김, 사이언스북스
- 래리 고닉, 『세상에서 가장 재미있는 유전학』, 윤소영 옮김, 궁리출판
- 강신익, 『불량 유전자는 왜 살아남았을까?』, 페이퍼로드
- 크리스 임피, 『우주 생명 오디세이』, 전대호 옮김, 까치
- 션 B. 캐럴, 『이보디보』, 김명남 옮김, 지호
- 조지 윌리엄스, 『진화의 미스터리』, 이명희 옮김, 사이언스북스
- 후쿠오카 신이치, 『생물과 무생물 사이』, 김소연 옮김, 은행나무
- 에른스트 마이어, 『진화란 무엇인가』, 임지원 옮김, 사이언스북스
- 장하석, 『장하석의 과학, 철학을 만나다』, 지식플러스

찾아보기

ㄱ

가모브(George Gamow) 192, 196, 201
가모브의 유전암호 201
가설 57, 59, 60, 145, 199, 201, 399
감수분열 47, 49, 50, 72, 119
개로드(Archibald Garrod) 109, 113, 114, 127, 218
개체 발생 31
객체 393
거대분자 89, 91, 92, 94, 95, 100, 101, 139, 157, 159
검정교배 65, 66, 68
게놈프로젝트 290, 296, 395
격세유전 16
겸상적혈구빈혈증 199
고립계 132, 133
고분자의 구조 164
고성능 현미경 32
교배 16, 32, 59, 59, 61, 62, 65, 66, 68, 83,
교차 64, 66, 67, 72, 73, 159, 168
그리피스(Frederick Griffith) 114~117
근본입자 56
근육 44, 94, 222, 242, 368
글리코겐 94
꺾꽂이 26

ㄴ

나선 161, 164, 168, 181, 182, 184, 186, 187, 195, 196, 213, 345
난자 24, 29, 30, 34, 35, 42, 45, 47~51, 253, 254, 259, 272, 273, 300, 327, 334, 351, 393
네 종류의 염기 120, 059, 182
네트워크 44, 241, 272
농도 구배 335
뉴클레오솜 249
뉴클레오타이드 105, 120,149, 159, 193, 201, 202, 239, 290, 329, 395, 396
뉴턴(Isaac Newton) 34, 35, 43, 266,
니런버그(Marshall Nirenberg) 192, 193, 196, 208, 209, 212, 216, 283

ㄷ

다당류 94, 97, 105
다른자리입체성 효과 231, 263, 271
다세포생물 43~45, 47, 81, 336, 337, 345
다윈(Charles Robert Darwin) 34, 38, 380
단당류 94, 229
단백질 89, 91~93, 96~105, 108~127, 139, 143, 149, 157, 158, 164, 181, 183, 197~218, 221~223, 227~246, 249, 253, 256~258, 261~263, 267~276, 290~297, 304, 312~319, 321~325, 330~336, 339, 342, 345~348, 352, 367, 393~396, 400, 401
단세포생물 43, 47, 81
닫힌계 138
당-인산 뼈대 182, 186
대립유전자 64, 72, 396
대물림 14, 15, 153, 394, 396, 397, 400
대장균 121, 229~235, 263
데옥시리보스 105, 120, 202,
데카르트(Descartes, René) 33, 36, 37
돌리 252, 253, 299, 300, 386
돌연변이 75~79, 84, 113, 143, 200, 218, 397
동화작용 96, 242
되먹임 323, 326, 336
DNA 105, 114, 117~122, 124, 125, 139, 143, 149, 157~170, 181~189, 192, 194~208, 212~218, 221~223, 228, 231~246, 249~256, 262, 266~278, 289~292, 294~304, 310, 311, 319, 321, 324, 325, 327~342, 345~349, 351, 352, 363, 364, 366~368, 376, 393, 394, 397, 399~401
DNA 나선 모델 196
DNA 서열 197, 198, 200, 203, 216, 236, 237, 252, 254, 267, 271, 275, 292, 294, 295, 296, 299, 301, 302, 321, 328, 330, 331, 351, 363, 364, 368, 397
DNA 서열 정보 237, 252, 254, 255, 267, 295, 296, 301, 328, 330, 351, 363, 368
DNA 염기 서열 197~200, 204, 207, 214, 219, 217, 221, 327,
디지털 정보 146, 149~151, 170, 195, 212, 222, 238, 267, 328
디터미넌트 53~56
딸세포 119, 336

422

ㄹ

리보스 105, 159, 202

ㅁ

매클린톡(Barbara McClintock) 293, 296, 303, 333, 405
메틸기 250, 331
멘델(Gregor Mendel) 57~67, 80, 112, 171, 172, 188, 211, 229, 280, 283, 288, 293, 297, 298, 300, 302, 304, 308
모건(Thomas Hunt Morgan) 55, 57, 64~84, 113, 151, 171, 211, 217, 229, 395
모노(Jacques Lucien Monod) 227, 229, 230, 232~234, 238, 255, 266, 270, 273, 279, 283, 325, 354, 355
모듈 321, 322, 326
모페르튀이(Pierre Louis Moreau de Maupertuis) 34~36
무성생식 27
무질서 33, 131~137, 311, 314, 316, 370
물리적 결합 66
물질대사 96, 229, 232
미니 인간 30, 31
미시 세계 29, 87, 88, 135, 136, 314
미토콘드리아 249, 254

ㅂ

바이스만(August Weismann) 45, 47, 53~56, 74, 76, 78, 80, 84, 101, 127, 141, 169, 212, 217, 221
박테리아 27, 28, 47, 157, 183
배아 36, 334, 336
배열 55, 72, 91, 97, 100, 101, 146~152, 184, 187, 189, 196, 267, 290, 345
번식 26, 27, 31, 34, 47, 50, 132, 134, 182, 210, 215, 216, 223, 257, 258,
번역 203~205, 257~259, 261, 267, 269, 271, 291, 310, 325, 334,
번역개시복합체 258
변종 58
병렬회로 322
복제 26~31, 47~51, 51, 72, 81, 136, 142, 152, 181, 189, 195~197, 208, 213, 214, 231, 239, 240, 243, 252~254, 268, 270, 272, 310, 313, 319, 325, 334, 336, 339, 346, 352, 393

본모습 28, 319
볼츠만(Ludwig Boltzmann) 131, 140, 144, 406
부모의 정보 36, 39
부모형 65, 67, 68
부호의 배열 146
분열 28, 43, 45~51, 64, 72, 119, 213, 214, 238~242, 249, 250, 328, 334, 336, 340, 341
분자 53, 87~96, 100~103, 110, 116, 119, 120, 124, 125, 127, 135~140, 142, 145, 149, 157, 158~160, 164, 182~184, 194~198, 203, 207, 208, 212, 214, 221, 222, 227, 231, 232, 241, 242, 246, 263, 268, 271, 275, 309~315, 317, 319, 325, 332, 334, 335, 338, 341, 347, 351, 370, 395, 396, 398, 399, 401
분자 사슬 구조 120
분자생물학 158, 160, 203, 207, 208, 221, 227
브래그(William Bragg) 160, 182, 213, 220
비들(George Beadle) 125, 126, 218
비오포어 54, 56
비주기적 결정체 153, 157, 184, 221
비주기적 배열 148

ㅅ

사이토신 105, 120, 124, 187, 193, 194, 204, 250
삼투압 341
상동염색체 46, 64, 72, 396
상보성 204
상호작용 33, 43, 44, 91, 98, 103, 110, 231~235, 242, 243, 249, 270~272, 292, 313, 319, 321, 324, 331, 332, 339, 346, 347, 351, 367, 396, 399,
생명의 설계도 52
생명체 개량 32
생명체를 완성시키는 원리 80
생식세포 27, 45~51, 53, 60, 63, 72, 73, 119,
생식세포분열 46, 47
생체 촉매 97, 112
생화학 과정 198, 310
샤가프(Erwin Chargaff) 120~122, 126, 194,
샤가프의 법칙 194
섬유 조직 194
성체 30, 33, 36, 49, 113, 151, 216, 238, 323, 332, 340, 351, 378, 400

세포 39, 43~49, 51, 53, 54, 56, 93, 96, 105, 110~112, 119, 121~123, 142, 143, 204, 209, 213, 214, 216, 221~223, 233~235, 238~242, 246, 249, 250, 254, 256, 262, 268, 272, 276, 277, 298, 310, 312, 313, 317, 319, 320, 322, 325, 328, 330~342, 346, 347, 348, 352, 396~399, 401
세포 분화 45, 238, 246, 268, 331, 336
세포벽 43, 94
세포예정사 340
세포핵 53
센트럴도그마 223, 233
셀룰로오스 94
수분 59
수소결합 164, 181, 183, 184, 189, 193, 195, 204
수용체 338
수정 26, 34, 45, 48~51, 72, 73, 213, 259, 272, 273, 334, 340, 379, 399
수정란 28, 33, 45, 49, 51, 113, 141, 151, 213, 214, 216, 238, 239, 252~254, 298, 328, 331, 332, 334, 338, 341, 342, 345, 346, 348, 349, 351, 352, 378, 400,
수정체 44
수컷 26, 27
순종 58, 59, 60, 65
슈뢰딩거(Erwin Schrödinger) 21, 131, 135, 136, 141, 143, 152, 157, 158, 168, 170, 184, 195, 207, 212, 217, 221, 238, 267, 268, 270, 273, 274, 283, 290, 309, 327, 330, 405, 406
슈뢰딩거의 유전자 152, 157, 158, 168, 170, 184, 267, 268, 270, 327
스테로이드 92, 93
신호분자 338
실험 설계 58, 62

○

아데닌 105, 120, 121, 124, 187, 193, 194, 204, 319
아미노산 배열 순서 100
아세틸기 249, 331
RNA 105, 202, 203, 204, 206, 209, 214, 218, 223, 230, 249, 253, 256~258, 271, 276, 291, 292, 313, 331, 334
RNA가공 257
RNA스플라이싱 256, 257, 291
RNA중합효소 230, 232, 334
알파나선 158, 164, 165, 181, 182

암컷 26
암호 146, 151, 157, 152, 170, 192, 196~198, 200, 207, 210, 212, 222, 230, 234, 235, 291, 292, 293, 321, 327, 329, 396, 397
압축 146, 147, 327, 332, 327, 332, 348, 369,
양성자 91
에너지 90, 91, 93~96
에이버리(Oswald Avery) 114, 116, 123, 126, 157, 158
엔트로피 131~134, 137, 138
mRNA 203, 204, 206~208, 210, 214~216, 230, 231, 256~259, 262, 268, 269, 272, 273, 291, 395
X선 회절 분석 159, 160, 173
연관의 강도 67
열교란 34
열린계 132, 133
열성 61, 65, 111
열역학 제2법칙 131~133, 138
열역학 통계 법칙 312
열역학법칙 131, 132
염기 구성 비율 121
염색사 46, 249
염색체 45~57, 60~73, 76, 78, 81, 82, 109, 112, 119, 121, 124, 125, 135~137, 140~143, 145, 149~152, 169, 201, 211~213, 217, 238, 249, 252, 291, 310, 327, 334, 336, 345, 395~397
염색체 조합 73
완두콩 58, 61~63, 112, 113, 229, 288
왓슨(James Dewey Watson) 120, 158~163, 174, 182, 185, 188, 189, 207, 212, 220, 223, 233, 283
우성 59, 61, 65
원자 87, 90~92, 100~103, 134~137, 145, 153, 159, 164, 183, 192, 196, 212, 267, 311, 312, 328, 376, 393,
원자가전자 91
윌머트(Ian Wilmut) 252, 253
윌킨스(Maurice Hugh Frederick Wilkins) 158, 160, 163, 166, 173, 174, 177
유성생식 27, 49, 50, 73
유전 13, 15~17, 45, 49, 52, 54, 63, 66, 67, 75~81, 109, 111~118, 127, 250, 255, 399, 401
유전물질 114, 119, 120, 123~126, 137, 143~145, 149, 157, 167, 181~183, 238, 309, 320, 325, 329, 352, 353,

유전암호 192, 193, 198, 201, 202, 210, 216, 246, 329, 345, 347, 366, 400, 401
유전의 매개체 52, 80, 351
유전자 192, 195, 201, 207, 208, 211~213, 218, 221, 222, 228~238, 249, 254, 266, 267, 268, 270, 272~275, 277, 278, 288, 290, 293, 297, 301, 304, 309, 310, 311, 313, 322, 325~327, 329, 331, 332, 334~336, 345, 346, 348, 351~353, 363, 364, 366~368, 378, 393~400, 406
유전자 복제 메커니즘 195
유전적 전환 116
유전정보 57, 125, 146, 149, 158, 196, 203, 211, 223, 255, 290, 342
유전체 각인 252
유전프로그램 238, 243, 249, 266, 267, 270, 273, 275, 276, 278, 331, 332, 335~340, 345, 346
유전형질 45
융합 48, 253
이중나선 164, 184, 194, 202, 213
이화작용 96
인산기 105, 120
인산염 159, 168
인지질 92, 93
인트론 256, 271, 291, 292
1차원적 디지털 배열 152
입자 33~36, 54, 56, 211

ㅈ

자가교배 59, 61
자손 13, 27, 32, 59~61, 65~68, 73, 115, 200, 401
자코브(Francois Jacob) 227, 229, 230, 232~234, 238, 270, 273, 283
작동자 230~233
잡종 58, 59, 61, 68
재생 28, 49, 139, 299, 311
재조합 빈도 68
재조합형 자손 68
재현 28, 39, 52, 63, 64, 80, 81, 242, 328, 363, 364
적혈구 199
전기음성도 183
전사 206, 214, 223, 230, 231, 232, 234, 235, 236, 240, 249, 256, 257, 271, 291, 292, 310, 314, 325, 334, 396

전사인자 234, 235, 291, 334, 335, 336, 396, 397
전성설 31~33, 145
전자 91
전자껍질 91
접합자 51
정렬 47
정자 30, 32~35, 45, 47~49, 51, 272, 327, 334, 393
젖당 229~232
젖당분해효소 229, 230, 232
조상 14, 16, 28, 44, 81, 93
조절인자 236
조직화 28, 31, 33, 36, 40, 82, 151, 157, 222, 243, 273, 277, 309, 329, 331, 345, 346, 372, 393, 399, 402
준안정성 138, 139
중성자 91
중합체 94, 97, 105, 120, 199
지질 89, 91, 92, 97, 116, 117, 121, 331, 342
직렬회로 322
진핵세포 249, 256, 268, 317

ㅊ

창발성 345, 346, 348, 399
첨단 기술 25, 27
체세포 47, 49, 119, 252, 253
체세포분열 46~49, 53
체이스(Martha Cowles Chase) 182, 183
초파리 55, 62, 63, 65, 67, 68, 75, 76, 83, 113, 143, 211, 229, 334, 335, 397
초파리 교배 실험 83

ㅋ

카오스 370
코돈 210, 216
코라나(Har Gobind Khorana) 192, 193, 208, 209, 212, 216
콜레스테롤 93
크릭(Francis Harry Compton Crick) 120, 158, 160, 161, 163, 172, 174, 181~183, 185, 191, 198, 207, 212, 220, 223, 233, 283

ㅌ

탄소 91, 92, 101, 105, 120
탄수화물 89, 91, 92, 94~97, 101, 116, 117, 121, 139
테이텀(Edward Lawrie Tatum) 125, 126, 218
토드(Alexander Robertus Todd) 159, 193
통계 135, 136, 312, 395
통계 처리 58
통계역학 131
트리플렛 코드 202
특이적 100, 134, 142, 147, 149, 150, 164, 197, 204, 234, 236, 267, 291, 294, 301, 312, 319, 331, 334, 336, 338, 368, 372, 400
티민 105, 120, 124, 187, 193, 194, 202, 204, 319
tRNA 203, 204, 206, 207, 209, 214, 215, 258

ㅍ

파인만(Richard Phillips Feynman) 398
파인만 알고리즘 398
파지 182, 183
패턴 16, 120, 146, 147, 168, 181, 184, 194, 230, 290, 369, 370, 371
폐렴쌍구균 114, 115, 218
포도당 94, 101, 229
폴리뉴클레오타이드 105
폴리펩타이드 97~99, 102, 103, 199, 256, 261, 262, 269, 271, 321
폴리펩타이드 사슬 98, 99, 164, 181, 201
폴링(Linus Carl Pauling) 90, 104, 106, 109, 158, 163~166, 173, 174, 176, 181, 183, 185~187, 190, 191
퓨린계 187, 194
프랭클린(Rosalind Elsie Franklin) 161, 165
피리미딘계 187, 194
피보나치수열 146

ㅎ

합성 88, 96, 125, 159, 189, 195, 208, 209, 218, 223, 228, 230, 231, 236, 240, 257, 262, 323, 339, 346
핵분열 119
핵산 89, 91, 92, 104, 105, 109, 116~118, 166, 193, 202
허시(Alfred Hershey) 182, 183
헤모글로빈 199
현미경 29, 32, 43, 57, 87, 101, 114
형질 15, 16, 56~59, 60~62, 68, 71, 72, 75, 76, 78, 79, 112, 116, 211, 217, 218, 366~368, 395, 396, 398
형질전환 114~118, 157, 218
호메오 유전자 397
확률 59, 66, 131, 137, 314~317, 364, 395, 400
환원적 접근 88, 101
환원주의 88, 208, 346
효소 94, 97, 109, 111~114, 125, 139, 157, 198, 206, 216, 218, 222, 230, 241, 257, 262, 319
후성설 31
훅(Robert Hooke) 43

게놈 익스프레스
유전자의 실체를 벗기는 가장 지적인 탐험

초판 1쇄 발행 2016년 8월 18일 **초판 10쇄 발행** 2024년 1월 30일

지은이 조진호
감수 김우재
펴낸이 이승현

출판1 본부장 한수미
컬처 팀장 박혜미
기획 박경아
디자인 이세호

펴낸곳 ㈜위즈덤하우스 **출판등록** 2000년 5월 23일 제13-1071호
주소 서울특별시 마포구 양화로 19 합정오피스빌딩 17층
전화 031)936-4000 **홈페이지** www.wisdomhouse.co.kr

ISBN 978-89-6086-973-8 07400

* 이 책의 전부 또는 일부 내용을 재사용하려면 반드시 사전에 저작권자와
  ㈜위즈덤하우스의 동의를 받아야 합니다.
* 인쇄·제작 및 유통상의 파본 도서는 구입하신 서점에서 바꿔드립니다.
* 책값은 뒤표지에 있습니다.